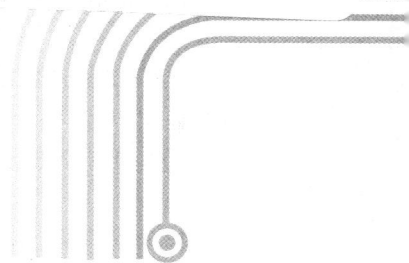

电力工程与电气施工技术研究

刘先雄 毕 克 张 鹏 主编

汕头大学出版社

图书在版编目（CIP）数据

电力工程与电气施工技术研究 / 刘先雄，毕克，张

鹏主编．-- 汕头：汕头大学出版社，2023.6

　ISBN 978-7-5658-5086-8

　Ⅰ．①电… Ⅱ．①刘… ②毕… ③张… Ⅲ．①电力工

程－研究②电气施工－研究 Ⅳ．① TM7 ② TM05

中国国家版本馆 CIP 数据核字（2023）第 126170 号

电力工程与电气施工技术研究

DIANLI GONGCHENG YU DIANQI SHIGONG JISHU YANJIU

主　　编：刘先雄　毕　克　张　鹏

责任编辑：郑舜钦

责任技编：黄东生

封面设计：皓　月

出版发行：汕头大学出版社

　　　　　广东省汕头市大学路 243 号汕头大学校园内　邮政编码：515063

电　　话：0754-82904613

印　　刷：廊坊市海涛印刷有限公司

开　　本：710mm×1000mm　1/16

印　　张：23.25

字　　数：414 千字

版　　次：2023 年 6 月第 1 版

印　　次：2023 年 7 月第 1 次印刷

定　　价：88.00 元

ISBN 978-7-5658-5086-8

编委会

前　言

电力工程的建设与使用，不仅使得居民的用电问题得到了有效解决，此外还为我国社会经济的良好发展提供了强大的动力。电力工程施工过程中之所以对其相关的技术应用有着严格的要求，是因为如若施工不当会对线路运行的安全性产生严重的不良影响。因此，现阶段必须要做好电力工程的施工工作、确保其施工质量有所保证。

建筑电气工程一般是由强电和弱电两大部分所组成的，建筑工程的主要作用即为人们提供一个十分安全且舒适的居住环境，电气工程作为其重要的组成部分，其相关部门自必须要做好控制工作，才能够保证建筑电气工程的质量和安全。

全书内容共分为十一章，首先对电力工程所涉及的电力系统等值电路和潮流计算、电力系统短路故障及分析、电力负荷特性和计算分析、高压绝缘与继电保护、电力系统的稳定、电力设备在线监测与故障诊断等内容进行了详细的介绍；然后对建筑电气施工技术所涉及的电气照明安装、室内外线缆敷设、建筑弱电工程施工、综合布线系统安装、施工现场临时用电等方面内容进行了深入的探索与研究。本书在编写过中结合了相关工作经验及实际工程案例进行研究，可供电力工程与电气施工技术从业和研究人员参考阅读。

本书在编写过程中参考了大量的国内、外专家和学者的专著、报刊文献、网络资料，以及电力工程与电气施工技术的有关内容，借鉴了部分国内、外专家、学者的研究成果，在此对相关专家、学者表示衷心的感谢。

虽然本书编写时各作者通力合作，但因编写时间和理论水平有限，书中难免有不足之处，我们诚挚地希望读者给予批评指正。

目　录

第一章　电力系统等值电路和潮流计算

第一节　电力线路的参数及等值电路

一、电力线路的参数

电力线路的电气参数包括导线的电阻、电导，以及由交变电磁场引起的电感和电容四个参数。线路的电感以电抗的形式计算，而线路的电容则以电纳的形式计算。电力线路是参数均匀分布的电路，也就是说，它的电阻、电抗、电导和电纳都是沿线路长度均匀分布的。线路每千米的电阻、电抗、电导和电纳分别以 r_1、x_1、g_1 和 b_1 表示，这四个参数的计算方法如下。

（一）线路的电阻

当电流通过导体时所受到的阻力，称为该导体的电阻。直流电路中导体的电阻可按式（1）计算：

$$R = \frac{\rho}{S} l \qquad (1-1)$$

式中：P——导线材料的电阻率，$\Omega \cdot mm^2/km$；

S——导线的额定截面积，mm^2；

l——导线的长度，km。

在交流电路中，式（1）仍然适用，但由于集肤效应和近距作用的影响，交流电阻值与直流电阻值略有不同。在同一种材料的导线上，其单位长度的电阻 r_1 是相同的，只要知道 r_1，再乘以它的长度l，就可以求出导线的电阻。而单位长度的电阻为：

$$r_1 = \frac{\rho}{S} \qquad (1-2)$$

在电力系统计算中，不同导线材料的电阻率和电导率可以查表1–1。表中的数据，不是各种导体材料原有的电阻率，而是考虑下面三个因素修正以后的电阻率。

表1-1　导线材料计算用电阻率 ρ 和电导率 γ

导线材料	铜	铝
$\rho / (\Omega \cdot mm^2/km)$	18.8	31.5
$\gamma /[m/(\Omega \cdot mm^2)]$	53	32

（1）在电力网中，所用的导线和电缆大部分都是多股绞线，绞线中线股的实际长度要比导线的长度长 2% ~ 3%，因而它们的电阻率要比同样长度的单股线的电阻率大 2% ~ 3%。

（2）在电力网计算时，所有的导线和电缆的实际截面比额定截面要小些，因此，应将导线的电阻率适当增大，以归算成与额定截面相适应。

（3）一般表中的电阻率数值都是对应于 20℃的情况。当温度改变时，电阻率 ρ 的大小要改变，线路的电阻也要变化。而线路的实际工作环境温度异于 20℃时，可按式（3）进行修正：

$$r_t = r_{20}[1 + \alpha (t - 20)] \tag{1-3}$$

式中：r_{20}——20℃时的电阻率，Ω/km；

r_t——导线实际温度 t 时的电阻率；

α——电阻的温度系数，对于铝，$\alpha = 0.0036$，对于铜，$\alpha = 0.00382$。

（二）线路的电抗

当交流电流流过导线时，就会在导线周围空间产生交变的磁场，电流变化时，将引起磁通的变化。由楞次定律可知，磁通的变化将在导线自身内（自感上）和邻近的其他导线上（互感上）感应出电动势来。在导线自身内感生的电动势称自感电动势；在其他导线上感生的电动势称互感电动势。自感电动势和互感电动势都是反电动势，这个反电动势是阻止电流流动的，我们把阻碍电流流动的能力用电抗来度量。

三相导线对称排列，或虽不对称排列但经循环换位时，每相导线单位长度的电抗可按式（4）计算：

$$x_1 = 2\pi f\left(4.6\lg\frac{D_m}{r} + \frac{\mu_r}{2}\right)\times 10^{-4}$$

$$D_m = \sqrt[3]{D_{AB}D_{BC}D_{CA}}$$

（1-4）

式中：x_1——导线单位长度的电抗，Ω/km；

r——导线的半径，cm 或 mm；

μ_r——导线材料的相对磁导率，对铝、铜等取 $\mu_r=1$；

f——交流电的频率，Hz；

D_m——三相导线的几何平均距离，简称几何均距，cm 或 mm，其单位应与 r 单位相同；

D_{AB}、D_{BC}、D_{CA}——AB 相之间、BC 相之间、CA 相之间的距离。

如将 f=50Hz、$\mu_r=1$ 代入（4）式中，可得：

$$x_1 = 0.1445\lg\frac{D_m}{r} + 0.0157$$

（1-5）

式（5）又可改写为：

$$x_1 = 0.1445\lg\frac{D_m}{r'}$$

（1-6）

式（6）中的 r' 常称为导线的几何平均半径，$r'=0.779r$。

由于电抗与几何均距、导线半径之间为对数关系，导线在杆塔上的布置和导线截面积的大小对线路的电抗没有显著影响，架空线路的电抗一般都在 0.40Ω/km 左右。

对于分裂导线线路的电抗，应按如下考虑：

分裂导线的采用，改变了导线周围的磁场分布，等效地增大了导线半径，从而减小了每相导线的电抗。

若将每相导线分裂成 n（若干）根，则决定每相导线电抗的不是每根导线的半径 r，而是等效半径 r_{eq}。

于是每相具有 n 根分裂导线的单位电抗为：

$$x_1 = 0.1445\lg\frac{D_m}{r_{eq}} + \frac{0.0157}{n}$$

$$r_{eq} = \sqrt[n]{r\left(d_{12}d_{13}\cdots d_{1n}\right)}$$

（1-7）

式中：r_{eq}——分裂导线的等效半径；

r——每根导线的半径；

d_{12}、d_{13}、$\cdots$、d_{1n}——某根导线与其余 n-1 根导线间的距离。

采用分裂导线时,分裂导线的根数愈多,电抗下降得也愈多,但分裂导线根数超过 4 根时,电抗的下降并不明显。我国运行电压 500kV 的线路采用的是四分裂导线。

对于同杆并架的双回输电线路,两回线各相之间有互感。由于正常运行时,三相电流之和为零,所以从整体上说一回路对另一回路线路的互感影响小,总影响近似为零,可略去不计,因此,还以按照式(5)计算电抗。

（三）线路的电导

线路的电导主要是由沿绝缘子的泄漏电流和电晕现象决定的。通常由于线路的绝缘水平较高,沿绝缘子泄漏很小,往往可以忽略不计,只有在雨天或严重污秽等情况下,泄漏电导才会有所增加,所以通常情况下线路的电导主要取决于电晕现象。

所谓电晕现象,是指导线周围空气的电离现象。导线周围空气之所以会产生电离,是由于导线表面的电场强度很大,而架空线路的绝缘介质是空气,一旦导线表面的电场强度达到或超过空气分子的游离强度时,空气的分子就被游离成离子,最后形成空气的部分电导。这时能听到"滋滋"的放电声,或看到导线周围发生的蓝紫色荧光,还可以闻到臭氧的气味 [氧分子被游离后又结合成臭氧（O_3）]。

电晕要消耗有功功率、消耗电能。此外,空气放电时产生的脉冲电磁波对无线电和高频通信产生干扰;电晕还会使导线表面发生腐蚀,从而降低导线的使用寿命。因此,输电线路应考虑如何避免发生电晕现象。

电晕现象的发生,主要决定于导线表面的电场强度。在导线表面开始产生电晕的电场强度,称为电晕起始电场强度。使导线表面达到电晕起始电场强度的电压,称为电晕起始电压,或称临界电压。对于三相三角形排列的普通导线线路,校核线路是否会发生电晕,其电晕临界电压的经验公式为:

$$U_{cr} = 49.3 m_1 m_2 r \delta \lg \frac{D_m}{r}$$

$$\delta = 3.86 b / (273 + T)$$

（1-8）

式中：U_{cr}——电晕临界电压,kV；

m_1——导线表面的光滑系数,对表面完好的多股导线,m_1=0.83 ~ 0.966,当股数在 20 股以上时,m_1 均大于 0.9,可取 m_1=1；

m_2——反映天气状况的气象系数,对于干燥晴朗的天气,取 m_2=1；

b——大气压力,用厘米水银柱（1cmHg=1333.22Pa）表示；

δ——空气的相对密度，如当 b=76cm、T=20℃时，δ=1；

T——空气的温度，℃；

r——导线的半径，cm；

D_m——三相导线的几何均距，cm。

采用分裂导线时，由于导线的分裂，减少了电场强度，电晕临界电压也改为：

$$U_{cr} = 49.3 m_1 m_2 r \delta \lg \frac{D_m}{r_{eq}} \qquad (1-9)$$

$$f_{nd} = n / \left[1 + 2(n-1)\frac{r}{d}\sin\frac{\pi}{n} \right] \qquad (1-10)$$

式中：e_{rq}——分裂导线的等效半径，cm；

f_{nd}——与分裂状况有关的系数，一般取 $f_{nd} \geq 1$；

n——分裂导线根数；

r——每根导体的半径，cm。

其余符号的意义同式（8）。

导线水平排列时，边相导线的电晕临界电压 U_{cr1} 按式（8）和式（9）求得的 U_{cr} 高 6%，即 $U_{cr1}=1.06U_{cr}$ 中间相导线的电晕临界电压 U_{cr2} 较按式（8）、式（9）求得的 U_{cr} 低 4%，即 $U_{cr2}=0.96U_{cr}$。

以上介绍了电晕临界电压的求法，在实际线路工作电压一旦达到或超过临界电压时，电晕现象就会发生。

电晕将消耗有功功率。电晕损耗 ΔP_c 在临界电压时开始出现，而且工作电压超过临界电压越多，电晕损耗就越大。若再考虑沿绝缘子的泄漏损耗 ΔP_1（很小），则总的功率损耗 $\Delta P_g = \Delta P_c + \Delta P_1$。一般 ΔP_g 为实测的三相线路的泄漏损耗和电晕损耗之总和。

根据 ΔP_g 可确定线路的电导为：

$$g_1 = (\Delta P_g / U^2) \times 10^{-3} \qquad (1-11)$$

式中：g_1——导线单位长度的电导，S/km；

ΔP_g——三相线路泄漏损耗和电晕损耗功率之和，kW/km；

U——线路的工作线电压，kV。

应该指出，在实际线路设计时，经常按式（8）校验所选导线的半径能否满足在晴朗天气不发生电晕的要求。若在晴朗天气就发生电晕，则应加大导线截面或考虑采用扩径导线或分裂导线。规程规定：对普通导线，330kV 电压的线路，直径不小于 33.2mm（相当于 LGJQ–600 型），220kV 电压的线路，直径不小于 21.3mm（相当于 LGJQ–240 型），110kV 电压的线路，直径不小于 9.6mm（相当于 LGJ–50 型），就可不必验算电晕。因为在导线制造时，已考虑了避免电晕发生。通常由于线路泄漏很小，所以一般情况下都可取 $g_1=0$。

（四）线路的电纳

线路的电纳取决于导线周围的电场分布，与导线是否导磁无关。因此，各类导线线路电纳的计算方法都相同。在三相线路中，导线与导线之间或导线与大地之间存在着电容，线路的电纳正是导线与导线之间及导线与大地之间存在着电容的反映。

三相线路对称排列或虽不对称排列但经整循环换位时，每相导线单位长度的电容可按式（12）计算：

$$C_1 = \frac{0.0241}{\lg \dfrac{D_m}{r}} \times 10^{-6} \ (F / km) \tag{1–12}$$

式中：D_m、r 的意义同式（4）。

于是，频率为 50Hz 时，单位长度的电纳为：

$$b_1 = 2\pi f C_1 = \frac{7.58}{\lg \dfrac{D_m}{r}} \times 10^{-6} \ (S / km) \tag{1–13}$$

显然，由于电纳与几何均距、导线半径之间存有对数关系，架空线路的电纳变化也不大，其值一般在 2.85×10^{-6} S/km 左右。

采用分裂导线的线路还可以按照公式（13）计算其电纳，只是这时导线的半径 r 应以等效半径 r 替代。

另外，对于同杆并架的双回线路，在正常稳态状况下，仍可近似按照公式（13）计算每回每相导线的等值电纳。

二、电力线路的等值电路与基本方程

输电线路在正常运行时三相参数是相等的，因此可以只用其中的一相作出它的等值电路。每相单位长度的导线可用电阻 r_1、电抗 x_1、电导 g_1 和电纳 b_1 四个参数表示，设它们是沿线路均匀分布的，如果把一条长为 l 的线路分成无数个小段，则在每小段上每相导线的电阻 r_1 与电抗 x_1 串联，每相导线与中性线之间并联着电导 g_1 与电纳 b_1，整个线路可以看成无数个这样的小段串联而成，这就是用分布参数表示的等值电路。

　　输电线路的长度往往长达数十千米乃至数百千米，如将每千米的电阻、电抗、电导、电纳都一一绘于图上，得到用分布参数表示的等值电路十分烦琐，而且用它来进行电力系统的电气计算更加复杂，因此不实用。通常为了计算上的方便，考虑到当线路长度在300km以内时，需要分析的又往往只是线路两端的电压、电流及功率，可以不计线路的这种分布参数特性，即可以用集中参数来表示线路。只是对长度超过300km的远距离输电线路，才有必要考虑分布参数特性的影响。

　　按上所述，一条长为l的输电线路，若以集中参数R、X、G、B分别表示每相线路的总电阻、电抗、电导及电纳，则将单位长度的参数乘以线路长度即可得到这些参数，即：

$$\begin{cases} R = r_1 l \\ X = x_1 l \\ G = g_1 l \\ B = b_1 l \end{cases} \quad （1-14）$$

　　这时用集中参数表示的等值电路中，线路的总阻抗集中在中间，线路的总导纳分为两半，分别并联在线路的始末两端。

　　如前所述，由于线路导线截面积的选择是以晴朗天气不发生电晕为前提的，而沿绝缘子的泄漏又很小，可设G=0。

　　（一）一般线路的等值电路

　　所谓一般线路指中等及中等以下长度线路。对架空线，一般线路长度大约为300km；对电缆线路，大约为100km。线路长度不超过这些数值时，可不考虑它们的分布参数特性，而只用将参数简单地集中起来的电路表示。一般线路中，又有短距离电力线路和中等距离电力线路之分。

　　1. 短距离电力线路

　　所谓短距离电力线路，是指长度不超过100km的架空线。线路电压不高时，这种线路电纳的影响一般不大，可略去，从而这种线路的等值电路最简单，只有串联的总阻抗Z=R+jX。

　　等值电路基本方程为：

$$\begin{cases} \dot{U}_1 = \dot{U}_2 + Z\dot{I}_2 \\ \dot{I}_1 = \dot{I}_2 \end{cases} \quad （1-15）$$

端口网络方程形式为：

$$\begin{bmatrix} \dot{U}_1 \\ \dot{I}_1 \end{bmatrix} = \begin{bmatrix} 1, & Z \\ 0, 1 \end{bmatrix} \begin{bmatrix} \dot{U}_2 \\ \dot{I}_2 \end{bmatrix} = \begin{bmatrix} A & B \\ C & D \end{bmatrix} \begin{bmatrix} \dot{U}_2 \\ \dot{I}_2 \end{bmatrix} \tag{1-16}$$

显然，A=1，B=Z，C=0，D=1。

2. 中等距离电力线路

所谓中等距离电力线路，是指长度为 100 ~ 300km 的架空线路和不超过 100km 的电缆线路。这种线路的电纳 B 一般不能略去。这种线路的等值电路有 π 形等值电路和 T 形等值电路。

在 π 形等值电路中，除串联的线路总阻抗 Z=R+jX 外，还将线路的总导纳 Y=jB 分为两半，分别并联在线路的始末端。在 T 形等值电路中，线路的总导纳集中在中间，而线路的总阻抗则分为两半，分别串联在它的两侧。因此，这两种电路都是近似的等值电路，而且，相互之间并不等值，即它们不能用 Δ−Y 变换公式相互变换。

基本方程中流入末端导纳支路的电流为 $\dot{U}_2$，阻抗支路的电流为 $\dot{I}_2 + \dfrac{Y_2}{2}\dot{U}_2$，则始端电压为：

$$\dot{U}_1 = \left(\dot{I}_2 + \frac{Y}{2}\dot{U}_2 \right) Z + \dot{U}_2 \tag{1-17}$$

而流入始端导纳支路的电流为 $\dfrac{Y}{2}\dot{U}_1$，则始端电流为：

$$\dot{I}_1 = \frac{Y}{2}\dot{U}_1 + \frac{Y}{2}\dot{U}_2 + \dot{I}_2 \tag{1-18}$$

联立式（16）和式（17）方程式，并写成矩阵形式为：

$$\begin{bmatrix} \dot{U}_1 \\ \dot{I}_1 \end{bmatrix} = \begin{bmatrix} \dfrac{ZY}{2}+1, & Z \\ Y\left(\dfrac{ZY}{4}+1\right), & \dfrac{ZY}{2}+1 \end{bmatrix} \begin{bmatrix} \dot{U}_2 \\ \dot{I}_2 \end{bmatrix} = \begin{bmatrix} A, & B \\ C, & D \end{bmatrix} \begin{bmatrix} \dot{U}_2 \\ \dot{I}_2 \end{bmatrix} \tag{1-19}$$

显然 $A = \dfrac{ZY}{2}+1$，$B = Z$，$C = Y\left(\dfrac{ZY}{4}+1\right)$，$D = \dfrac{ZY}{2}+1$。

在 T 形等值电路中，串联的线路总阻抗 Z=R+jX 被分为两半外，线路导纳为 Y=jB。由于 T 形等值电路比 π 形等值电路计算更为复杂，因此工程中相对应用较少，其通用常数为 $A = \dfrac{ZY}{2}+1$，$B = Z$，$C = Y$，$D = \dfrac{ZY}{2}+1$。

（二）长距离线路的分布参数等值模型

长距离线路指长度超过 300km 的架空线和超过 100km 的电缆线路。对这种线路，不能不考虑它们的分布参数特性。

由于用分布参数表示线路非常麻烦，若能找到一个用集中参数等效代替分布参数的方法，等值电路就简单多了。在工程计算中，首先以数学为工具做推证。结论表明：只要将分布参数乘适当的修正系数就变成了集中参数，从而就可绘制出用集中参数表示的 π 形等值电路。

第二节　变压器及电抗器的等值电路及参数

一、电抗器的参数和等值电路

输电网络中电抗器的作用是限制短路电流，它是由电阻很小的电感线圈构成，因此等值电路可用电抗来表示。普通电抗器每相用一个电抗表示即可。

一般电抗器铭牌上给出了它的额定电压 U_{LN}、额定电流 I_{LN} 和电抗百分值 $X_{LN}\%$，由此可求电抗器的电抗。

按照百分值定义有 $X_{LN}=X_{LN}\%=(X_L/X_N)\times100\%$。

而：
$$X_N=\frac{U_{LN}}{\sqrt{3}I_{LN}}\qquad\qquad(1-20)$$

得：
$$X_L=\frac{X_{LN}\%U_{LN}}{100\sqrt{3}I_{LN}}\qquad\qquad(1-21)$$

式中：U_{LN}——电抗器的额定电压，kV。

I_{LN}——电抗器的额定电流，kA。

X_L——电抗器的每相电抗，Ω。

二、变压器的参数和等值电路

（一）双绕组变压器

由电机学可知，在双绕组变压器的 T 形等值电路中，由于励磁支路阻抗 $Z_m=R_m+jX_m$ 相对较大，励磁电流 i_m 很小，i_m 在 Z_m 引起的电压降也不大，所以可将励磁支路前移，在等值电路中，励磁支路以阻抗形式表示。

变压器的 R_T、X_T、G_T、B_T 分别反映了变压器的四种基本功率损耗，即铜损耗、漏磁无功损耗、铁芯损耗和励磁无功损耗。

每台变压器出厂时，铭牌上或出厂试验书中都要给出代表电气特性的四个数据：短路损耗 P_k，空载损耗 P_0、短路电压百分值 $U_k\%$ 和空载电流百分值 $I_0\%$。此外，变压器的型号上还标出额定容量 S_N 和额定电压 U_N。下面介绍由这 6 个（P_k、P_0、$U_k\%$、$I_0\%$、S_N、U_N）已知量求变压器的 4 个参数（R_T、X_T、G_T、B_T）的方法。

（1）电阻 R_T

变压器电阻 R_T 反映经过折算后的一、二次绕组电阻之和，可通过短路试验数据求得。

进行变压器短路试验时，二次侧短路，一次侧通过调压器接到电源，所加电压必须比额定电压低，以一次侧所加电流达到或近似于额定值，同时二次绕组中电流也达到或近似为额定值为限。这时从一次侧测得短路损耗 P_k 和短路电压 U_k。

由于短路试验时一次侧外加的电压很低，只为变压器漏阻抗上的压降，所以铁芯中的主磁通也十分小，完全可以忽略励磁电路，铁芯中的损耗也可以忽略。这样就可认为变压器短路损耗 P_k 近似等于短路电流流过变压器时一、二次绕组中总的铜耗 P_{Cu}。

（2）电抗 X_T

变压器电抗 X_T 反映经过折算后一、二次绕组的漏抗之和，也可通过短路试验数据求得。

当变压器二次绕组短路时，若使绕组中通过额定电流，则在一次侧测得的电压即为短路电压，它等于变压器的额定电流在一、二次绕组中所造成的电压降。

（3）电导 G_T

变压器电导 G_T 是反映变压器励磁支路有功损耗的等值电导，可通过空载试验数据求得。

变压器进行空载试验时，二次侧开路，一次侧加上额定电压，在一次侧测得空载损耗 P_0 和空载电流 I_0。

变压器励磁支路以导纳 Y_T 表示时，其中电导 G_T 对应的是铁芯损耗 P_{Fe}，而空载损耗包括铁芯损耗和空载电流引起的绕组中的铜损耗。由于空载试验的电流很小，变压器二次侧处于开路，所以此时的绕组铜损耗很小，可认为空载损耗主要损耗在 G_T 上，因此铁芯损耗 P_{Fe} 近似等于空载损耗 P_0。

（4）电纳 B_T

变压器电纳 B_T 是反映与变压器主磁通的等值参数（励磁电抗）相应的电纳，也可通过空载试验数据求得。

变压器空载试验时，流经励磁支路的空载电流 i_0 分解为有分量电流 .. （流过 G_T）和无功分量电流 i_b（流过 B_T），且有功分量电流 I_g 较无功分量电流 I_b 小得多，所以在数值上 $I_0 \approx I_b$，即空载电流近似等于无功电流。

求得变压器的阻抗、导纳后，即可做出变压器的等值电路。在电力系统计算中，常用 π 形等值电路，且励磁支路接电源侧。需注意，变压器电纳的符号与线路电纳的符号正相反，因前者为感性，而后者为容性。

在工程计算中，因变压器的电压变化不太大，往往将变压器的励磁支路参数直接以额定电压下的励磁功率来表示。

（二）三绕组变压器

三绕组变压器的等值电路中，阻抗支路较双绕组变压器多了一个支路。

计算三绕组变压器各绕组阻抗及励磁支路导纳的方法与计算双绕组变压器时没有本质的区别，也是根据厂家提供的一些短路试验数据和空载试验数据求取。但由于三绕组变压器的容量比有不同的组合，且各绕组在铁芯上的排列又有不同方式，所以存在一些归算问题。

三绕组变压器按三个绕组容量比的不同有三种不同类型。第一种为 100%/100%/100%，即三个绕组的容量都等于变压器额定容量。第二种为 100%/100%/50%，即第三绕组的容量仅为变压器额定容量的 50%。第三种为 100%/50%/100%，即第二绕组的容量仅为变压器额定容量的 50%。

三绕组变压器出厂时，厂家提供三个绕组两两间做短路试验测得的短路损耗 $P_{k(1-2)}$、

$P_{k(2-3)}$、$P_{k(3-1)}$ 和两两间的短路电压百分值 $U_{k(1-2)}\%$、$U_{k(2-3)}\%$、$U_{k(3-1)}\%$；空载试验数据仍提供空载损耗 p_0，空载电流百分值 $I_0\%$。根据这些数据可求得变压器各绕组的等值阻抗及其励磁支路的导纳。

（1）求各绕组的等值电阻（R_{T1}、R_{T2}、R_{T3}）

对第一种类型变量比为 100%/100%/100% 的变压器，由已知的三绕组变压器两两间的短路损耗 $P_{k(1-2)}$、$P_{k(2-3)}$、$P_{k(3-1)}$ 来求取电阻 R_{T1}、R_{T2}、R_{T3}。

对于第二、第三种类型变量比的变压器，由于各绕组的容量不同，厂家提供的短路损耗数据不是额定情况下的数据，而是使绕组中容量较大的一个绕组达到 $I_N/2$ 的电流、容量较小的一个绕组达到它本身的额定电流时，测得的这两绕组间的短路损耗，所以应先将两绕组间的短路损耗数据折合为额定电流下的值，再求取各绕组的短路损耗和电阻。

（2）求各绕组的电抗（X_{T1}、X_{T2}、X_{T3}）

三绕组变压器的电抗是根据厂家提供的各绕组两两间的短路电压百分值 $U_{k(1-2)}\%$、$U_{k(2-3)}\%$、$U_{k(3-1)}\%$ 来求取的。由于三绕组变压器各绕组的容量比不同，各绕组在铁芯上排列方式不同，因而，各绕组两两间的短路电压也不同。

三绕组变压器按其三个绕组在铁芯上排列方式的不同，有两种不同的结果，即升压结构和降压结构。

①升压结构

此时高压绕组与中压绕组之间间隙相对较大，即漏磁通道较大，相应的短路电压百分值 $U_{k(1-2)}\%$ 也大。此种排列方式使低压绕组与高、中压绕组的联系紧密，有利于功率由低压向高、中压侧传送，因此常用于升压变压器，此种结构也称为升压结构。在低压绕组电抗 X_3 上通过的是全功率，功率由低压绕组向中、高压侧传送，两个交换功率的绕组之间，漏磁通道均较小，这样 $U_{k(3-1)}\%$、$U_{k(2-3)}\%$ 都较小。

②降压结构

此时高、低压绕组间间隙相对较大，即漏磁通道较大，相应的短路电压百分值 $U_{k(3-1)}\%$ 也大。此种绕组排列使高压绕组与中压绕组联系紧密，有利于功率从高压向中压侧传送，因此常用于降压变压器，此种结构也称降压结构。功率由高压侧向中、低压侧传送。若从高压侧来的功率主要是通过中压绕组（X_2）外送，则应选这种排列方式的变压器。

与求取电阻时不同，按国家标准规定，对于绕组容量不等的普通三绕组变压器给出的短路电压，已是归算到各绕组通过变压器额定电流时的值，因此计算电抗时，对短路电压不必再进行归算。

（3）电导 G_T 和电纳 B_T

求取三绕组变压器励磁支路导纳的方法与双绕组变压器相同，即仍可求电导 G_T、电纳 B_T。三绕组变压器的励磁支路也可以用励磁功率 $\Delta P_0 + j\Delta Q_0$ 来表示。

（三）自耦变压器

因为自耦变压器只能用于中性点直接接地的电网中，所以电力系统中广泛应用的自耦变压器都是星形接法。自耦变压器除了自耦联系的高压绕组和中压绕组外，还有一个第三绕组。由于铁芯的饱和现象，电压和电流不免有三次谐波出现，为了消除二次谐波电流，所以第三绕组单独接成三角形。第三绕组与自耦联系的高压及中压绕组，只有磁的联系，无电的联系。第三绕组除补偿三次谐波电流外，还可以连接发电机、同步调相机以及作为变电站附近用户的供电电源或变电站的所用电源。因此，自耦变压器和一个普通的三绕组变压器等值电路相同，短路试验和空载试验相同，参数的确定也基本相同。唯一要注意的是：由于自耦变压器第三绕组的容量小，总是小于额定容量，厂家提供的短路试验数据中，不仅短路损耗没有归算，甚至短路电压百分值也是未经归算的数值。

第三节　大电机和负荷的参数及等值电路

一、发电机的参数和等值电路

发电机是供电的电源，其等值电路有两种形式。

在电力系统分析中，一般可不计发电机的电阻，因此，发电机参数只有一个电抗 X_G。

一般发电机出厂时，厂家提供的参数有发电机额定容量 S_N，额定有功功率 P_N，额定功率因数 $\cos\psi_N$，额定电压 U_{GN} 及电抗百分值 $X_G\%$，据此可求得发电机电抗 X_G。

二、负荷的功率和阻抗

这里所指的负荷是系统中母线上所带的负荷。根据工程上对计算要求的精度不同，负荷的表示方法也不同，一般有如下几种表示方法：

（1）把负荷表示成恒定功率 $P_L=c$，$Q_L=c$。

（2）把负荷表示成恒定阻抗 $Z_L=c$。

（3）用感应电机的机械特性表示负荷（转矩与转速关系）。

（4）用负荷的静态特性方程表示负荷（负荷与频率的特性关系）。

第四节　电力系统的等值电路

前面讨论了电力系统各主要元件的参数和等值电路。显然，电力系统的等值电路就由这些单个元件的等值电路组成。考虑到电力系统中可能有多个变压器存在，也就有不同的电压等级，因此不能仅仅将这些单元件的等值电路按元件原有参数简单地相连，而要进行适当的参数归算，将全系统各元件的参数归算至同一个电压等级，才能将各元件的等值电路连接起来，称为系统的等值电路。

究竟将参数归算到哪一个电压等级，要视具体情况而定，归算到哪一级，就称哪一级为基本级。在电力系统潮流计算中，一般选系统的最高电压等级为基本级。对简单电力系统，如果选220kV电压等级为基本级，将各元件的参数全部归算到基本级后，即可连成系统的等值电路。

电力系统的等值电路是进行电力系统各种电气计算的基础。在电力系统的等值电路中，其元件参数可以用有名值表示，也可以用标幺值表示，这取决于计算的需要。

一、用有名值计算时的电压级归算

求得各元件的等值电路后，就可以根据电力系统的电气接线图绘制出整个系统的等值电路图，但要注意电压等级的归算。对于多电压等级的复杂系统，首先应选好基本级，其参数归算过程如下。

（1）选基本级。基本级的确定取决于研究的问题所涉及的电压等级。如在电力系统稳态计算时，一般以最高电压等级为基本级；在进行短路计算时，以短路点所在的电压等级为基本级。

（2）确定变比。变压器的变比分为两种，即额定变比和平均额定变比。

额定变比是指变压器两侧的额定电压之比；平均额定变比是指变压器两侧母线的平均额定电压之比。变压器的变比是基本级侧的电压比待归算级侧的电压。

（3）参数归算。工程上要求的精度不同，参数的归算要求也不同。在精度要求比较高的场合，采用变压器的额定变比进行归算，即准确归算法。在精度要求不太高的场合，采用变压器的平均额定变比进行归算，即近似归算法。

二、标幺值计算时的电压级归算

所谓标幺值是相对单位制的一种表示方法，在标幺值中，参与计算的各物理量都是用无单位的相对数值表示。标幺值的一般数学表达式为：

标幺值 = 实际值（任意单位）/ 基准值（与实际值同单位）　　　　（22）

标幺值之所以在电力系统计算中广泛采用，是因为它有很多优点。

（一）标幺值的特点

（1）标幺值是无单位的量（为两个同量纲量的数值比）。某物理量的标幺值不是固定的，随着基准值的不同而不同。如发电机的电压 U_G=10.5kV，若选基准电压 U_b=10kV，则发电机电压的标幺值 U_G=10.5/10=1.05；若选基准电压 U_b=10.5kV，则发电机电压的标幺值为 U_G=10.5/10.5=1.0。两种情况，虽然标幺值不同，但它们表示的物理量却是一个。两者之间的不同是因为基准值选得不同。所以当谈及一个物理量的标幺值时，必须同时说明它的基准值。

（2）标幺值计算具有结果清晰，便于迅速判断计算结果的正确性，可大大简化计算等优点。从（1）中例子还可以看出，只要基准值取得恰当，采用标幺值可将一个很复杂的数字变成一个很简单的数字，从而使计算得到简化。工程上都习惯把额定值选为该物理量的基准值，这样如果该物理量处于额定状态下，其标幺值为1.0，标幺值的名字即由此而来。

（3）标幺值与百分值有关系。在进行电力系统分析和计算时，会发现有些物理量的百分值是已知的，可利用标幺值与百分值的关系求得标幺值。百分值也是一个相对值，两者的意义很接近。但在电力系统的计算中，标幺值应用较百分值要广泛得多，因为利用标幺值计算比较方便。

标幺值的其他特点，在这里不过多进行介绍。

（二）三相系统中基准值的选择

采用标幺值进行计算时，第一步的工作是选取各个物理量的基准值，当基准值选定后，它所对应的标幺值即可根据标幺值的定义很容易地计算出来。

通常，对于对称的三相电力系统进行分析和计算时，均化成等值星形电路。

（三）标幺值用于三相系统

虽然在有名值中某物理量在三相系统中和单相系统中是不相等的，如线电压和相电压存在$\sqrt{3}$倍的关系，三相功率与单相功率存在3倍的关系，但它们在标幺值中是相等的。

可见，采用标幺值时，线电压等于相电压，三相功率等于单相功率，这就省去了那种线电压与相电压之间3倍的关系，三相功率与单相功率之间3倍的关系。显然标幺值也给计算带来方便。

（四）采用标幺值时的电压级归算

对多电压等级的网络，网络参数必须归算到同一个电压等级上。若这些网络参数是以标幺值表示的，则这些标幺值是以基本级上取的基准值为基准的标幺值。

根据计算精度要求不同，参数在归算过程中可按变压器额定变比归算，也可按平均额定变比归算。其归算途径有如下两个：

（1）先将网络中各待归算级，各元件的阻抗、导纳以及电压、电流的有名值参数归算到基本级上，然后再除以基本级上与之相对应的基准值得到标幺值参数，即先进行有名值归算，后取标幺值。

（2）先将基本级上的基准值电压或电流、阻抗、导纳归算到各待归算级，然后再分别除以待归算级上相应的电压、电流、阻抗、导纳，得到标幺值参数，即先进行基准值归算，后取标幺值。

以上两种归算途径得到的标幺值是相等的。实际应用中，哪种方便用哪一种，或对哪种方法习惯用哪一种。

（五）基准值改变后的标幺值换算

在前面讨论的发电机、变压器、电抗器的电抗，厂家提供以百分值表示的数据 $X_G\%$、$U_k\%$、$X_L\%$ 百分值除以 100 即得标幺值，但这些标幺值是以元件本身的额定参数（额定电压、额定容量）为基准的标幺值。在电力系统计算中，当选定基本级后，应把这些电抗标幺值换算成以基本级上的参数为基准的标幺值，则需先将已知的发电机、变压器、电抗器的标幺值电抗还原出它的有名值，再按所选定的基本级上的基准值为基准，且考虑所经的变压器变比，算出归算到基本级的标幺值电抗。

设 Z_0^* 是以元件本身的额定值为基准值的标幺值阻抗，求以选定的基本级上的基准值为基准的标幺值阻抗 Z_{n*}。

以上讲了采用标幺值时的网络参数归算，显然较有名值归算复杂些，但对以后的电力系统潮流计算、调压计算及短路计算等，采用以标幺值参数表示的等值电路进行计算较为方便。

电力系统等值电路的绘制，即是将参数归算后的各元件的等值电路连接起来。为了以后的计算方便，等值电路越简单越好。

第五节　电力系统潮流分布与计算

一、潮流分布

电力网的潮流分布，指的是电力系统在某一稳态的正常运行方式下，电力网络各节点的电压和支路功率的分布情况。

潮流分布计算，是按给定的电力系统接线方式、参数和运行条件，确定电力系统各部分稳态运行状态参量的计算。通常给定的运行条件有系统中各电源和负荷节点的功率、枢纽点电压、平衡节点的电压和相位角。待求的运行状态参量，包括各节点的电压及其相位角，以及流经各元件的功率、网络的功率损耗等。

潮流计算的主要目的：

（1）通过潮流计算，可以检查电力系统各元件（如变压器、输电线路等）是否过负荷，以及可能出现过负荷时应事先采取哪些预防措施等。

（2）通过潮流计算，可以检查电力系统各节点的电压是否满足电压质量的要求，还可以分析机组发电功率和负荷的变化，以及网络结构的变化对系统电压质量和安全经济运行的影响。

（3）根据对各种运行方式的潮流分布计算，可以帮助我们正确地选择系统接线方式，合理调整负荷，以保证电力系统安全、可靠地运行，向用户供给高质量的电能。

（4）根据功率分布，可以选择电力系统的电气设备和导线截面积，可以为电力系统继电保护整定计算提供必要的数据等。

（5）为电力系统的规划和扩建提供依据。

（6）为调压计算、经济运行计算、短路计算和稳定计算提供必要的数据。

潮流计算可以分为离线计算和在线计算两种方式。离线计算主要用于系统规划设计和运行中安排系统的运行方式，在线计算主要用于在运行中的系统经常性的监视和实时监控。

二、简单电网的手工计算法

简单电网的手工计算法的计算步骤如下：

（1）由已知电气主接线图做出等值电路图。

（2）推算各元件的功率损耗和功率分布。

（3）计算各节点的电压。

（4）逐段推算其潮流分布。

三、复杂电网的计算机算法

随着计算机技术的发展，复杂电力系统潮流计算几乎均采用计算机来进行计算。它具有计算精度高、速度快等优点。计算机算法的主要步骤如下：

（1）建立描述电力系统运行状态的数学模型。

（2）确定解算数学模型的方法。

（3）制订程序框图，编写计算机计算程序，并进行计算。

（4）对计算结果进行分析。

（一）电力系统潮流计算机算法的数学模型

潮流计算数学模型是将网络有关参数和变量及其相互关系归纳起来所组成

的、可以反映网络性能的数学方程式组，也可以说是对电力系统的运行状态、变量和网络参数之间相互关系的一种数学描述。电力网络的数学模型有节点电压方程和回路电流方程等。在电力系统潮流分布的计算中，广泛采用的是节点电压方程。

（二）节点的分类

（1）PQ 节点。这类节点的有功功率 P 和无功功率 Q 是给定的，节点电压（U，δ）是待求量。通常变电站都是这一类型的节点，由于没有发电机设备，故发电功率为零。若系统中某些发电厂送出的功率在一定时间内为固定值时，则该发电厂母线可作为 PQ 节点。可见，电力系统中的绝大多数节点属于这一类型。

（2）PU 节点。这类节点的有功功率 P 和电压幅值 U 是给定的，节点的无功功率 Q 和电压的相位 δ 是待求量。这类节点必须有足够的可调无功容量，用以维持给定的电压幅值，因而又称之为电压控制节点。一般是选择有一定无功储备的发电厂和具有可调无功电源设备的变电站作为 PU 节点。在电力系统中，这一类节点的数目很少。

（3）平衡节点。在潮流分布算出以前，网络中的功率损失是未知的，因此，网络中至少有一个节点的有功功率 P 不能给定，这个节点承担了系统有功功率的平衡，故称之为平衡节点。另外，必须选定一个节点，指定其电压相位为零，作为计算各节点电压相位的参考，这个节点称为基准节点。基准节点的电压幅值也是给定的。为了计算上的方便，常将平衡节点和基准节点选为同一个节点，习惯上称之为平衡节点（亦称为松弛节点、摇摆节点）。电力系统中平衡节点一般只有一个，它的电压幅值和相位已给定，而其有功功率和无功功率是待求量。

一般选择主调频发电厂母线为平衡节点比较合适。但在进行潮流计算时也可以按照别的原则来选择，例如，为了提高导纳矩阵法潮流程序的收敛性，也可以选择出线最多的发电厂母线作为平衡节点。

根据以上所述可以看到，尽管网络方程是线性方程，但是由于在求解条件中不能给定节点电流，只能给出节点功率，这就使潮流方程变为非线性方程了。由于平衡节点的电压已给定，只需计算其余 n—1 个节点的电压，所以方程的数目实际上只有 2（n—1）个。

（三）约束条件

通过求解方程得到了全部节点电压以后，就可以进一步计算各类节点的功率以及网络中功率的分布。这些计算结果代表了潮流方程在数学上的一组解答。但这组解答所反映的系统运行状态，在工程上是否具有实际意义还需要进行检验，因为电力系统运行必须满足一定技术上的要求。这些要求构成了潮流问题中某些变量的约束条件。

因此，潮流计算可以概括为求解一组非线性方程组，并使其解满足一定的约束条件。常用的计算方法是迭代法和牛顿法。在计算过程中或得出结果之后用约束条件进行检验，如果不满足，则应修改某些变量的给定值，甚至修改系统的运行方式，重新计算。

（四）解算数学模型的方法

解算数学模型的基本要求如下。

（1）计算方法的可靠性或收敛性。潮流计算在数学上是求解一组多元非线性方程的问题，无论采用什么计算方法都离不开迭代，所以就有计算方法或迭代格式是否收敛，即能否正确地求解的问题。因此，要求所选用的方法能可靠收敛，并给出正确答案。

（2）对计算机存储量的要求。随着电力系统的不断扩大，潮流问题的方程式阶数越来越高，加之描述网络方程的阻抗矩阵是满阵而导纳矩阵是稀疏阵，各种计算方法所占计算机内存相差很大，因此必须选择占用内存较少的方法才能满足解题规模的要求。

（3）计算速度。在保证可靠收敛的前提下，各种方法的计算速度相差也较大，选用速度较快的方法可大大提高计算效率，并为在线计算创造条件。

（4）计算的方便性和灵活性。电力系统潮流不是单纯的计算，而是一个不断调整运行方式的问题。为了得到一个合理的运行方式，往往需要不断地修改原始数据。因此，要求程序提供方便的人机联系环境，便于数据输入、校核和修改以及结果的分析和处理。

解算数学模型的主要方法概述如下。

20世纪50年代中期，在用数字计算机求解电力潮流问题的开始阶段，主要采用以节点导纳矩阵为基础的潮流计算高斯－赛德尔迭代法（简称导纳矩阵迭代法）。该方法原理简单，占用计算机内存少，适合当时计算机软、硬件和电力系统计算理论的水平。但导纳矩阵迭代法收敛性差，当系统规模变大时，迭代次数急剧上升，且常有不收敛的情况。

20世纪60年代初期，数字计算机已发展到第二代，计算机的内存和运算速度有不少增加和提高，这为占用内存多但收敛性较导纳矩阵迭代法好的以节点阻抗矩阵为基础的高斯－赛德尔迭代法（简称阻抗矩阵迭代法）的应用创造了条件。阻抗矩阵迭代法改善了收敛性，但因占用内存多，使解题规模受到一定限制。

20世纪60年代初期，开始研究潮流计算牛顿－拉夫逊法（简称牛顿法）。研究表明，牛顿法具有很好的收敛性。直到20世纪60年代末期，优化节点编号和稀疏矩阵程序技巧的高斯消去法的实际应用，才使牛顿法潮流计算在收敛性、内存需求、计算速度等方面都超过其他方法，成为广泛采用的优秀方法。

20世纪70年代初期，在牛顿法的基础上，根据电力系统的特点发展了潮流计算P–Q分解法。该方法所占内存为牛顿法的1/4～1/2，计算速度也明显加快。由于牛顿法和P–Q分解法的显著优点，使得它到21世纪初仍然是实际应用的电力系统潮流计算的主要方法。此外，作为方法的研究和探讨，还提出了非线性快速潮流计算法、最优乘子法、非线性规划法、网流法等。为适应电力网调度自动化的需要，在线潮流计算方法及其应用也得到重视和发展。

20世纪70年代后期至80年代，大型商用电力系统分析软件包得到广泛应用，其中不少潮流计算程序包同时备有几种算法供用户选择，以便有助于解决各类潮流计算的收敛性问题。

下面简要介绍牛顿－拉夫逊法和P–Q分解法。

（1）牛顿－拉夫逊法

自20世纪60年代稀疏矩阵计算应用于牛顿法以来，经过几十年的发展，它已成为求解电力系统潮流问题应用最广泛的一种方法。当以节点功率为注入量时，潮流方程为一组非线性方程，而牛顿法为求解非线性方程组最有效的方法之一。

牛顿－拉夫逊法的基本步骤如下：

①形成节点导纳矩阵。

②设各节点电压的初值。

③将各节点电压的初值代入计算，求得修正方程式中的不平衡量。

④利用各节点电压的初值求得修正方程式的系数矩阵——雅可比矩阵的各个元素。

⑤解修正方程式，求各节点电压的修正量。

⑥计算各节点电压的新值，即修正后值。

⑦运用各节点电压的新值自第③步开始进入下一次迭代。

⑧计算平衡节点功率和线路功率。

（2）P–Q分解法潮流计算方法

P–Q分解法潮流计算派生于以极坐标表示时的牛顿拉夫逊法。两者的主要区别在修正方程式和计算步骤。P–Q分解法潮流计算时的修正方程式是计及电力系统的特点后对牛顿－拉夫逊法修正方程式的简化。对修正方程式的第一个简化是：计及电力网络中各元件的电抗一般远大于电阻，以致各节点电压相位角的改变主要影响各元件中的有功功率潮流，从而影响各节点的注入有功功率；各节点电压大小的改变主要影响各元件中的无功功率潮流，从而影响各节点的注入无功功率。对修正方程式的第二个简化是基于对状态变量的约束条件不宜过大。

当有功修正方程的系数矩阵用 B' 代替，无功电压修正方程的系数矩阵用 B'' 代替，有功无功功率偏差都用电压幅值去除。这种版本的算法收敛性最好。B' 是用 $-1/x$ 为支路电纳建立的节点电纳矩阵，B'' 是节点导纳矩阵的虚部，故称这种方法为 P-Q 分解法。

P-Q 分解法潮流计算的主要步骤如下：
①形成系数矩阵 B'、B''，并求其逆矩阵。
②设各节点电压的初值。
③计算有功功率的不平衡量。
④解修正方程式，求各节点电压相位角的变量。
⑤求各节点电压相位角的新值。
⑥计算无功功率不平衡量。
⑦解修正方程式，求各节点电压大小的变量。
⑧求各节点电压的新值。
⑨运用各节点电压的新值自第③步开始进入下一次迭代。
⑩计算平衡节点功率和线路功率。

一般情况下，采用 P-Q 分解法计算时较采用牛顿－拉夫逊法要求的迭代次数多，但每次迭代所需时间则较牛顿－拉夫逊法少，以致总的计算速度仍是 P-Q 分解法快。

第六节　电力系统频率分析

电力系统的频率与发电机的转速有严格的关系，发电机的转速是由作用在机组转轴上的转矩（或功率）平衡所确定的。原动机输出的功率扣除励磁损耗和各种机械损耗后，如果能同发电机产生的电磁功率严格地保持平衡，则发电机的转速就恒定不变。但是发电机输出的电磁功率是由系统运行状态决定的，全系统发电机输出的有功功率的总和，在任何时刻都应与全系统的有功功率需求相等，即电力系统的有功功率在任何时刻都应是平衡的。以ΣP_L表示电力系统中所有用户的负荷，以$\Sigma\Delta P_d$表示电力网中的有功功率损耗（主要是变压器和线路的损耗），用ΣP_Y表示发电厂的自用电功率，用ΣP_G表示发电机发出的总有功功率。

由于电能在目前还不能大量储存，负荷功率的任何变化都将同时引起发电机输出功率的相应变化，这种变化是瞬时完成的。原动机输出的机械功率由于机组本身的惯性和调节系统的相对迟缓的特性，无法适应发电机电磁功率的瞬时变化。因此，发电机转轴上转矩的绝对平衡是不存在的，但是把频率对额定值的偏移限制在一个相当小的范围内是必要的，也是可能的。

电力系统中的发电与用电设备，都是按照额定频率设计和制造的，只有在额定频率附近运行时，才能发挥最好的效能。系统频率过大的变动，对用户和发电厂的运行都将产生不利的影响。系统频率变化对用户的不利影响主要有三个方面：

（1）频率变化将引起感应电动机转速变化，生产中产品质量将受到影响，甚至出现残、次品；

（2）系统频率降低将使电动机的转速和功率降低，导致传动机械的出力降低；

（3）工业和国防部门使用的测量、控制等电子设备，将受系统频率波动干扰而影响其准确性和工作性能。

电力系统频率降低时，对发电厂和系统的安全运行也会带来影响：

（1）频率下降时，汽轮机叶片的振动变大，影响使用寿命，甚至产生裂纹或断裂；

（2）频率降低时，由感应电动机驱动的发电厂厂用机械的出力下降，导致发电机出力下降，使系统的频率进一步下降；

（3）系统频率下降时，感应电动机和变压器的励磁电流增加，所消耗的无功功率增大，结果引起电压下降。

负荷的变化将引起频率相应变化，负荷变化幅度小、周期短引起的频率偏移将由发电机组的调速器进行调整，以改变发电机输出的有功功率，这种调整通常称为频率的一次调整。负荷变化幅度较大、周期较长引起的频率变化，仅靠调速器的作用往往已不能将频率限制在允许的范围之内，这时必须由调频器参与频率的调整，以改变发电机输出的有功功率，这种调整通常称为频率的二次调整。负荷在有功功率平衡的基础上，按照最优化的原则在各发电厂间进行分配，这种调整通常称为频率的三次调整。

为了满足频率调整的需要，以适应用户对功率的要求，电力系统装设的发电机额定容量必须大于当前的负荷，即必须装设一定的备用发电设备容量，以便在发电设备、供电设备发生故障或检修时，以及系统负荷增长后，仍有充足的发电设备容量向用户供电。备用设备容量按用途可分为负荷备用、事故备用、检修备用和国民经济备用。这四种备用有的处于运行状态，称为热备用或旋转备用，有的处于停机待命状态，称为冷备用。

一、电力系统的频率

（一）电力系统负荷的有功功率－频率静态特性

当频率变化时，电力系统中的有功功率负荷（包括用户取用的有功功率和网络中的有功损耗）也将发生变化。当电力系统稳态运行时，系统中有功负荷随频率变化的特性称为负荷的有功功率－频率静态特性。

电力系统负荷的有功功率－频率静态特性，当频率偏移额定值不多时，常用一条直线来表示。也就是说，在额定频率附近，负荷的有功功率与频率呈线性关系。

K_L 为系统有功功率负荷的频率调节效益系数。它表示系统有功功率负荷的自动调节效应。如频率下降，负荷从系统取用的有功功率将自动减少。一般电力系统 $K_{L*}=1 \sim 3$，即频率变化 1%，负荷的有功功率相应变化 1% ~ 3%。

（二）发电机组的有功功率－频率静态特性

当系统频率变化时，汽轮机（或水轮机）调速系统将自动改变进汽量（或进水量），以相应增减发电机输出的功率，调整结束后达到新的稳态。这种反映由频率变化而引起汽轮机（或水轮机）输出功率变化的关系，称为发电机组有功功率－频率静态特性。

这种随发电机功率增大而频率有所降低的特性是线性的，称为发电机的功率－频率静特性，简称功频静特性。调速器系统又称为发电机组的频率一次调整系统，或称一次调频系统，是自动进行的。

二、频率的一次调整

前面分别说明了电力系统中发电机组和负荷的有功功率与频率变化的关系，现将两者同时考虑来说明系统频率的一次调整。

发电机组与负荷的有功功率－频率静态特性的交点就是系统的初始运行点。如果负荷的有功功率突然增加，由于发电机输出的有功功率不能随负荷的突然增加而及时变动，发电机组将减速，电力系统频率将下降。在系统频率下降时，发电机输出的有功功率将因调速器的一次调整作用而增加，同时负荷所需的有功功率将因本身的调节效应而减少，最后在新的平衡点稳定下来。因此，这一调节过程是由发电机和负荷共同完成的。

K_S 称为整个电力系统的有功功率－频率静态特性系数，又称为电力系统的单位调节功率。它说明在频率的一次调整作用下，单位频率的变化可能承受多少系统负荷的变化。因而，已知 K_S 值时，可以根据允许的频率偏移幅度计算出系统能够承受的负荷变化幅度，或者根据负荷变化计算出系统可能发生的频率变化。显然 K_S 值大，负荷变化引起的频率变化幅度就小。因为 K_L 不能调节，增大 K_S 值只能通过减小调差系数解决，但是调差系数过小将使系统工作不稳定，因而增加发电机的运行台数也可提高 K_S 值。但是运行的机组多，效率降低而不经济，这一因素也要兼顾。

三、频率的二次调整

当电力系统由于负荷变化引起的频率偏移较大，采取频率的一次调整还不能使其保持在允许的范围以内时，通过频率的二次调整才能解决。频率的二次调整就是以手动或自动方式调节调频器平行移动发电机组有功功率－频率静态特性，来改变发电机组输出的有功功率，使系统的频率保持为负荷增长前的水平或使频率的偏差在允许的范围之内。

在频率的一次调整和二次调整同时进行时，系统负荷的增量 ΔP_{L0} 是由以下 3 部分调节功率与之平衡的。

（1）由频率的一次调整（调速器作用）增发的功率为 $-K_G \Delta f''$。

（2）由频率的二次调整（调频器作用）增发的功率 ΔP_{G0}。

（3）由负荷自身的调节效应而减少取用的功率为 $-K_L \Delta f''$。

如果使用调频器进行二次调频所得的发电机输出功率的增量能完全抵偿负荷增加的增量，即 $\Delta P_{L0} - \Delta P_{G0} = 0$ 时，就能维持原频率不变（即 $\Delta f'' = 0$），实现了频率的无差调节。

电力系统中各发电机组均装有调速器，所以系统中每台运行机组都参与频率的一次调整（满载机组除外）。频率的二次调整则不同，一般只由系统中选定的极少电厂的发电机组担任频率的二次调整。负有频率的一次调整任务的电厂称为调频厂。调频厂又分成主调频厂和辅助调频厂。只有在主调频厂调节后，而系统频率仍不能恢复正常时，才启用辅助调频厂。而非调频厂在系统正常运行情况下，则按预先给定的负荷曲线发电。

第二章　电力系统短路故障及分析

第一节　短路的基本内容

在供配电系统的设计和运行中，不仅要考虑系统的正常运行状态，还要考虑系统的不正常运行状态和故障情况，最严重的故障是短路故障。短路是指不同相之间，相对中性线或地线之间的直接金属性连接或经小阻抗连接。短路电流计算的目的主要是供母线、电缆、设备的选择和继电保护整定计算之用。

一、短路的原因及后果

（一）短路的原因

造成短路的主要原因如下：

（1）电气设备载流部分的绝缘损坏。这种损坏可能是由于设备长期运行，绝缘自然老化，或由于设备本身不合格，绝缘强度不够而被正常电压击穿，或设备绝缘正常而被过电压（包括雷电过电压）击穿，或者是设备绝缘受到外力损伤而造成短路。

（2）错误操作及误接线。工作人员由于违反安全操作规程而发生错误操作，或者误将低电压的设备接入较高电压的电路中，也可能造成短路。

（3）飞禽等跨接裸导线。飞禽跨越在裸露的相线之间或相线与接地物体之间，或者设备和导线的绝缘被飞禽咬坏，也是导致短路的一个原因。

（4）其他原因。如输电线断线、倒杆或人为盗窃、破坏等原因都可能导致短路。

（二）短路的后果

短路后，短路电流比正常电流大得多。在大电力系统中，短路电流可达几万安甚至几十万安。如此大的短路电流可对供电系统产生极大的危害：

（1）短路时要产生很大的电动力，使电气设备受到机械损坏。

（2）短路产生很大的热量，导体温度升高，将绝缘损坏。

（3）短路时短路电路中的电压骤然降低，严重影响其中电气设备的正常运行。

（4）短路时保护装置动作，造成停电，而且越靠近电源，停电的范围越大，造成的损失也越大。

（5）严重的短路将影响电力系统运行的稳定性，可使并列运行的发电机组失去同步，造成系统解列。

（6）不对称短路包括单相短路和两相短路，其短路电流将产生较强的不平衡交变磁场，对附近的通信线路、电子设备等产生干扰，影响其正常运行，甚至使之发生错误动作。

由此可见，短路的后果是十分严重的，因此必须尽力设法消除可能引起短路的一切因素。同时需要进行短路电流的计算，以便正确地选择电气设备，使设备有足够的动稳定性和热稳定性，以保证在发生可能有的最大短路电流时不致损坏。为了选择切除短路故障的开关电器、整定短路保护的继电保护装置和选择限制短路电流的元件如电抗器等，也必须计算短路电流。

二、计算短路电流的基本目的

短路故障对电力系统的正常运行影响很大，所造成的后果也十分严重，因此无论从设计、制造、安装、运行和维护检修等各方面来说，都应着眼于防止短路故障的发生，以及在短路故障发生后要尽量限制所影响的范围。这就要求必须了解短路电流的产生和变化规律，掌握分析计算短路电流的方法。

短路电流计算是电力系统最常用的计算之一，短路电流计算的具体目的有以下几个方面。

（一）选择电气设备

电气设备（如开关电器、母线、绝缘子、电缆等）必须具有充分的电动力稳定性和热稳定性，而电气设备的电动力稳定和热稳定的校验是以短路电流计算结果为依据的。

（二）继电保护的配置和整定

在决定电力系统中应配置哪些继电保护装置以及保护装置的参数整定之前，都必须先对电力系统的各种短路故障进行计算和分析，而且不仅要计算短路点的短路电流，还要计算短路电流在网络各支路中的分布，并要做多种运行方式的短路计算。

（三）电气主接线方案的比较和选择

在发电厂和变电站的主接线设计中往往遇到这样的情况：有的接线方案由于短路电流太大以致要选用贵重的电气设备，使该方案的投资太高，但如果适当改变接线方式或采取某些限制短路电流的措施，就可能得到既可靠又经济的方案。因此，在比较和评价主接线方案时，短路电流计算是必不可少的内容。

（四）避免干扰和危害通信线路

在设计 110kV 及以上电压等级的架空输电线路时，要计算短路电流，以确定电力线路对邻近架设的通信线路是否存在危险及干扰影响。

（五）其他目的

电力工程中计算短路电流的目的还有很多，如确定中性点的接地方式、验算接地装置的接触电压和跨步电压、计算软导线的短路摇摆、计算输电线路分裂导线间隔棒的间距等。

综上所述，对电力系统短路故障进行分析计算是十分重要的。但是，实际的电力系统十分复杂，突然短路的暂态过程更加复杂，要精确计算任意时刻的短路电流非常困难。然而实际工程中并不需要十分精确的计算结果，但却要求计算方法简洁、实用，其计算结果只要能满足工程允许误差即可。因此，工程中使用的短路计算方法，是采用在一定假设条件下的近似计算方法，这种近似计算方法在电力工程中称为短路电流实用计算。

短路故障称为电力系统的横向故障，因为它们是电力系统相与相或相与地的问题，而相与相或相与地的关系是横向关系。还有一种常见的故障是断线造成的故障，称为电力系统的纵向故障。所谓断线，通常是发生一相或两相短路后，故障相开关跳开造成非全相运行的情况。断线故障有一相断线和两相断线，它们也属于不对称故障，分析方法与不对称短路的分析方法相似。

电力系统中仅有一处出现故障称为简单故障，若同时有两处或两处以上发生故障，称为复杂故障。复杂故障的分析方法以简单故障的分析方法为基础。

三、短路的种类

在供电系统中，可能发生的短路种类主要有四种：三相短路、两相短路、两相接地短路和单相接地短路。

二相短路是指供电系统中三相导体间的短路，用 $k^{(3)}$ 表示；两相短路是指供电系统中任意两相导体间的短路，用 $k^{(2)}$ 表示；单相接地短路是指供电系统中任意一相导体经大地与中性点或中性线发生的短路，用 $k^{(1)}$ 表示；两相接地短路是指中性点直接接地系统中，任意两相在不同地点发生单相接地而产生的短路，用 $k^{(1,1)}$ 表示。

三相短路时对称短路，短路回路的三相阻抗相等，短路电流仍然对称，只是电压降低电流增大，电压与电流之间的相位差比正常时增大。其他形式的短路属于不对称短路。

运行经验表明，电力系统中，发生单相短路的概率最大（占短路故障的65%~70%），而发生三相短路的可能性最小，但是三相短路造成的危害一般来说最为严重。为了使电气设备在最严重的短路状态下也能可靠地工作，因此在作为选择和校验电气设备用的短路计算中，以三相短路电流作为基本计算。

实际上，不对称短路也可以按对称分量法将其物理量分解为对称的正序、负序和零序分量，然后按对称量来研究。所以对称的三相短路分析也是分析研究不对称短路的基础。

第二节　无限大容量系统三相短路

一、无限大功率电源供电电路突然三相短路的暂态过程

例如，一个由无限大功率电源供电的简单三相电路，短路前处于正常稳态，每相的电阻和电感分别为 $R+R'$ 和 $L+L'$。由于电路对称，可以只写出一相（a 相）电压和电流表达式。

当电路在 f 点发生突然三相短路时，网络被短路点分成两个相互独立的部分，短路点左侧的部分仍与电源连接，右侧的部分则被短接为无源网络。右侧无源网络中，短路前的电流为 $i_{[0]}$，该电路的暂态过程即是电流从这个初始值按指数规律衰减到零的过程，在此过程中，电路中储存的能量将全部转换成为电阻所消耗的热能。因此，要研究原电路发生突然三相短路的暂态过程，主要是研究短路点左侧电路的电磁暂态过程。而在与电源相连的左侧电路中，每相的阻抗已变为 $R+j\omega L$，其电流将要由短路前的数值逐渐变化到由阻抗 $R++j\omega L$ 所决定的新稳态值。

假定短路在 t=0 时发生，因三相短路是对称短路，仍可用一相的研究代替三相。短路点左侧电路 a 相的电磁暂态过程可以用以下微分方程描述，即：

$$Ri_a + L\,(di_a/dt) = U_m \sin(\omega t + a) \tag{1}$$

这是一个常系数线性非齐次微分方程，它的解就是短路的全电流，由两部分

组成：第一部分是式（1）的特解，代表短路电流的周期分量；第二部分是式（1）对应的齐次方程的通解，代表短路电流的非周期分量。

根据楞次定律，电感电路中的电流不能突变，短路前瞬间（用下标"[0]"表示）的电流应等于短路后瞬间（用下标"0"表示）的电流，由此可确定积分常数 C。

无限大功率电源供电的三相电路突然发生三相短路的暂态过程中，短路电流包括两个分量：一个是周期分量，即稳态短路电流，它是短路电流中的强迫分量，其幅值 I_m 取决于电源电压的幅值和电路参数，由于是无限大功率电源供电，电源电压幅值恒定，电路参数也不变，所以在整个暂态过程中周期分量的幅值是不衰减的；另一个是非周期分量或称为直流分量，它是短路电流中的自由分量，这个分量是为了在突然短路的瞬间维持电感电路中的电流不突变而产生的，由于无外部电源支持和电路中存在电阻，它将以时间常数 T_a 按指数规律衰减到零，当非周期电流衰减到零时，表征暂态过程结束，电路进入稳定短路状态。

由于短路后三相电路仍对称，只要用 $\alpha-120°$ 和 $\alpha+120°$ 去代入计算，就可得到 b 相及 c 相的短路全电流表达式。

三相短路电流波形中，短路电流的周期分量（i_{pa}、i_{pb}、i_{pc}）是幅值恒定的对称三相电流；非周期分量（$i_{\alpha a}$、$i_{\alpha b}$、$i_{\alpha c}$）使短路前后瞬间的电流连续，它是短路电流曲线的对称轴。显然，同一时刻三相的非周期分量电流值不相等，非周期分量初始值较大的那一相可能出现的短路电流瞬时值较大。

二、短路冲击电流和短路全电流有效值

（一）短路冲击电流

由于存在非周期分量（直流分量），短路后将出现比短路电流周期分量幅值还大的短路电流最大瞬时值，此电流称为短路冲击电流。

短路电流可能的最大瞬时值只出现在一种特定条件下的短路故障中。要使 i_a 具有最大值，由于周期分量电流在暂态过程中幅值恒定，在电路参数一定（$T_a=L/R$ 一定）的情况下，应使非周期分量电流具有最大初始值。a 相短路非周期分量电流初始值是短路前瞬间的正常负荷电流与短路后瞬间的短路电流周期分量之差，要使这个差的值最大，应使其中小项为零，大项具有最大值。显然，短路前的电流幅值比短路后的周期分量电流幅值小得多，因此应以 $I_{m[0]}=0$（即短路前空载），且 $\sin(\alpha-\psi)=1$ 时，$i_{\alpha a0}$ 最大。同时，由于高压电力网络中 R $\ll$ X 可认为 $\psi \approx 90°$，故 $\sin(\alpha-\psi)=1$ 又可表示为 $\alpha=0$，即恰好在电源电压过零时发生

短路。

综上所述，在接近纯感性的电力网络中当满足 $I_{m[0]}=0$、$\alpha=0$ 时，短路电流可能出现最大的瞬时值。通常称满足这些条件的短路为最恶劣条件下的短路。

从这种最恶劣条件下短路的电流波形中可看出，冲击电流出现在短路后半周期，即 $t=T/2=0.01s$ 时（电源频率 $f=50Hz$），以 $t=0.01s$ 代入计算，得冲击电流。冲击电流主要用于检验电气设备和载流导体的电动力稳定性。

（二）短路全电流有效值

在短路过程中，任一时刻 t 的短路电流有效值 I_t 是指以时刻 t 为中心的一个周期内瞬时电流的均方根值。

在短路暂态过程中，短路电流非周期分量的幅值始终是按指数规律衰减的；而短路电流周期分量的幅值只有在无限大功率电源供电时才是恒定的，在一般的情况下也是衰减的。因进行计算相当复杂，为了简化计算，通常假定：短路电流非周期分量在以时间 t 为中心的一个周期内恒定不变，即设 1s 前后半个周期内非周期分量的大小保持不变，因而它在时刻 f 的有效值就等于它的瞬时值，即 $I_{at}=i_{at}$ 对于周期分量，也认为它在所计算的周期内幅值是恒定的，其数值等于由周期电流包络线所确定的 t 时刻的幅值，因此 t 时刻的周期电流有效值应为 $I_{pt}=I_{pm}/\sqrt{2}$。

如果短路电流周期分量不衰减，则 I_{pt} 与时间无关，即 $I_{pt}=I_p$；而 t 时刻非周期分量的瞬时值为 $i_{at}=I_{pm}e^{-\frac{t}{T_a}}$。

短路全电流有效值在冲击电流出现的第一个周期中最大，称为短路电流最大有效值，用 I_{im} 表示。第一个周期的中心为 $t=T/2=0.01s$。

显然，当周期分量有效值一定时，I_{im} 的值随冲击系数 K_{im} 而变化。因 K_{im} 的变化范围为 $1 \leq K_{im} \leq 2$，对应的 I_{im} 的变化范围为 $I_p \leq I_{im} \leq \sqrt{3} I_p$。在近似计算中，当 $K_{im}=1.90$ 时，$I_{im}=1.62I_p$；当 $K_{im}=1.85$ 时，$I_{im}=1.56I_p$；当 $K_{im}=1.80$ 时，$I_{im}=1.52I_p$。

三、短路容量

短路容量又称为短路功率，它等于短路电流有效值与短路处的正常工作电压（在近似计算中取平均额定电压）的乘积。

短路容量主要用于校验断路器（开关）的切断能力。把短路容量定义为短路电流和工作电压的乘积是因为一方面开关要能切断这样大的电流；另一方面，在开关断流时其触头应能经受住工作电压的作用。

　　在工程中，短路容量是个很有用的概念，它反映了网络中某点与无限大功率电源间的电气距离。换句话说，当知道系统中某点的短路容量时，该点与电源点间的等效电抗即可求得。在短路电流的实用计算中，常只用周期分量初始有效值来计算短路容量。

　　从上述分析可见，为了确定冲击电流、短路电流非周期分量、短路电流的有效值以及短路容量等，都必须计算短路电流的周期分量。实际上，大多数情况下短路计算的任务也只是计算短路电流的周期分量。在给定电源电压时，短路电流周期分量的计算只是一个求解稳态正弦交流电路的问题。

第三节　电力系统三相短路电流计算

一、绘制等效网络

（一）网络的等值化简

　　无限大功率系统短路电流计算的主要任务，在于求取无限大功率系统对短路点的组合电抗（即总电抗）。由于现在电力系统网络结构日趋复杂，要计算电源对短路点的组合电抗，必须对网络进行化简。网络化简的方法很多，下面介绍几种最常用的方法。

　　（1）等值电动势法。若网络中有两个或两个以上的电源支路向同一节点供电，可用一个等值电源支路代替，这种等效变化的原则应使网络中其他部分的电压、电流在变换前后保持不变。

　　在短路电流计算中，最常遇到的是两个有源支路的合并，其等值电动势及等值电抗可求得。

　　（2）星－网变换法。复杂网络的化简，通常是通过消除网络中非电源的节点来实现。通过星网变换，可以消去非电源节点，例如将一个以节点 n 为中心的四星形电路变换为以节点 1、2、3、4 为顶点的网形电路。注意，在网形电路中，任一节点之间均有一条支路相连。但就计算短路电流的目的而言，有些支路与短路计算无关，可以从电路中除去。这一点以后在实际计算中便可明了。

　　根据网络等值条件即可推导出网形电路中各节点间的电抗计算公式（推导过程从略）。

　　（3）利用电路的对称性化简网络。在网络化简中，常遇到短路点对称的网络。利用对称关系，并按下列原则，可使网络迅速简化：

①电位相等的节点可直接相连。

②等电位点之间的电抗可短接后除去。

（二）利用转移电抗计算三相短路电流

在电力系统短路计算中，电源电动势一般为已知，因此，求转移电抗就成为至关重要的问题。各电源至短路点的转移电抗一经确定，短路电流的计算便迎刃而解。求转移电抗的方法很多，这里只介绍两种常用的方法：网络化简法和单位电流法。

（1）网络化简法。首先利用星－网变换，将它变换成网形电路，只保留电源节点和短路点。这时，任两节点间直接相连的支路电抗，即为该两节点间的转移电抗。应当提出：各电源节点间的转移电抗与短路电流计算无关，可从电路中除去。这是因为：若各电源电动势不相等，则在这些转移电抗中，只流过电源间的交换电流，此电流并不流至短路点；若电源电动势相等，这些转移电抗中的电流为零。由此可见，网络变换的主要目的是消去除电源节点和短路点以外的所有中间节点，而所有电源间的转移电抗均可除去。最后，只保留各电源至短路点之间的转移电抗，这给短路计算带来了极大的方便。

（2）单位电流法。对于辐射形网络，利用单位电流法求转移电抗最为简捷。

二、短路电流的计算

在许多情况下，电力系统短路电流的工程计算，只需计算短路电流周期分量的初值，即起始次暂态电流。这时，只要把系统所有元件都用其次暂态参数表示，次暂态电流的计算就同稳态电流的一样了。系统中所有静止元件的次暂态参数都与其稳态参数相同，而旋转电机的次暂态参数则不同于其稳态参数。

如前所述，在突然短路瞬间，系统中所有同步电机的次暂态电动势均保持短路发生前瞬间的值。

由于接于配电网络的电动机数量多，短路前运行状态难以弄清，因而在实用计算中，只考虑短路点附近的大型电动机，对于其余的电动机，一般可当作综合负荷来处理。以额定运行参数为基准，综合负荷的电动势和电抗的标幺值可取 $E''=0.8$ 及 $X''=0.35$。X'' 中包括电动机本身的次暂态电抗 0.2 和降压变压器及馈电线路的电抗 0.15。在实用计算中应该指出，由于异步电动机所提供的短路电流的周期分量及非周期分量衰减非常快，当 t > 0.01s 时，即可认为其暂态过程已告结束。因此，对一切异步电动机及综合负荷，只在冲击电流计算中予以计及。

第四节 对称分量法及序组抗的参数计算

一、对称分量法

在三相电路中，对于任意一组不对称的三相相量（电流或电压），可以分解为三组对称的相量，这就是三相相量对称分量法。

正序分量的相序与正常对称运行下的相序相同，而负序分量的相序则与正序相反，零序分量则三相同相位。

将一组不对称的三相相量分解为三组对称分量，这种分解同派克变换一样，也是一种坐标变换（线性变换）。

当已知三相不对称的相量时，可求得各序对称分量。已知各序对称分量时，也可以用反变换求出三相不对称的相量。

二、电力系统元件的序阻抗

以一个静止的三相电路元件为例来说明序阻抗的概念。各相自阻抗分别为Z_{aa}、Z_{bb}、Z_{cc}，相间互阻抗为$Z_{ab}=Z_{ba}$、$Z_{bc}=Z_{cb}$、$Z_{ca}=Z_{ac}$。当元件通过三相不对称的电流时，元件各相的电压下降。

在三相参数对称的线性电路中，各序对称分量具有独立性。也就是说，当电路通以某序对称分量的电流时，只产生同一序对称分量的电压降。反之，当电路施加某序对称分量的电压时，电路中也只产生同一序对称分量的电流。这样，可以对正序、负序和零序分量分别进行计算。

如果三相参数不对称，则矩阵Z_{sc}的非对角元素将不全为零，因而各序对称分量将不具有独立性。也就是说，通以正序电流所产生的电压降中，不仅包含正序分量，还可能有负序或零序分量。这时，就不能按序进行独立计算。

根据以上的分析，所谓元件的序阻抗，是指元件三相参数对称时，元件两端某一序的电压降与通过该元件同一序电流的比值。

电力系统每个元件的正、负、零序阻抗可能相同，也可能不同，视元件的结构而定。因为$\dot{I}_{a1}+\dot{I}_{b1}+\dot{I}_{c1}=\dot{I}_{a1}+a\dot{I}_{a1}+a^2\dot{I}_{a1}=0$，正序电流不流经中性线，中性点接地阻抗$Z_n$上的电压降为零，它在正序网络中不起作用。

对于负序网络，也有$\dot{I}_{a2}+\dot{I}_{b1}2+\dot{I}_{c2}=\dot{I}_{a2}+a\dot{I}_{a2}+a^2\dot{I}_{a2}=0$，而且发电机的负序电动势为零。对于零序网络，由于$\dot{I}_{a0}+\dot{I}_{b0}+\dot{I}_{c0}=3\dot{I}_{a0}$，在中性点接地

阻抗中将流过 3 倍的零序电流，产生电压降。

根据以上所得的各序电压方程式，可以绘出各序的一相等值网络。必须注意，在一相零序网络中，中性点接地阻抗必须增大为 3 倍。这是因为接地阻抗 Z_n 上的电压降是由一相零序电流在 3 倍中性点接地阻抗上产生的电压降。

虽然实际的电力系统接线复杂，发电机的数目也很多，但是通过网络化简 ,，仍然可以得到序网方程，它对各种不对称短路都适用。它说明了各种不对称短路时各序电流和同一序电压间的相互关系，表示了不对称短路的共性。根据不对称短路的类型，可以得到三个说明短路性质的补充条件，它们表示了各种不对称短路的特性，通常称为故障条件或边界条件。例如，单相（a 相）接地的故障条件为 $\dot{U}_a = 0$、$\dot{I}_b = 0$、$\dot{I}_c = 0$。

综上所述，计算不对称故障的基本原则就是：把故障处的三相阻抗不对称表示为电压和电流相量的不对称，使系统其余部分保持为三相阻抗对称的系统。这样，借助于对称分量法，并利用三相阻抗对称电路各序具有独立性的特点，分析计算就可得到简化。在不对称故障的分析计算中，首先需要解决各元件的各序阻抗的计算问题。

（一）同步发电机

同步发电机在对称运行时，只有正序电动势和正序电流，此时的电机参数就是正序参数。其中，X_s、X_q、X'_d、X''_d、X''_q 等均属于正序电抗。同步发电机正常稳态运行时，在正序电动势的作用下，定子电流是三相对称的正序电流，无负序及零序分量，相应的电抗为正序电抗，又称为同步电抗，如 X_d、X_q。当发电机发生对称厂相短路时，其相应的正序电抗为暂态电抗 X'_d 及次暂态电抗 X''_d、X''_q。

当发电机定子绕组中通过负序基频电流时，它产生的负序旋转磁场与正序基频电流产生的旋转磁场转向正好相反，因此，负序旋转磁场同转子之间有 2 倍同步转速的相对运动。负序电抗取决于定子负序旋转磁场所遇到的磁阻（或磁导）。由于转子纵横轴间不对称，随着负序旋转磁场同转子间的相对位置的不同，负序磁场所遇到的磁阻也不同，负序电抗也就不同。负序旋转磁场对正转子纵轴和横轴时确定负序电抗的等值电路。

实际上，当系统发生不对称短路时，包括发电机在内的网络中出现的电磁现象是相当复杂的，定子绕组的负序电流所产生的负序旋转磁场将在转子各绕组感生 2 倍同步频率的电流。转子倍频电流所建立的倍频脉振磁场又可以分解为两个不同转向、相对于转子以 2 倍同步转速旋转的磁场。其中同转子转向相反的旋转磁场相对于定子的负序旋转磁场是静止的，并且起着削弱负序气隙磁场的作用，转子各绕组（或转子本体）的阻尼作用越强，定子负序电流产生的气隙磁通被抵消得就越多，负序电抗值也就越小。另一个与转子转向相同的旋转磁场相对于定子以 3 倍同步速旋转，它将在定子绕组内感应出 3 倍同步频率的正序电动势，将产生 3 倍基频的正序电流。不仅如此，由于故障处的三相不对称，在 3 倍基频的正序电动势作用下，网络中还要出现 3 倍基频的负序电流。这项电流通入定子绕组又将在转子各绕组感生 4 倍基频的电流。由于转子纵横轴间的不对称，发电机还产生 5 倍基频的正序电动势。这样，基频负序电流便在定子绕组中派生一系列奇次谐波电流，在转子绕组中派生一系列偶次谐波电流。

高次谐波电流的大小同转子纵横轴间不对称的程度有关。当转子完全对称时，由定子基频负序电流所感生的转子纵横轴向的脉振磁场被分解为两个转向相反的旋转磁场以后，正转磁场恰好互相抵消，只剩下对定子负序磁场相对静止的反转磁场，它将在定子绕组内感应出基频负序电动势，这样就不会在定子电路中出现高次谐波电流。

顺便指出，在不对称短路的暂态过程中，定子的非周期自由电流将在定子绕组中派生一系列的偶次谐波自由电流，在转子绕组中派生一系列的奇次谐波自由电流。这些高次谐波电流也是由于转子纵横轴间的不对称引起的。

由此可见，在发生不对称短路时，由于发电机转子纵横轴间的不对称，定、转子绕组无论是在稳态还是在暂态过程中，都将出现一系列的高次谐波电流，这就使对发电机序参数的分析变复杂了。为使发电机负序电抗具有确定的含义，取发电机负序端电压的基频分量与负序电流基频分量的比值，作为计算电力系统基频短路电流时发电机的负序阻抗。

根据比较精确的数学分析，对于同一台发电机，在不同类型的不对称短路时，负序电抗也不相同。见表 2-1。

表 2-1　发电机不对称短路时的负序电抗的计算公式

短路种类	负序电抗
单相短路	$X_2^{(1)} = \sqrt{\left(X_d'' + \dfrac{X_0}{2}\right)\left(X_q'' + \dfrac{X_0}{2}\right)} - \dfrac{X_0}{2}$
两相短路	$X_2^{(2)} = \sqrt{X_d'' X_q''}$
两相短路接地	$X_2^{(1,1)} = \dfrac{X_d'' X_q'' + \sqrt{X_d'' X_q'' (2X_0 + X_d'') \ (2X_0 + X_q'')}}{2X_0 + X_d'' X_q''}$

X_0 为发电机的零序电抗，X_e 为从机端到短路点的外接电抗。当同步发电机经外接电抗 X_0 短路时，表中的 X_d''、X_q'' 和 X_0 应分别以 $X_d'' + X_e$ 和 $X_0 + X_e$ 代替，这时转子纵横轴间不对称的程度将被削弱。当纵横轴向的电抗接近相等时，表中3个公式的计算结果差别很小。电力系统的短路故障一般发生在线路上，所以在短路电流的实用计算中，同步发电机本身的负序电抗可以认为与短路种类无关，并取为 X_d'' 和 X_q'' 的算术平均值。对于无阻尼绕组凸极机，取为 X_d'' 和 X_q'' 的几何平均值。

作为近似估计，对汽轮发电机及有阻尼绕组的水轮发电机，可采用 $X_2 = 1.22\,X_d''$；对无阻尼绕组的发电机，可采用 $X_2 = 1.22\,X_d'$。如无发电机的确切参数，也可按表2-2取值。

表2-2　同步发电机负序和零序电抗的典型值

电机类型	X_2	X_0
汽轮发电机	0.16	0.06
有阻尼绕组水轮发电机	0.25	0.07
无阻尼绕组水轮发电机	0.45	0.07
同步调相机和大型同分发电机	0.24	0.08

注：均为以电机额定值为基准标幺值。

当发电机定子绕组通过基频零序电流时，由于各相电枢磁通势大小相等，相位相同，且在空间相差120°电角度，它们在气隙中的合成磁通势为零，所以发电机的零序电抗仅由定子绕组的等值漏磁通确定。但是零序电流所产生的漏磁通与正序（或负序）电流所产生的漏磁通是不同的，它们的差别视绕组的结构形式而定。零序电抗的变化范围大致是 $X_0 = (0.15 \sim 0.6)\,X_d''$。

（二）变压器

1. 普通变压器的零序等值电路及其参数

变压器的等值电路表征了一相一次、二次绕组间的电磁关系。不论变压器通以哪一序的电流，都不会改变一相一次、二次绕组间的电磁关系，因此变压器的正序、负序和零序等值电路具有相同的形状，有不计绕组电阻和铁芯损耗时变压器的零序等值电路。

变压器等值电路中的参数不仅与变压器的结构有关，有的参数也与所通电流的序别有关。变压器各绕组的电阻与所通过的电流的序别无关。因此，变压器的正序、负序和零序的等值电阻相等。

变压器的漏抗，反映了一次、二次绕组间磁耦合的紧密情况。漏磁通的路径与所通电流的序别无关，因此，变压器的正序、负序和零序的等值漏抗也相等。

变压器的励磁电抗取决于主磁通路径的磁导。当变压器通以负序电流时，主磁通的路径与通以正序电流时完全相同。因此，负序励磁电抗与正序的相同。由此可见，变压器正、负序等值电路及其参数是完全相同的。这个结论适用于电力系统中一切静止元件。

变压器的零序励磁电抗与变压器的铁芯结构密切相关。有三种常用的变压器铁芯结构及零序励磁磁通的路径：三个单相的柱式、三相四柱式、三相三柱式。

对于由三个单相变压器组成的三相变压器组，每相的零序主磁通与正序主磁通一样，都有独立的铁芯磁路。因此，零序励磁电抗与正序的相等。对于三相四柱式（或五柱式）变压器，零序主磁通也能在铁芯中形成回路，磁阻很小，因而零序励磁电抗的数值很大。以上两种变压器，在短路计算中都可以当作 $X_{n0} \approx \infty$，即忽略励磁电流，把励磁支路断开。

对于三相三柱式变压器，由于三相零序磁通大小相等、相位相同，因而不能像正序（或负序）主磁通那样，一相主磁通可以经过另外两相的铁芯形成回路。它们被迫经过绝缘介质和外壳形成回路，遇到很大的磁阻。因此，这种变压器的零序励磁电抗比正序励磁电抗小得多，在短路计算中，应视为有限值，其值一般用实验方法确定，大致是 $X_{m0}=0.3 \sim 1.0$。

2. 变压器零序等值电路与外电路的连接

变压器的零序等值电路与外电路的连接，取决于零序电流的流通路径，因而与变压器三相绕组连接形式及中性点是否接地有关。不对称短路时，零序电压（或电动势）是施加在相线和大地之间的。根据这一点，可从以下三个方面来讨论变压器零序等值电路与外电路的连接情况。

（1）当外电路向变压器某侧三相绕组施加零序电压时，如果能在该侧绕组产生零序电流，则等值电路中该侧绕组端点与外电路接通。如果不能产生零序电流，则从电路等值的观点，可以认为变压器该侧绕组与外电路断开。根据这个原则，只有中性点接地的星形接法（用 Y_0 表示）绕组才能与外电路接通。

（2）当变压器绕组具有零序电动势（由另一侧绕组的零序电流感生的）时，如果它能将零序电动势施加到外电路上去，则等值电路中该侧绕组端点与外电路接通，否则与外电路断开。据此，也只有中性点接地的 YN 接法绕组才能与外电路接通。至于能否在外电路产生零序电流，则应由外电路中的元件是否提供零序电流的通路而定。

（3）在三角形接法的绕组中，绕组的零序电动势虽然不能作用到外电路去，但能在三相绕组中形成零序环流。此时，零序电动势将被零序环流在绕组漏抗上的电压降所平衡，绕组两端电压为零。这种情况，与变压器绕组短接是等效的。因此，在等值电路中，该侧绕组端点接零序等值中性点（等值中性点与地同电位时则接地）。

根据以上三点，变压器零序等值电路与外电路的连接，可简化表示。上述各点及开关电路也完全适用于三绕组变压器。

顺便指出，由于三角形接法的绕组漏抗与励磁支路并联，不管何种铁芯结构的变压器，一般励磁电抗总比漏抗大得多，因此在短路计算中，当变压器有三角形接法绕组时，都可以近似地取 $X_{n0} \approx \infty$。

3. 中性点有接地阻抗时变压器的零序等值电路

当中性点经阻抗接地的 Y 接法绕组通过零序电流时，中性点接地阻抗上将流过 3 倍零序电流，并且产生相应的电压降，使中性点与地不同电位。因此，在单相零序等值电路中，应将中性点阻抗增大为 3 倍，并同它所接入的该侧绕组的漏抗相串联。

应该注意，参数包括中性点接地阻抗，都是折算到同一电压级（同一侧）的折算值。同时，变压器中性点的电压，也要在求出各绕组的零序电流之后才能求得。

4. 自耦变压器的零序等值电路及其参数

自耦变压器中两个有直接电气联系的自耦绕组，一般是用来联系两个直接接地系统的。

中性点直接接地的自耦变压器的零序等值电路及其参数、等值电路与外电路连接的情况、短路计算中励磁电抗 X_{m0} 的处理等，都与普通变压器的相同。但应注意，由于两个自耦绕组共用一个中性点和接地线，因此，不能直接从等值电路中已折算的电流值求出中性点的入地电流。中性点的入地电流，应等于两个自耦绕组零序电流实际有名值之差的 3 倍。

当自耦变压器的中性点经电抗接地时，中性点电位不像普通变压器那样，只受一个绕组的零序电流影响，而是要受两个绕组的零序电流影响。因此，中性点接地电抗对零序等值电路及其参数的影响，也与普通变压器不同。

三绕组自耦变压器及其折算到 I 侧的零序等值电路，将 M 侧绕组开路（即三角形开口），并设中性点电压为 $\dot{U}_n$，绕组端点对地电压为 $\dot{U}_{I0}$、$\dot{U}_{I0}$，绕组端点对

中性点电压为 $\dot{U}_{ln}$、$\dot{U}_{1n}$。

中性点经阻抗接地的自耦变压器，与普通变压器不同，零序等值电路中，包括三角形侧在内的各侧等值电抗，均含有与中性点接地电抗有关的附加项，而普通变压器则仅在中性点电抗接入侧增加附加项。

与普通变压器一样，中性点的实际电压也不能直接从等值电路中求得。对于自耦变压器，还必须求出两个自耦绕组零序电流的实际有名值后才能求得中性点的电压，它等于两个自耦绕组零序电流实际有名值之差的 3 倍乘以 X_n 的实际有名值。

（三）负荷

电力系统负荷主要是工业负荷，大多数工业负荷是异步电动机。由电机学知道，异步电动机可以用等值电路来表示。异步电动机的正序阻抗，就是机端呈现的阻抗。它与电动机的转差 s 有关。在正常运行时，电动机的转差与机端电压及电动机的受载系数（即机械转矩与电动机额定转矩之比）有关。在短路过程中，电动机端电压下降，将使转差增大。要准确计算电动机的正序阻抗较为困难，因为电动机的转差与它的端电压有关，而端电压是随待求的短路电流的变化而变化的。

在短路的实际计算中，对于不同的计算任务制作正序等值网络时，对综合负荷有不同的处理方法。在计算起始次暂态电流时，综合负荷或者略去不计，或者表示为有次暂态电动势和次暂态电抗的电动势源支路，视负荷节点离短路点电气距离的远近而定。在应用计算曲线来确定任意指定时刻的短路周期电流时，由于曲线制作条件已计入负荷的影响，因此等值网络中的负荷都被略去。

在上述两种情况以外的短路计算中，综合负荷的正序参数常用恒定阻抗表示。

假定短路前综合负荷处于额定运行状态且 $\cos\psi=0.8$，则以额定值为基准的标幺阻抗为 $Z_{LD}=0.8+j0.6$。

为避免复数运算，又可用等值的纯电抗来代表综合负荷，其值为 $Z_{LD}=j1$。

分析计算表明，综合负荷分别用这两种阻抗值代表时，所得的计算结果极为接近。

异步电动机是旋转元件，其负序阻抗不等于正序阻抗。当电动机端施加基频负序电压时，流入定子绕组的负序电流将在气隙中产生一个与转子转向相反的旋转磁场，它对电动机产生制动性的转矩。若转子相对于正序旋转磁场的转差为 s，则转子相对于负序旋转磁场的转差为 2—s。将 2—s 代替 s，便可得到确定异步电动机负序阻抗的等值电路。由此可知，异步电动机的负序阻抗也是转差的函数。

系统发生不对称短路时，作用于电动机端的电压可能包含正、负、零序分量。此时，正序电压低于正常值，使电动机的驱动转矩减小，而负序电流又产生制动转矩，从而使电动机转速下降，转差增大。当异步电动机的转差在 0 ~ 1 之间（即同步转速到停转之间）变化时，由等值电路可知，转子的等值电阻将在 $r_2'/2 ~ r_2'$ 之间变化。但是，从电动机端看进去的等值阻抗却变化不太大。为了简化计算，实用上常略去电阻，并取 s=1 时，即以转子静止（或启动初瞬间）状态的阻抗模值作为电动机的负序电抗，其标幺值由式 $X''=1/I_{st}$ 确定，也就是认为异步电动机的负序电抗同次暂态电抗相等。计及降压变压器及馈电线路的电抗，则以异步电动机为主要成分的综合负荷的负序电抗可取为 $X_{(2)}=0.35$。它是以综合负荷的视在功率和负荷接入点的平均额定电压为基准的标幺值。

因为异步电动机及多数负荷常常接成三角形，或者接成不接地的星形，零序电流不能流通，故不需要建立零序等值电路。

（四）输电线路

输电线路的正、负序阻抗及等值电路完全相同，这里只讨论零序阻抗。当输电线路通过零序电流时，由于三相零序电流大小相等、相位相同，因此，必须借助大地及架空地线来构成零序电流的通路。这样，架空输电线路的零序阻抗与电流在地中的分布有关，精确计算是很困难的。

1. "单导线 – 大地"回路的自阻抗和互阻抗

"单导线 – 大地"的交流电路，可以用卡松（Carson）线路来模拟。适当选择 D_{ae} 的值，可使这种线路计算所得的电感值与试验测得的值相等。

用 r_a 和 r_e 分别代表单位长度导线 a 的电阻及大地的等值电阻。r_a 可按式 $r=\rho/S$ 计算。大地电阻 r_e 是所通交流电频率的函数，可用卡松的经验公式计算。

如果有两根平行长导线都以大地作为电流的返回路径，也可以用一根虚拟导线来代表地中电流的返回导线，这样就形成了两个平行的"单导线 – 大地"回路。记两导线轴线间的距离为 D，两导线与虚拟导线间的距离分别为 D_{ae} 和 D_{be}。两个回路之间单位长度的互阻抗 Z_m 可以这样求得：当一个回路通以单位电流时，在另一个回路单位长度上产生的电压降，在数值上即等于 Z_m。

2. 三相输电线路的零序阻抗

为以大地为回路的三相输电线路，地中电流返回路径仍以一根虚拟导线表示，这样就形成了三个平行的"单导线 – 大地"回路。若每相导线半径都是 r，单位长度的电阻为 r_a，而且三相导线实现了整循环换位。

输电线路的零序阻抗比正序阻抗大。一方面，由于3倍零序电流通过大地返回，大地电阻使线路每相等值电阻增大；另一方面，由于三相零序电流同相位，每一相零序电流产生的自感磁通与来自另两相的零序电流产生的互感磁通是互相助增的，这就使一相的等值电感增大。

由于输电线路所经地段的大地电阻率一般是不均匀的，因此，零序阻抗一般要通过实测才能得到较为准确的数值。在一般的计算中，可以取 $D_e=1000m$ 并进行计算。

3. 平行架设的双回输电线路的零序阻抗及等值电路

平行架设的双回输电线路都通过零序电流时，任一回线路中与一相导线交链的磁通不仅有另外两相零序电流产生的互感磁通，还有另一回路三相零序电流产生的互感磁通，并且双回路都以大地作为零序电流的返回通路。平行线路Ⅰ和Ⅱ之间每单位长度的一相等值互阻抗可以计算，但要用线路Ⅰ和线路Ⅱ的导线之间的互几何均距 $D_{Ⅰ-Ⅱ}$ 来代替 D。

4. 架空地线对输电线路零序阻抗及等值电路的影响

有架空地线的单回输电线路零序电流的通路，线路中的零序电流入地之后，由大地和架空地线返回，此时地中电流 $\dot{i}_e = 3\dot{i}_{(0)} - \dot{i}_g$。假设架空地线也由三相组成，每相电流 $\dot{i}_{g0} = \dot{i}_g / 3$。这样，架空地线的影响可以按平行架设的输电线路来处理，不同的是架空地线电流的方向与输电线路零序电流的方向相反。据此，可以做出有架空地线的单回线路一相的示意图。

可以列出输电线路和架空地线的电压降方程，注意到架空地线两端接地。

架空地线能使输电线路的等值零序阻抗减小。良导体架空地线（如钢芯铝线）的电阻较小，地线电流与导线电流接近于反相，地线电流产生的互感磁通将使与导线交链的总磁通明显减少，从而减小输电线路的等值零序电抗。钢质地线电阻较大，地线中电流的数值较小，其相位相对于导线电流相位也偏离反相较远，因而对输电线路零序电抗的影响不大。

若输电线路杆塔上装设了两根架空地线时，可以用一根等值的架空地线来处理。

对于具有架空地线的平行架设的双回输电线路，可以看作是由两组三相输电线路和一组（两根）架空地线所组成的电路。

对于具有分裂导线的输电线路，在实用计算中，仍采用前述的方法和公式，只是要用分裂导线一相的自几何均距 D_{sb} 代替单导线线路的自几何均距 D_s，用一相分裂导线的重心代替单导线线路的导线轴即可。

在短路电流的实用计算中，常可忽略电阻，近似地计算输电线路每一回路每单位长度的一相等值零序电抗。

（五）电抗器

电抗器的负序电抗和正序电抗相等，即 $X_1=X_2$。

电抗器各相间的互感很小，其电抗主要由各相的自感所决定，故零序电抗 X_0 可以看作与正序电抗 X_1 相等，即 $X_0=X_1$。

（六）电缆

电缆的负序阻抗与正序阻抗相等。它的正序阻抗可以同输电线路一样确定，由于三相芯线相距小，正序电抗比架空输电线的要小得多。电缆的电阻通常不能忽略。在近似计算中，电缆的正序（或负序）电抗可以采用表2-3的数值。

表2-3　电缆的各序电抗值

线路种类	电抗值/（Ω/km）	
	$X_1=X_2$	X_0
单回架空线路（无地线）	0.4	$3.5X_1$
单回架空线路，但有钢质架空地线	0.4	$3.0X_1$
单回架空线路，但有导电良好的架空地线	0.4	$2.0X_1$
双回架空线路（无地线）	0.4（每一回）	$5.5X_1$
双回架空线路，但有钢质架空地线	0.4（每一回）	$4.7X_1$
双回架空线路，但有导电良好的架空地线	0.4（每一回）	$3.0X_1$
6～10kV电缆线路	0.08	$4.6X_1$
35kV电缆线路	0.12	$4.6X_1$

电缆的零序阻抗与电缆的包皮的接地情况有关，一般由试验决定。在近似计算中，取 $r \approx 10r_1$，$X_0=（3.5 ～ 4.6）X_1$。

第三章 电力负荷特性和计算分析

第一节 负荷曲线与特性分析

一、电力系统负荷的构成

电力系统的总负荷就是系统中所有用电设备消耗功率的总和。用电设备大致分为感应电动机、同步电动机、电热电炉、整流设备、照明设备等几大类。不同行业中，各类用电设备占比也不同。表3-1所示是几种工业部门用电设备占比的统计。

表3-1　几种工业部门用电设备占比的统计　　　单位：%

类别	综合性中小企业	辅助工业	化学工业化肥焦化厂	化学工业电化厂	大型机械加工工业	钢铁工业
异步电动机	79.1	99.8	56.0	13.0	82.5	20.0
同步电动机	3.2		44.0		1.3	10.0
电热电炉	17.1	0.2			15.0	70.0
整流设备	0.6			87.0	1.2	

注：1. 占比按功率计。

2. 照明设备的占比很小，未统计在内。

将各工业部门消费的功率与农业、交通运输和市政生活消费的功率相加就可得到电力系统的综合用电负荷。综合用电负荷加网络中损耗的功率为系统中各发电厂应供出的功率，因而称作电力系统的供电负荷。供电负荷再加各发电厂本身消费的功率—厂用电，为系统中各发电机应发出的功率，称作电力系统的发电负荷。

二、用电设备的工作制

我国低压电器行业采用了 IEC34-1 规定的八种工作制中的三种，即长期连续工作制 S_1、短时工作制 S_2 和断续周期工作制 S_3。

（一）长期连续工作制 S_1

在恒定负载（如额定功率）下连续运行相当长时间，可以使设备达到热平衡的工作条件。这类工作制的用电设备长期连续运行，负荷比较稳定，如通风机、水泵、空气压缩机、电炉和照明等。

（二）短时工作制 S_2

设备在额定工作电流恒定的一个工作周期内不会达到允许温升，而两个工作周期之间的间歇又很长，能使设备冷却到环境温度。如金属切削机床用的辅助机械（横梁升降、刀架快速移动装置等）、水闸用电机等，这类设备的数量较少。

（三）断续周期工作制 S_3

这类工作制的用电设备周期性地工作、停歇，反复运行，而且工作和停歇的时间都很短，周期一般不超过 10min，使设备既不能在一个工作时间内升温到额定值，也不能在一个停歇时间内冷却到环境温度，如电焊机和电梯电动机等设备。断续周期工作制的用电设备可用"负荷持续率"（又称暂载率）来表征其工作性质。

必须注意：断续周期工作制的用电设备的设备容量，一般是对应于某一标准负荷持续率的。同一设备，在不同的负荷持续率工作时，输出功率是不同的。因此在计算负荷时，必须考虑到设备容量所对应的负荷持续率，而且要按规定的负荷持续率对设备容量进行统一换算。

三、负荷曲线

负荷曲线是指在某一时间段内描绘负荷随时间的推移而变化的曲线。按负荷性质可绘制有功和无功的负荷曲线；按负荷持续时间可绘制日、月和年的负荷曲线；按负荷在电力系统内的统计范围可绘制个别用户、电力线路、变电站、发电厂乃至整个地区、整个系统的负荷曲线。将这几方面负荷曲线综合在一起，就可确定某一特定负荷曲线。有的负荷曲线是以一定时间为间隔绘制出来的，逐点描绘的负荷曲线为依次连续的折线，不适于实际应用。为了计算简单，往往将逐点描绘的负荷曲线用等效的阶梯曲线来代替。

相对来说，无功功率负荷曲线的用途较少，无论是电力系统的运行部门还是设计部门，一般都不编制无功负荷曲线，而只是隔一段时间编制一次无功功率平衡表或各枢纽点电压曲线。而有功功率负荷曲线对电力系统的运行十分有用，电力系统的设计、生产主要是建立在预测的有功负荷曲线的基础之上的。以下介绍几种典型的负荷曲线。

（一）日负荷曲线

日负荷曲线表示一天（24h）内负荷变化的情况，此曲线可用于决定系统的日发电量。

（二）年最大负荷曲线

可根据典型日负荷曲线间接制成，表示从年初到年终的 1 年内的逐月（或逐日）综合最大负荷的变化情形。

一般情况下，夏季的最大负荷较小，这是由于夏季日长夜短，照明负荷普遍减小的缘故。但是如果季节性负荷（农村排灌、空调制冷等）的占比较大，则也可能使夏季的最大负荷反而超过冬季（国外及国内沿海城市常如此）。至于年终负荷较年初为大，则是由于各工矿企业为超额完成年度计划而增加生产，以及新建、扩建厂矿投入生产的结果。年最大负荷曲线可以用来决定整个系统的装机容量，以便有计划地扩建发电机组或新建发电厂。此外，还可以利用年最大负荷曲线的负荷较小的时段安排发电机组的检修计划。

（三）年负荷持续曲线

年负荷持续曲线是不分日月先后的界限，只按全年的负荷数值变化，将各个不同的负荷值在一年中的累计持续时间重新排列组成的，即反映了用户全年负荷变动与负荷持续时间的关系。

四、负荷曲线的特征指标分析

分析负荷曲线可以了解负荷变动的规律。从工厂来说，可以合理地、有计划地安排车间、班次或大容量设备的用电时间，从而降低负荷高峰，填补负荷低谷，这种"削峰填谷"的办法，可使负荷曲线比较平坦，调整负荷既提高了供电能力，也是节电的措施之一。从负荷曲线上还可以求得一些有用的参数。

（1）年最大负荷 P_{max}，负荷曲线上的最高点。

（2）年最小负荷 P_{min}，负荷曲线上的最低点。

（3）全年消耗的电量 A_Y，全日消耗的电量 A_D。

（4）年最大负荷利用小时数 T_{max}。T_{max} 是一个假想时间，在这一时间内某电力负荷按年最大负荷持续运行消耗的电量恰恰等于该电力负荷全年实际消耗的电量。

T_{max} 的大小在某种意义上反映了实际供电设备利用率的大小，T_{max} 值越大，设备利用率越高，T_{max} 值越小，设备利用率越低。

（5）平均负荷 P_{av}，某段时间的平均负荷指这段时间内平均消耗的电能。

（6）负荷率，平均负荷与最大负荷的百分比。

第二节　负荷计算的方法

用户所有用电设备所需要用的电功率就是电力负荷。但是这个概念在实际变配电系统的设计和计算上用途并不大，而主要应用的是计算负荷的概念。所谓计算负荷，就是在已知用电设备性质、容量等条件的情况下，按照一定的方法和规律，通过计算确定的电力负荷。它包括有功计算负荷、无功计算负荷、视在计算负荷和计算电流、尖峰电流等内容。求计算负荷的这项工作称为负荷计算。

根据长期观察所测得的负荷曲线可以发现：对于同一类型的用电设备组、同一类型车间或同一类企业，其负荷曲线具有相似的形状。因此，典型负荷曲线就可作为负荷计算时各种必要系数的基本依据。利用这种系数，根据工厂所提供的用电设备容量，便可将其变换成电力设备所需要的假想负荷，用此计算负荷选择供电系统中的导线和电缆截面积，确定变压器容量，为选择电气设备参数、整定保护装置动作值以及制订提高功率因数措施等提供了依据。

一、计算负荷的意义

将全厂所有用电设备的额定容量相加作为全厂电力负荷是不合适的，因为工厂里各种用电设备在运行中其电力负荷总是在不断变化的，但一般不会超过其额定容量；而各台用电设备的最大负荷出现的时间也不会都相同，所以全厂的最大负荷总是比全厂各种用电设备额定容量的总和要小。如果根据设备容量总和来选择导线和供电设备必将造成浪费。反之，若负荷计算过小，造成导线和供电设备选择得小，在运行中必将使上述元件过热，加速绝缘老化，甚至损坏，因此必须合理地进行负荷计算。由于工厂用电设备是一些有各种各样变化规律的用电负荷，要准确算出负荷的大小是很困难的。所谓"计算负荷"是按发热条件选择电气设备的一个假定负荷。计算负荷产生的热效应需和实际变动负荷产生的最大热效应相等。所以根据计算负荷来选择导线及设备，在实际运行中它们的最高温升就不会超过容许值。

通常我们把根据半小时（30min）的平均负荷所绘制的日负荷曲线上的"最大负荷"作为"计算负荷"，并作为按发热条件选择电气设备的依据。为什么这样考虑呢？因为导体通过电流达到稳定温升的时间为（3～4）τ（τ 为发热时间常数），而一般中小截面导线的 τ 都在 10min 以上，也就是说载流体大约经半小时（30min）后可达到稳定温升值，为了使计算方法一致，对其他供电元件（如大截面导线、变压器、开关电器等）均采用从负荷曲线上测得的半小时"最大平均负荷"作为计算负荷。用 Pca 来表示有功计算负荷，其余 Qca、Sea、Ica 表示无功计算负荷、视在计算负荷和计算电流。

二、确定计算负荷的系数

比较、分析大量的负荷曲线，又可以发现同一类型的工业企业（或同一类型车间、设备）的负荷曲线，均有大致相似的形状。从中可发现数值较相近的系数。

（一）需要系数 K_d

在设备额定功率 P_N 已知的条件下，只要实测统计出用电设备组（车间、全厂）的计算负荷 P_{ca}，即在典型的用电设备组负荷曲线上出现 30min 的最大负荷 P_{max}，就可以求出需要系数 K_d。

（二）利用系数 K_u

利用系数可定义为：

$$K_u = 负荷曲线平均有功负荷/设备额定功率 = P_{av}/P_N \qquad （3-1）$$

由式（1）可见，利用系数是极容易求得的。

（三）同时系数 K_Σ

当车间配电干线上接有多台用电设备时，对干线上连接的所有设备进行分组（m 组），然后分别求出各用电设备组的计算负荷。考虑到干线上各组用电设备的最大负荷不同时出现的因素，求干线上的计算负荷时，将干线上各用电设备组的计算负荷相加后应乘以相应的最大负荷同时系数（又称参差系数、混合系数）。

有功同时系数为：

$$K_{\Sigma P} = P_a \Big/ \sum_{i=1}^{m} P_{a \cdot i} \qquad （3-2）$$

无功同时系数为：

$$K_{\Sigma Q} = Q_a / \sum_{i=1}^{m} Q_{a \cdot i} \qquad （3-3）$$

需要指出的是，上述所有的系数都不能认为是固定不变的，随着工业企业技术革新和进步，节约用电技术的不断推广以及负荷调整等，这些系数也将随之变化，因此需要定期加以修正。有关系数见表3-2所示。

表3-2　需要系数法的同时系数

应用范围	K_Σ
确定车间变电站低压母线最大负荷时，所采用的有功负荷或无功负荷的同时系数：	
冷加工车间	0.7 ~ 0.8
热加工车间	0.7 ~ 0.9
动力站	0.8 ~ 1.0
确定配电所母线最大负荷时，所采用的有功负荷或无功负荷的同时系数：	
计算负荷小于5000kW	0.9 ~ 1.0
计算负荷为5000 ~ 10000kW	0.85
计算负荷超过10000kW	0.8

注：1. 当由各车间直接计算全厂最大负荷时，应同时乘以表中的两种同时系数。

2. 无功负荷的同时系数一般采用与有功负荷的同时系数相同的数值。

4．形状系数

形状系数 K_z 定义为：

$$K_z = P_{ca} / P_{av} \qquad （3-4）$$

式中：P_{ca}——计算负荷。

5．附加系数 K_f

附加系数 K_f 定义为：

$$K_f = P_m / P_{av} \qquad （3-5）$$

式中：P_m——为负荷曲线上出现的、以△t作为时间间隔的最大平均负荷。

第三节　工厂供电负荷的统计计算

考虑到在变配电系统中，并不是所有用电设备都同时运行，即使同时运行的设备，也不一定每台都达到额定容量，因此不能简单地把所有用电设备的容量相加来确定计算负荷。

一、计算负荷的估算法

在做设计任务书或初步设计阶段，尤其当需要进行方案比较时，车间或企业的年平均有功功率和无功功率往往可按下述方法估算。

（一）单位产品耗电量法

已知企业的生产量 n 及每一单位产品电能消耗量 W，可先求出企业年电能需要量 W_n，$W_n = Wn$。

于是可以求得最大有功功率为：$P_{max} = W_n / T_{max}$。

式中：T_{max}——年最大有功负荷利用小时数。

（二）车间生产面积负荷密度法

当已知车间生产面积负荷密度指标 ρ（单位为 kW/m^2）时，车间的平均负荷按 $P_{av} = \rho A$ 求得（A 为车间生产面积）。

若能统计出企业的负荷密度指标，也可以用此方法估算企业的用电负荷。

二、求计算负荷的方法

（一）对单台电动机

供电线路在 30min 内出现的最大平均负荷即计算负荷：

$$P_{ca} = P_{N \cdot M} / \eta_N \approx P_{N \cdot M} \qquad （3-6）$$

式中：$P_{N \cdot M}$——电动机的额定功率；

η_N——电动机在额定负荷下的效率。

对单个白炽灯，单台电热设备、电炉变压器等，设备额定容量就作为计算负荷，即 $P_{ca} = P_N$。

对单台反复短时工作制的设备，其设备容量均作为计算负荷。不过对于吊车，如负荷持续率 $\varepsilon \neq 25\%$，对于电焊机如负荷持续率 $\varepsilon \neq 100\%$，则应相应地换算为 25% 或 100% 时的设备容量。

（二）多组用电设备的负荷计算

多组用电设备求计算负荷的常用方法是需要系数法。用需要系数法求计算负荷的具体步骤如下：

（1）将用电设备分组，求出各组用电设备的总额定容量。

（2）查出各组用电设备相应的需要系数及对应的功率因数。

（3）用需要系数法求车间或全厂计算负荷时，需要在各级配电点乘以同期系数 K_Σ。

第四节　负荷预测简介

一、负荷及负荷预测的种类

对负荷类型的划分有许多种不同的方法。比较常见的是按对供电可靠性要求分为一级负荷、二级负荷、三级负荷三大类。按其工作制分为连续工作制负荷、短时工作制负荷和反复短时工作制负荷 3 种。同时用电负荷可分为第一产业用电、第二产业用电、第三产业用电和居民用电。根据《2020—2026 年中国泛在电力物联网行业产业运营现状及投资方向分析报告》中的数据显示：2019 年，全社会用电量 72255 亿千瓦时，同比增长 4.5%。分产业看，第一产业用电量 780 亿千瓦时，同比增长 4.5%；第二产业用电量 49362 亿千瓦时，同比增长 3.1%；第三产业用电量 11863 亿千瓦时，同比增长 9.5%；城乡居民生活用电量 10250 亿千瓦时，同比增长 5.7%。

根据负荷预测的周期，可按以下两种方法进行分类。

（1）长期负荷预测（数年至数十年的负荷预测）；中期负荷预测（1 月～1 年的负荷预测，用于水库调度、机组检修、交换计划、燃料计划等长期运行计划的编制短期负荷预测（1 日～1 周的负荷预测，用于编制调度计划）；超短期负荷预测（未来 1h 以内的负荷预测，其中 5～10s 的负荷预测用于质量控制，1～5mm 的负荷预测用于安全监视，10～60min 的负荷预测用于预防控制和紧急状态处理）。

（2）长期负荷预测（20 年以上）；年负荷预测；月负荷预测；周负荷预测；日负荷预测；短期负荷预测（10～60min）；超短期负荷预测（5～10s 或 1～5min）。

按全社会用电或行业类别可分为城市民用电负荷预测或商业负荷预测、农村负荷预测、工业负荷预测等。

按被预测负荷的特性可分为最大负荷预测、最小负荷预测、平均负荷预测、峰谷差预测、高峰负荷平均预测、低谷负荷平均预测、母线负荷预测、负荷率预测等。

做好负荷预测工作首先应了解负荷预测的机理，并掌握负荷预测技术的特点。

负荷预测主要基于可知性原理、可能性原理、连续性原理、相似性原理、反馈性原理和系统性原理。负荷预测具有以下几个明显的特点，即不准确性或不完全准确性、条件性、时间性和同一时间不同条件下的多方案性。显然，不可能存在某种方法在任何时候、任何地点、对任何对象都具有普遍的适用性。

二、负荷预测的步骤

（1）明确负荷预测的内容和要求。根据不同地区、不同时期的具体情况，确定合理的预测内容和预测指标。

（2）调查并搜集资料。要尽可能全面、细致地收集所需要的资料，避免用臆想的数据去填补负荷预测数学模型中所缺少的资料。

（3）基础资料分析。对收集的大量信息去伪存真，提高关键数据的可信度。

（4）经济发展预测。掌握经济发展对电力需求的影响。一般说来，经济增长必然带动电力需求的增长。在这方面要重点关注国家增加投入、扩大内需、结构调整、通货紧缩（膨胀）、企业经营状况及深化改革等因素。

（5）选取预测模型，确定模型的参数。

（6）负荷预测。用预测模型进行负荷预测，给出"上、中、下"可能的、较为可靠的预测方案。

（7）结果审核。结合专家经验对预测结果、预测精度及可信度做出评价，用历史数据样本进行检验，并进行自适应修正。

（8）准备滚动负荷预测。积累资料，为下个年度的滚动负荷预测做好准备。

三、负荷预测的方法

（一）常规单一的负荷预测方法

（1）专家预测法。曾经流行的是 Delphi 法——专家小组预测法。它分为准备阶段、第一轮预测、反复预测（3～5次）和确定结论等几个步骤。该方法简单，但盲目性较大。

（2）类比法。对具有相似研究特征的事件进行对比分析和预测，如新开发区的建设无历史经验可以借鉴，此时可用类比法预测负荷的发展。

（3）主观概率预测法。对不能做实验或实验成本太高、无法接受的方案，请若干专家估计特定事件发生的主观概率，然后综合得出该事件的概率。

（4）单耗法。该方法需做大量细致的调研工作，对短期负荷预测效果较好。

（5）负荷密度法。已知某地区的总人口（总建筑面积或土地面积），按每人平均用电量（即用电密度）计算该地区的年用电量。

（6）比例系数增长法。假定负荷按过去的比例增长，预测未来的发展。

（7）弹性系数法。设 x 为自变量，可导，则 $y=f(x)$，则 $\varepsilon_{yx}=(dy/y)/(dx/x)$ 称为弹性系数。一般取 x 为国民生产总值，y 为用电量。电力弹性系数的概念自从国外引入以来，便被视为衡量电力工业和国民经济发展关系的重要指标。一般而言，$\varepsilon_{yx}>1$ 表明电力工业的发展超前于国民经济的发展；反之，$\varepsilon_{yx}<1$ 说明电力工业的发展滞后于国民经济的发展。但近几年，电力弹性系数连续多年低于 1，而国民经济仍保持较高的增长速度，导致经济增长与用电增长关系处于非正常状态。

这些方法的共同点是，将电力需求作为一个整体，根据某个单一的指标进行预测，方法虽然简单，但比较笼统，且很难反映现代经济、政治、气候等条件的影响。因此，应该采用先进的计量经济模型、投入产出模型、数学规划模型、气候影响协调模型等进行预测。

（二）负荷预测的新技术

（1）趋势外推预测技术。电力负荷虽有随机、不确定的一面，但却有明显的变化和发展趋势。根据各行业负荷变化的规律，运用趋势外推技术进行负荷预测，能够得到较为理想的结果。外推法有线性趋势预测、对数趋势预测、二次曲线趋势预测、多项式趋势预测、季节型预测和累计预测等方法。外推法的优点是只需要历史数据、所需的数据量较少；缺点是如果负荷出现变动，会引起较大的误差。

（2）负荷回归模型预测技术。根据以往负荷的历史资料，用数理统计中的回归分析方法对变量的观测数据进行统计分析，确定变量之间的相关关系，从而实现负荷预测的目的。回归模型有一元线性回归、多元线性回归、非线性回归等回归预测模型。其中，线性回归可用于中期负荷预测。

（3）时间序列预测技术。实际问题中，多数预测目标的观测值构成的序列表现为广义平稳的随机序列或可以转化为平稳的随机序列。依据这一规律建立和估计产生实际序列的随机过程模型，并用它进行负荷预测。时间序列负荷预测方法有一阶自回归、n阶自回归、自回归与移动平均 ARMA（n，m）预测等。这些方法的优点是所需历史数据少、工作量少；缺点是没有考虑负荷变化的因素，只适用于负荷变化比较均匀的短期预测的情况。

（4）灰色预测技术。概率统计追求大样本量，必须先知道分布规律、发展趋势，而时间序列法只致力于数据拟合，对规律性的处理不足。以灰色系统理论为基础的灰色预测技术，可在数据不多的情况下找出某个时期内起作用的规律，建立负荷预测的模型。该方法适用于短期负荷预测，而且处于研究和实用化阶段。

四、负荷预测技术的发展动态

（一）优选组合预测技术

优选组合预测技术有两层含义：①从几种预测方法得到的结果中选取适当的权重加权平均；②可在几种方法中比较，选择标准偏差最小或拟合度最佳的一种方法。

（二）专家系统预测技术

专家系统是基于知识建立起来的计算机系统，它拥有某个领域内专家们的知识和经验，能像专家们那样运用这些知识，通过推理做出决策。

实践证明，精确的负荷预测不仅需要高新技术的支撑，同时也需要融合人类自身的经验和智慧，因此就需要专家系统预测技术。专家系统预测技术适用于中长期负荷预测。

（三）模糊预测技术

建立在模糊数学理论上的一种负荷预测新技术，有模糊聚类预测方法、模糊相似优先比方法和模糊最大贴近度方法等。

（四）神经网络（ANN）预测技术

ANN（Artificial Neural Network）预测技术，可以模仿人脑做智能化处理，对大量非结构性、非确定性规律具有自适应功能，有信息记忆、自主学习、知识推理和优化计算的特点。这些是常规算法和专家系统技术所不具备的。

神经网络预测技术适于做短期负荷预测，此时可近似认为负荷的发展是一个平稳的随机过程。否则，可能会因政治、经济等大的转折导致其模型的数学基础的破坏。

（五）小波分析预测技术

小波分析预测技术是 20 世纪数学研究成果中最杰出的代表之一。它是一种时域频域分析方法，在时域和频域上同时具有良好的局部化性质。小波变换能将各种交织在一起的不同频率混合组成的信号，分解成不同频带上的块信息。

对负荷序列进行正交小波变换，投影到不同的尺度上，各个尺度上的子序列分别代表原序列中不同"频域"的分量，可清楚地表现负荷序列的周期性。以此为基础，对不同的子负荷序列分别进行预测。由于各子序列周期性显著，采用周期自回归模型（PAR）会得到更为精确的预测结果。最后，通过序列重组得到完整的小时负荷预测结果，它要比直接用原负荷序列进行预测来得精确。

（六）空间负荷预测方法

它是 20 世纪 80 年代提出的一种负荷预测理论，不仅能够进行负荷预测，而且能对未来负荷的地理位置分布进行预测。

这种方法适用于新建开发区的负荷预测，并能够与 DSM、MIS、GIS 等结合，实现资源共享，进而使负荷预测和系统规划更全面、更合理。

负荷预测不仅在电力系统规划和运行方面具有重要的地位，而且还具有明显的经济意义。从经济角度看，负荷预测实质上是对电力市场需求的预测。

负荷预测的准确度对任何电力公司都有较大的影响。预测值太低，可能会导致切负荷或减少向相邻供电区域售电的收益；预测值太高，会导致新增发电容量甚至现有发电容量不能充分利用，即有些电厂的容量系数太小，造成投资浪费和资金效益低下。

第四章 高压绝缘与继电保护

第一节 高压绝缘与接地

用作高压电气设备绝缘的电介质有气体、液体、固体及其复合介质。一切电介质在电场作用下都会出现极化、电导和损耗等电气物理现象。电介质的电气特性，主要表现为它们在电场作用下的导电性能、介电性能和电气强度，它们分别以四个主要参数，即电导率 γ（或绝缘电阻率 ρ）、介电常数 ε、介质损耗角正切 $\tan\delta$ 和击穿电场强度（简称击穿场强）E_b 来表示。

电气设备的外绝缘一般由气体介质和固体介质联合组成。例如，架空输电线路的绝缘和电器的外绝缘是靠空气间隙和空气与固体介质的复合绝缘来实现的，气体绝缘的金属封闭式组合电器（简称 GIS）则是由 SF_6 气体间隙和 SF_6 气体中的固体绝缘支撑作为绝缘的。用作外绝缘的固体介质有电瓷、玻璃和以硅橡胶为代表的合成材料。电气设备的内绝缘则往往由液体介质和固体介质联合组成，例如，油变压器的内部绝缘是由变压器油和固体绝缘组合，电容器油和电缆油作为固体绝缘材料的浸渍剂分别用于电容器和电缆的内绝缘。用作内绝缘的固体介质有绝缘纸、绝缘纸板、塑料薄膜等，电机绝缘的主要绝缘介质是云母，制造户内绝缘子的材料主要是环氧树脂。

一、气体电介质的绝缘特性

气体绝缘介质不存在老化的问题，而且在击穿后有完全的绝缘自恢复特性，再加上空气，其成本非常低廉，因此，气体成为在高电压工程中最常见的绝缘介质。常用的气体介质除空气外，还有 SF_6 气体等。

（一）电晕放电

在极不均匀电场中，当电压升高到一定程度后，在空气间隙完全击穿之前，大曲率电极（高场强电极）附近会有薄薄的发光层，有点像"月晕"，在黑暗中看得较为真切，发出"咝咝"声，产生臭氧气味，这种放电现象称为电晕。

输电线路发生电晕时会引起功率损耗和电能损耗，形成的高频电磁波对无线电和高频通信产生干扰，发出的噪声有可能超过环境保护的标准，还会使导线表面发生腐蚀，缩短导线使用寿命。解决的途径是：以好天气时导线不发生电晕的条件来选择架空导线的尺寸；采用分裂导线以减小导线的等效半径等。

（二）极性效应

极不均匀电场中，同一间隙在不同电压极性作用下的电晕起始电压不同，间隙击穿电压也不同，称为极性效应。例如，棒板间隙是典型的极不均匀场，棒电极为正极性时电晕起始电压比棒电极为负极性时略高。为负极性时的击穿电压比棒电极为正极性时要高得多。

输电线路绝缘和高压电器的外绝缘都属于极不均匀电场，因此，交流电压击穿都发生在外施电压的正半周，考核绝缘冲击特性时应施加正极性的冲击电压。气体绝缘的金属封闭式组合电器中，SF_6 气体间隙属于稍不均匀电场，施加负极性电压时击穿电压比正极性时略低。

（三）气体介质的电气强度

在实际的工程应用中，比较普遍的是通过参照一些典型电极的击穿电压来选择绝缘距离，或者根据实际电极布置情况，通过实验来确定击穿电压。空气间隙放电电压主要受到电场情况、电压形式以及大气条件的影响。

1．持续作用电压下的击穿

直流与工频电压均为持续作用的电压，这类电压随时间的变化率很小，在放电发展所需的时间范围内（以 μ_s 计算），可以认为外施电压没什么变化。

（1）均匀电场中的击穿。高压静电电压表的电极布置是均匀电场的一个实例。实际工程中很少见到比较大的均匀电场间隙。特点是：无击穿的极性效应；击穿所需时间极短；其直流击穿电压、工频击穿电压峰值，以及 50% 冲击击穿电压（指多次施加冲击电压时，其中 50% 导致击穿的电压值）实际上是相同的，且击穿电压的分散性很小。

（2）稍不均匀电场中的击穿。稍不均匀电场中的击穿特点是击穿前无电晕，极性效应不很明显，直流击穿电压、工频击穿电压峰值及 50% 冲击击穿电压几乎一致。高压实验中测量电压用的球间隙，测量介质损耗角正切时所用的标准电容器、单芯电缆及 GIS 的分相封闭母线中的同轴圆柱电极，都是稍不均匀电场间隙的应用实例。

（3）极不均匀电场中的击穿。电场不均匀程度对击穿电压的影响减弱，极间距离对击穿电压的影响增大。

2. 操作冲击电压下空气的绝缘特性

电力系统在操作或发生事故时，因状态发生突然变化引起电感和电容回路的振荡产生过电压，称为操作过电压。在设计高压电力装置时应注意尽量避免出现棒板型气隙。与工频击穿电压的规律性类似，长气隙在操作过电压作用下也呈现出显著的饱和现象，特别是棒板型气隙，其饱和程度更加突出。

（四）提高气体击穿电压的措施

提高气体击穿电压的措施，见表4-1。

表4-1　提高气体击穿电压的措施

措施	具体内容
利用空间电荷对原电场的畸变作用	利用放电自身产生的空间电荷来改善电场分布，以提高击穿电压。例如，导线与平板间隙中，当导线直径减小到一定程度后，间隙的工频击穿电压反而显著提高。此方法仅在持续电压作用下有效
采用高气压	在极不均匀电场间隙中采用高气压的效果并不明显，因此，采用高气压时应尽可能改进电极形状。在稍不均匀电场中，电极应仔细加工光洁；气体要过滤，滤去尘埃和水分；充气后需放置较长时间净化后再使用
改进电极形状	通过改进电极形状、增大电极曲率半径，以改善电场分布，可以有效提高间隙的击穿电压。改变电极形状的方法有：变压器套管端部加球形屏蔽罩，采用扩径导线等；电极边缘做成弧形，或尽量使其与某等位面相近；穿墙高压引线上加金属扁球，墙洞边缘做成近似垂链线旋转体
采用极不均匀场屏障	在极不均匀场的空气间隙中，放入薄片固体绝缘材料（如纸或纸板）以提高间隙的击穿电压。工频电压下，在尖-板电极中设置屏障可以显著地提高击穿电压；雷电冲击电压下，设置屏障的效果比稳态电压下要小一些

二、液体和固体电介质的绝缘特性

（一）液体电介质的绝缘特性

液体电介质又称绝缘油，在常温下为液态，在电气设备中起绝缘、传热、浸渍及填充作用，主要用在变压器、油断路器、电容器和电缆等电气设备中。

液体电介质与气体电介质一样具有流动性，击穿后有自愈性，但液体电介质电气强度比气体的高，纯净的液体介质很小的均匀场间隙中电气强度可达到1MV/cm，工程用的液体介质击穿场强很少超过300kV/cm，一般在200～250kV/cm的范围内。

电气设备对液体介质的要求，首先是电气性能好，如绝缘强度高、电阻率高、介质损耗及介电常数小（电容器则要求介电常数高）；其次，还要求散热及流动性能好，即黏度低、导热好、物理及化学性质稳定、不易燃、无毒，以及其他一些特殊要求。

（二）固体电介质的绝缘特性

固体电介质广泛用作电气设备的内绝缘，常见的有绝缘纸、纸板、云母、塑料等。高压导体总是需要用固体绝缘材料来支撑或悬挂，这种固体绝缘称为绝缘子，而用于制造绝缘子的固体介质有电瓷、玻璃、硅橡胶等。高压绝缘子从结构上可以分为以下三类。

（1）绝缘子

用作带电体和接地体之间的绝缘和固定连接，如悬式绝缘子、支柱绝缘子、横担绝缘子等。电工陶瓷绝缘子在绝缘子的发展历史中占据了主导地位，钢化玻璃目前仅用于盘形悬式绝缘子，由环氧树脂引拨棒和硅橡胶伞裙护套构成的合成绝缘子是新一代的绝缘子，具有强度高、重量轻、耐污染能力强等明显优点。

（2）套筒

用作电器内绝缘的容器，多数由电工陶瓷制成，如互感器瓷套、避雷器瓷套及断路器瓷套等。

（3）套管

用作导电体穿过接地隔板、电器外壳和墙壁的绝缘件，如穿越墙壁的穿墙套管，变压器、电容器的出线套管等。

三、高压接地

为防止临近带电体产生静电感应触电或误合闸时保证安全之用，操作棒采用环氧树脂彩色管，接地软通采用多股优质铜线绞合而成。

（一）高压接地线的分类

（1）高压接地线按照使用环境可以分为室内母排型接地线（JDX-NL）和室外线路型接地线（JDX-WS）。

（2）高压接地线按照电压等级可分为：10kV 接地线，35kV 高压接地线，110kV 接地线，220kV 高压接地线，500kV 高压接地线。

（3）接地线所需要的绝缘操作杆长度按照国家尺度划定如下：380V 接地线、500V 接地线、6kV 接地线，操作棒长度 50cm；10kV 接地线，操作棒长度 1m；35kV 接地线，绝缘操作棒长度 1.5m；110kV 接地线，绝缘操作棒长度 2m；220kV 接地线，绝缘操作棒长度 2.5m；500kV 接地线，绝缘操作棒长度 8m。

（4）按照环境的使用电压等级可以将接地线分为：0，4kV、6kV、10kV、35kV、66kV、110kV、220kV、330kV、500kV。

（5）按照交流环境与直流环境，可以将接地线分为交流三相接地线和直流单相接地线。

（二）高压接地线的使用

（1）挂接地线时：先连接接地夹，后接接电夹；拆除接地线时，必须按程序先拆接电夹，后拆接地夹。

（2）安装：将接地软铜线分相上双眼铜鼻子固定在接地棒上的接电夹（接电夹有固定式和活动式）相应位置上，将接地线合相上的单眼铜鼻子固定在接地夹或地针上，构成一套完整的接地线。

（3）核实接地棒的电压等级与操作设备的电压等级是否一致。

（4）接地软铜线有分相式和组合式，接地棒有平口式线夹和双簧钩式线夹

第二节 继电保护

继电保护，是指电力系统中的元件或系统本身发生了故障或危及安全运行的事件时，向运行值班人员及时发出警告信号，或者直接向所控制的断路器发出跳闸命令，以切除故障或终止危险事件发展的一种自动化措施和设备。

传统意义上，实现这种自动化措施的成套硬件设备，用于保护电气元件（发电机、变压器和线路等）的，通称为继电保护装置；而用于保护电力系统的，则通称为电力系统安全自动装置。换言之，继电保护装置是一种能反映电力系统中电气元件发生故障或不正常运行状态，并动作于断路器跳闸或发出信号的一种反事故自动装置，是保证电气元件安全运行的基本装备；而电力系统安全自动装置则用以快速恢复电气系统的完整性，防止发生长期大面积停电的重大系统事故，如系统失去稳定、电压崩溃和频率崩溃等。

必须指出，虽然随着微机继电保护的发展，继电保护装置与电力系统安全自动装置之间的传统界限日益模糊，但正确理解它们不同的内涵，对深入理解继电保护的原理和作用仍有实际意义。

一、继电保护的作用

继电保护装置应当能够自动、迅速、有选择地将故障元件从电力系统中切

除，使其他非故障部分迅速恢复正常运行；能够正确反映电气设备的不正常运行状态，并根据要求发出报警信号、减负荷或延时跳闸。

简而言之，继电保护的作用是预防事故的发生和缩小事故影响范围，保证电能质量和供电可靠性。

二、继电保护的基本原理

继电保护的基本原理是：测量电力系统故障时的参数（电流、电压、相位角等，统称为故障量），与正常运行时的参数进行比较，根据它们之间的差别，按照规定的逻辑结构进行状态判别，从而发出警告信号或发出断路器跳闸命令。

三、继电保护的分类

（一）按构成原理分类

根据所提取的用于判别系统是否正常的信息，继电保护从原理上可分为以下七类：电流保护、电压保护、阻抗保护（距离保护）、方向保护、纵联保护、序分量保护、其他保护（如瓦斯保护、行波保护）。

（二）按构成元件分类

按构成元件可分为电磁型保护、感应型保护、整流型保护、晶体管型保护、集成电路型保护和微机保护等类型。

（三）按被保护设备分类

按被保护设备可分为线路保护、发电机保护、变压器保护、母线保护和电容补偿装置保护。

（四）按职责分类

（1）主保护：能以最短时限动作、有选择地切除全保护范围内故障的保护。

（2）后备保护：当本设备主保护或下一级相邻设备保护拒动时，能保证在一定时延切除故障的保护称为后备保护。其中，在本设备上加设的后备保护，称为近后备；而用上一级相邻设备的保护作后备保护，则称为远后备。

（3）辅助保护：为弥补主保护与后备保护的不足而增设的简单保护，称为辅助保护。

四、微机继电保护

（一）微机保护的特点

与传统的模拟型继电保护装置相比较，微机保护的优点见表4-2。

表4-2　微机保护的主要优点

优点	主要内容
灵活性好	只要修改相应的软件，就可以方便地改变各种特性和功能
维护调试方便	软件维护调试比传统复杂的器件接线维护要简便可靠许多
性能优越	微机强大的记忆、运算和逻辑判断能力，使微机保护能够更好地实现各种保护，解决更多传统继电保护难以解决的难题
可靠性高	由于可实现自诊断、自纠错、抗干扰冗余等功能，因此微机保护具有很高的可靠性
附加功能多	微机保护可实现诸如显示、打印和存储等附加功能

（二）微机保护的基本构成

微机保护可以看成由"软件"和"硬件"两部分构成。

微机保护的"软件"由初始化模块、数据采集管理模块、故障检出模块、故障计算模块与自检模块等组成。根据保护的功能与性能的不同，模块的数量与内容也有所区别，这些程序一般都已经固化在芯片中，微机保护的"软件"的核心部分是故障检出模块和故障计算模块。

（1）数据采集系统。数据采集系统又称模拟量输入系统，由电压形成、模拟滤波器、采样保持、多路转换开关与模数转换器几个环节组成。其作用是将电压互感器（TV）和电流互感器二次输出的电压、电流模拟量经过上述环节转化为成计算机能接受与识别的，而且大小与输入量成比例、相位不失真的数字量，然后送入微型计算机系统进行数据处理及运算。

（2）微型计算机系统。微型计算机系统是微机保护的硬件核心部分，通常由微处理器、程序存储器、数据存储器、接口芯片及定时器等组成。

（3）输入/输出接口电路。将各种开关量通过光电耦合电路、并行接口电路输入到微机保护，并将处理结果通过开关量输出电路驱动中间继电器以完成各种保护的出口跳闸、信号、警报等功能。

（4）通信接口电路。微机保护的通信接口是实现变电站综合自动化的必要条件，因此，每个保护装置都带有相对标准的通信接口电路。

（5）人机接口电路。包括显示、键盘、各种面板开关、打印与报警等，其主要功能用于调试、整定定值与变比等。

（6）供电电源。通常采用逆变稳压电源，即将直流逆变为交流，再把交流整流为微机保护所需的直流工作电压。

五、对继电保护的基本要求

对继电保护主要有四方面的基本要求，即选择性、速动性、灵敏性和可靠性，简称"四性"要求。通常，"四性"要求既相互联系，又相互矛盾。例如，保护快速动作有利于提高自身的可靠性，但与选择性往往发生冲突，而选择性应当是第一位的。大多数情况下，为了保证选择性，只好牺牲部分速动性。正确全面理解"四性"要求非常重要，它是分析、研究、设计和评价继电保护装置的依据。

（1）选择性。保护装置动作时，仅将故障元件从电力系统中切除，使停电范围尽量缩小，最大限度地保证系统中的非故障部分继续运行。

（2）速动性。继电保护装置应以尽可能快的速度将故障元件从电网中切除。

（3）灵敏性。灵敏性指保护装置对其保护范围内的故障或不正常运行状态的反应能力。

（4）可靠性。可靠性是指保护范围内故障，保护装置该动时不能拒动；保护范围外故障，不该动时不能误动。

第三节　电力系统的监测与控制

一、电力系统的监测

电气设备作为电力企业工作系统的关键构成，在实际运行中会有较多的故障发生，受多种因素干扰，需要加强对其有效监测，确保运行的稳定性，同时对所存在的故障进行诊断，采取更为有效的解决措施，避免造成经济损失。

（一）状态监测

1. 状态监测与故障诊断技术

电力系统设备进行状态监测时，技术的使用是与传感器相关联的，通过采取相对应的测量手段获取数据信息，能够将电力系统设备在运行中的工作状态如实反映，使得对设备的真实运行状态做到精准监测，对其是否运行正常进行及时诊断。

电力系统设备运行时，是通过对状态监测系统的使用来获取电力设备在运行中的系统状态的，包括所有运行数据与运行状态的测量值。之后，对所得数据信息进行技术处理并采用相对应的推理方式进行判断，最终制订合理的维修方案。

换言之，获取电力系统设备的特征量之后，对其展开分析，判断运行状态，整个过程属于故障诊断，获取过程是状态监测。

2．技术应用现状

当前，我国在传感器生产与状态监测等方面的技术应用较为落后。一方面，大多数电力企业对状态监测技术的概念没有成形；另一方面，软环境与管理体制方面难以保证电力企业的实际运行状态。多种问题的存在主要产生于两方面原因：多数电力企业在认知中对状态监测技术的重视度较低，没有相关检修技术的支撑，技术在使用中较为老旧，设备工作时的状态与检修难以匹配，由此可知，没有对状态监测刚需形成满足，现有状态在监测装置的使用中难以充分体现价值；还有部分电力企业虽然开始使用状态监测系统，但受人工技术经验不足，数据处理能力较低等造成技术资源的浪费，造成操作处理不得当，对技术人员的相关培训力度较小。

（二）状态监测的关键技术

1．信号采集

电力系统设备进行监测工作时，在线监测是以对诊断设备的所有信息获取作为第一环节，当电力设备获取信号后，根据表征设备状态量中的不同特性与不同信号相结合采取不同的监测方式。其中，一次性采样是当前常用的方式，每次采集的信号样本应保证数据处理的需求长度，且根据规定时间实施采样；然后对出现的故障随机信号采样，根据故障诊断采取一些特殊的方法，例如转速跟踪、峰值采样等。不同的设备与任务需求，所使用的状态监测方法有所不同。

2．数据传输

通常情况下，电力系统中对信号进行处理的部分与监测设备之间的距离较远。为此，数据在传输过程中经常会出现数据破坏，需要及时处理数据信息。通过 A/D 转换与数据预处理，实现数据压缩打包，之后将其传输至控制中心。

二、电力系统的控制

变电站电力系统是把一些设备组装起来，用以切断或接通、改变或者调整电压。在电力系统中，变电站是输电和配电的集结点。变电站主要分为升压变电站、主网变电站、二次变电站、配电站。电力系统综合自动化是基于科技发展和计算机网络技术的出现而逐步形成的概念，是综合发电厂、变电站、输配网络和用户的集成概念。其概念研究和实现的主要目的就是如何更好地掌控和监视电力从出厂到供应的全过程，使输配过程更有效、更通畅。

（一）电力系统中自动化控制技术

1. 电网调度自动化

电网调度自动化主要组成部分：电网调度控制中心的计算机网络系统、工作站、服务器、大屏幕显示器、打印设备等，主要是通过电力系统专用广域网连接的；下级电网调度控制中心；调度范围内的发电厂、变电站终端设备（如测量控制等装置）等。电网调度自动化的主要功能是：电力生产过程实时数据采集与监控电网运行安全分析、电力系统状态估计、电力负荷预测、自动发电控制（省级电网以上）、自动经济调度（省级电网以上）并适应电力市场运营的需求等。

2. 变电站自动化

变电站自动化的目的是取代人工监视和人工操作，提高工作效率，扩大对变电站的监控功能，提高变电站的安全运行水平。变电站自动化的内容就是对站内运行的电气设备进行全方位的监视和有效控制，其特点是全微机化的装置替代各种常规电磁式设备；二次设备数字化、网络化、集成化，尽量采用计算机电缆或光纤代替电力信号电缆；操作监视实现计算机屏幕化，运行管理、记录统计实现自动化。变电站自动化除了满足变电站运行操作任务外，还作为电网调度自动化不可分割的重要组成部分，是电力生产现代化的一个重要环节。

3. 发电厂分散测控系统

发电厂分散测控系统一般采用分层分布式结构，由过程控制单元、运行员工作站、工程师工作站和冗余的高速数据通信网络组成。过程控制单元由可冗余配置的主控模件和智能模件组成。

PCU 直接面向生产过程，接收现场变送器、热电偶、热电阻、电气量、开关量、脉冲量等信号，经运算处理后进行运行参数、设备状态的实时显示和打印，以及输出信号直接驱动执行机构，完成生产过程的监测、控制和联锁保护等功能。

运行员工作站和工程师工作站提供了人机接口。运行员工作站接收 PCU 发来的信息和向 PCU 发出指令，为运行操作人员提供监视和控制机组运行的手段，工程师工作站为维护工程师提供系统组态设置和修改、系统诊断和维护等手段。

（二）电力系统自动化控制技术的发展

电力自动化控制技术的出现和发展，促进了电力部门生产工作的平稳安全和高效率开展。传统的电力部门融入高科技技术，不仅能够有效地提升生产力，而且还能解放大量人力劳动，促进社会经济的良性健康发展，符合新时代的发展理念。因此，目前要对电气自动化技术进行进一步的研究，加强自动化技术与电力部门的融合发展，这是符合时代要求的举措。

综上所述，为促进电力系统设备更好地运行，在电力企业发展中针对状态监测技术的实施，需要与时俱进，不断创新工作内容，同时加大对诊断技术数据处理能力的提升，通过对多种故障的有效监测，确保电力系统的稳定运行，为电力企业经济效益的提升提供充足的保障。

第五章 电力系统的稳定

第一节 电力系统稳定概述

一、基础内容

电力系统运行稳定性的问题就是当系统在某一正常运行状态下受到某种干扰后，能否经过一定的时间后回到原来的运行状态或者过渡到一个新的稳态运行状态的问题。如果能够，则认为系统在该正常运行状态下是稳定的；反之，若系统不能回到原来的运行状态或者不能建立一个新的稳态运行状态，则说明系统的状态变量没有一个稳态值，而是随着时间不断增大或振荡，系统是不稳定的。电力系统稳定性的破坏，将造成大量用户供电中断，甚至导致整个系统的瓦解，后果极为严重。因此，保持电力系统运行的稳定性，对于电力系统安全可靠运行具有非常重要的意义。

电力系统正常运行的重要标志是系统中的所有同步发电机均同步运行（电气角速度相同）。如果机组间失去同步，系统的电压、电流和功率等状态变量就会大幅度地、周期性地振荡变化，以致系统不能向负荷正常供电。

发电机组的转速是由作用在它转子上的转矩所决定的，作用在转子上的转矩主要包括原动机作用在转子上的机械转矩和发电机的电磁转矩两部分。当转子维持同步转速时，上述两部分转矩是平衡的，一旦这两部分转矩不平衡时，就会引起转子的加速或减速，转子就脱离了同步转速。原动机的机械转矩由汽轮机或水轮机的运行状态所决定，发电机的电磁转矩是由发电机及其连接的电力系统的运行状态所决定，在这些运行状态中如发生任何干扰都会使作用在转子上的转矩不平衡，也就会使转速发生变化。在实际运行中，这些干扰是不可避免的，小的干扰经常不断地发生，例如电力系统中负荷的小波动；大的干扰也是时常出现的，例如电网中突然发生短路等。因此，要求系统在受到各种干扰后，发电机组经过一段过程的运动变化后仍能恢复同步运行，即 δ 角能恢复到原来的稳态值或达到一个新的稳态值。能满足这一点，系统就是功角稳定的，否则就是功角不稳定的，必须采取相应的措施以保证系统的稳定。

除了功角稳定性问题以外，电力系统还存在电压稳定性问题。在电力系统经弱联系向受端供电，或受端无功电源不足的情况下，有时系统受到扰动后功角变化不是主要问题，而电压却发生持续下降且不可控，即电压失稳，最终导致电压崩溃，大量失去负荷。人们已经对电压稳定性问题作了很多分析研究，一般认为系统无功功率平衡状况，有载调压变压器分接头的调整及负荷特性，特别是异步电动机的机电动态特性等，对电压稳定性有较大影响，但因电压稳定性问题较为复杂，在产生机理、分析方法以及防止对策方面还需做深入研究。

电力系统在发生功角失稳的动态过程中表现出不同的特征，导致在分析研究功角稳定性时将其分类并采取不同的分析方法和控制对策。目前，一般将功角稳定性分为下列三类（见表5-1）。

表5-1　功角稳定性分类

类别	主要内容
暂态稳定	是指电力系统受到大干扰后，各发电机组保持同步运行并过渡到新的或恢复到原来稳态运行状态的能力
动态稳定	是指电力系统受到小的或大的干扰后，在自动调节和控制装置的作用下，保持长过程运行稳定性的能力； 动态稳定的过程较长，参与动作的元件和控制系统更多、更复杂，而且电压失稳问题也可能与长过程动态有关
静态稳定	是指电力系统受到小干扰后，不发生非周期性失步或自发振荡，自动恢复到初始运行状态的能力

为了掌握功角稳定性的基本特性和分析方法，首先必须对系统中各主要元件的机电动态特性有一个基本的了解。

二、提升电力系统运行安全稳定性的管理措施

（一）进行智能数据分析方法的研究与应用

为了满足电力系统的运行管理需求，解决系统提供信息量不足等问题，还要求电力企业的相关技术人员能够对系统运行规律有充分的掌握，并且通过不断积累的实测数据对系统的运行情况进行分析，借此保障电力系统的运行效果。但是因为电力系统运行过程中会产生非常庞大的数据，仅仅凭借人力是无法进行数据的有效归类与处理的，只有加强新的智能数据分析技术的应用，并通过相关计算

机软件以及大数据技术来进行电力系统运行数据的有效分析，才能帮助相关管理人员对电网运行情况进行准确地把握，并且获得良好的运行预测效果。因此，我国的电力企业还需要进一步加强对智能数据分析方法的研究与应用力度，通过大数据技术等信息化手段来满足智能电网的建设需求，从而及时发现电力系统中运行可能存在的问题并加以解决，促进系统运行的安全性以及稳定性进一步提升。

（二）做好电网调度运行工作的规范化

近年来，我国的智能电网建设力度进一步加大，并且应用到了计算机保护系统以及调度自动化系统等多种高新科技，使得电网运行质量也得到了显著的提升。电网自动化调度系统的应用，可以有效减少人为误差的产生，对于电力系统安全性以及经济性的提升也有着非常重要的意义。但是目前有很多调度人员还存在操作不规范以及技术水平不足的问题，使得电网调度系统的职能难以得到充分的发挥。针对这一问题，还要求我国的电力企业能够加强对调度人员的筛选以及培训力度，要求所有电力调度人员都具备良好的职业素质以及技能水平，从而避免错误操作以及错误调度等人为事故的发生，提升电力系统的运行质量。此外，电力企业还要在结合自身运行特点上构建规范化的电网调度运行制度，还要对该制度进行严格的落实，保障所有调度人员在操作过程中有操作规范可以依靠，促进电网调度运行工作质量得到进一步提升。

1. 规范交接班制度

交接班是保障电网调度连续性的重要前提条件，如果出现了交接不清楚的问题，会导致误送电以及漏送电等问题发生，严重情况下还会出现电网瓦解以及人身伤亡等安全事故，也就影响到了电力系统的运行质量。针对这一问题，还需要对现有的交接班制度进行规范化管理，在交接过程中要求工作人员保障交接内容的完整性，这样才能够保障后续工作的顺利开展，避免一系列电力事故的发生。

2. 规范调度操作命令

值班调度员是电网系统运行情况的直接指挥者，并且可以利用调度操作命令来进行电网运行方式、设备状态的调整。只有保障了调度员发布每道命令的合理性与正确性，才能够获得良好的电网调度管理效果。因此电力企业还要进行调度操作命令的规范，加强对调度员的技能培训工作，并要求调度员能够将安全至上的原则贯彻到整个调度工作之中。只有这样才能够保障调度操作命令的规范性，避免错误操作等问题发生，从而提高整个电力系统的运行安全性。

3. 增强调度人员的事故处理能力

电网事故还有着突发性、意外性以及不可预见性的特点，也就对调度人员的综合素质提出了更高的要求。要求电力企业将调度人员综合素质的提升作为一项重要的工作内容，并且要不断地提高调度人员的心理素质以及技术水平。可以说调度人员素质的高低会直接影响到电力系统的运行安全稳定性。一旦出现了电力事故处理不当的情况，就会造成严重的经济损失。而通过增强调度人员综合素质以及事故处理能力，就可以对电网运行过程中出现的事故在第一时间进行有效处理，避免误调度等问题发生，从而保障整个电力系统的运行安全稳定性。

（三）做好电力设施的保护工作

电力设施作为电力系统能够安全稳定运行的重要物质基础，只有做好电网建设工作，加强电力设施的保护措施，才能够保障电力系统的运行可靠性。但是因为电力设施在具体运行中会受到人为因素以及外界因素的影响，还经常性发生电力设施的破坏情况，也就直接威胁到电力企业的经济效益以及人们的用电体验。为了保障正常的用电秩序，我国相关政府部门还需要进行电力设施保护政策以及法律的制定，增加电力执法方面的具体内容，来为电力设施保护工作提供充足的法律依据。电力企业还需要借助多种方式，加强对电力法等相关法律法规的宣传力度，提高广大群众对于安全用电意义的认知程度，以尽可能地避免人为因素所导致的电力设施破坏等问题发生。还要发挥新闻媒体以及网络等的舆论引导作用，就破坏电力设施所造成的恶劣后果进行宣传，让广大民众能够树立起依法保护电力设施的意识，从而获得良好的电力设施保护效果。还要求制订相关的电力设施检修维护制度，定期与不定期地进行电力设施的检测工作，对于运行过程中存在的问题也要在第一时间内进行解决，从而保障所有电力设施的运行质量，为电力系统的运行安全稳定性奠定良好的基础。

第二节 简单电力系统的静态稳定

一、简单电力系统的静态稳定概述

电力系统的静态稳定性是指电力系统在某一运行状态下受到小扰动后能否继续稳定运行的问题。如果系统受到小扰动后不发生周期或非周期失步，继续运行在起始运行点或转移到一个相近的稳定运行点，则称系统对该运行情况为静态稳定。反之，若发生了周期或非周期失步，无法回到初始运行点或无法转移到相近的稳定运行点，则称系统对该运行情况为静态不稳定。其实质是表明系统是否具有在给定运行方式下承受小扰动后仍能正常运行的能力。所谓小扰动法是指当一个非线性系统受到的扰动较小时，为判断其运动的稳定性，可将非线性系统在初始运行点线性化，然后用线性系统理论，由其特征根在复平面上的位置判断系统稳定与否以及稳定形式的一种方法。

定义中的小扰动指系统正常运行时负荷的小波动或者运行点的正常调节。由于扰动小，因此不必像暂态稳定那样直接求解微分方程和代数方程，在得到系统的运动轨迹后判稳，可采用线性化的方法，将一个本质为非线性的暂态问题化为线性问题，然后用线性系统的理论，由其特征根在复平面上的位置判断稳定。与此同时，人们通过实践也发现了一些判别系统稳定性的实用判据，其简单直观，对简单电力系统尤为便利，可作为小扰动法的补充。可以说，小扰动法是分析电力系统静态稳定性的根本方法，而实用判据法是在一定假设前提下用来判定电力系统静态稳定性的简单判断条件。也可以说，电力系统的静态稳定性是电力系统暂态稳定性在扰动小且无换路情况下的一种特例。换言之，分析电力系统暂态稳定性的方法可用于静态稳定性，有的静态稳定问题仍可用暂态稳定性方法解决，但由于静态稳定问题较为简单而无此必要，于是采用了较为简单的小扰动法。

所谓周期失步，是指系统受扰后形成周期性振荡，振荡的幅值随时间越来越大，无法稳定运行而失步，也称为自发振荡。所谓非周期失步，是指系统受扰后不形成振荡，但幅值随时间单调增大，同样无法稳定运行而失步，也称为滑行失步。前者具有正实部的共轭复根（简称正实共轭根），后者则具有正实根。总之，有特征根位于复平面的右半部分，故系统不稳定。由此可推理，如系统的特征根为负实共轭根，则将为周期性减幅振荡，能稳定运行；如系统的特征根为负实根，则为周期性单调减幅运动，也能稳定运行。

二、提高静态稳定的措施

（一）采用自动励磁调节装置

自动励磁调节装置对提高电力系统静态稳定性有非常明显的作用。当发电机装有比例式励磁调节装置时，可维持暂态电动势为常数。如果进一步加装电力系统稳定器，或者用强励式调节器代替比例式调节器，相当于把发电机电抗减小到接近为零，可以近似维持发电机端电压为常数，对提高静态稳定性的作用更为显著。因为调节器在总投资中所占比例很小，所以在各种提供静态稳定性的措施中，总是优先考虑安装自动励磁调节器。

（二）减少元件电抗

输电系统的功率极限，与系统的总电抗成反比，系统总电抗越小，功率极限就越大，稳定性也就越好。系统总电抗是由发电机、变压器和输电线路电抗组成的，其中发电机、变压器电抗受投资的限制，要想大幅度减小是困难的，不过在发电机和变压器设计时总是应该在投资和材料相同的条件下，力求使它们的电抗减小一些。更有实际意义的是减小线路电抗，这可以通过使用分裂导线和采用串联电容补偿等办法实现。采用分裂导线可以减小线路电抗，导线不需要特制。分裂导线在超高压线路中还可以减少电晕损耗，因此被广泛采用。

（三）提高额定电压

在线路两端电压相位角差不变的条件下，线路输送的功率与线路额定电压的平方成正比，所以提高线路额定电压能明显提高输送功率，改善系统的稳定性。不过要注意，电压等级越高，投资越大。一般对于一定的输送距离和输送功率，总有一个最合理的电压等级。

（四）降低系统电抗

系统电抗主要由发动机、变压器及线路的电抗所组成。其中发电机和变压器的电抗取决于它们的结构，要降低这些设备的电抗，就会增加它们的制造成本。因此，降低输电线路电抗成为关系到提高电力系统输电能力的一个重要因素，特别在大容量远距离的输电网上，这个因素更显突出。

1. 采用分裂导线

在远距离输电系统中，采用分裂导线可以把线路本身的电抗减少25% ~ 35%，对提高稳定性和增加输电容量都是很有效的。当然，采用分裂导线的理由，不单是为了提高功率极限，更主要是为了减少或避免由电晕现象所引起的有功功率损耗和对无线通信的干扰等。

2. 采用串联电容补偿线路电抗

采用分裂导线是不可能大幅度地降低线路电抗的。目前能大幅度地降低线路电抗的有效办法是将电容器串联在线路中，这样使原有的线路感抗因容抗所抵消而降低。一般在较低电压等级的线路上采用串联电容补偿的目的是调压；在较高电压等级的输电线路上串联电容补偿，则主要是用来提高系统的稳定性。对于后者，首先要解决的是补偿度问题。

（五）改善电网结构

电网结构是电力系统安全运行的基础。改善电网结构的核心是加强主系统的联系，消除薄弱环节，例如增加输电线路的回路数。另外，当输电线跨通过的地区原来就有电力系统时，与这些中间电力系统的输电线路连接起来也是有利的。这样可以使长距离的输电线路中间点的电压得到支持，相当于将输电线路分成两段，缩小了"电气距离"。而且，中间系统还可与输电线交换有功功率，起到备用的作用。

三、改善系统的结构和采用中间补偿设备

（一）改善系统的结构

有多种方法可以改善系统的结构，加强系统的联系，例如增加输电线路的回路数。另外，当输电线路通过的地区原来就有电力系统时，将这些中间电力系统与输电线路连接起来也是有利的。这样可以使长距离的输电线路中间点的电压得到维持，相当于将输电线路分成两段，缩小了"电气距离"。而且，中间系统还可与输电线路交换有功功率，起到互为备用的作用。

（二）采用中间补偿设备

如果在输电线路中间的降压变电所内装设静止补偿器，则可以维持静止补偿器端点电压甚至高压母线电压恒定。这样，输电线路也就等效地分为两段，功率极限得到提高。

以上提高静态稳定的措施均是从减小电抗这一点着眼，在正常运行中提高发电机的电动势和电网运行电压也可以提高功率极限。为使电网具有较高的电压水平，必须在系统中设置足够的无功功率电源。

第三节　简单电力系统的暂态稳定

一、电力系统机电暂态过程的特点

电力系统暂态稳定性问题是指电力系统在某个运行方式下受到较大的扰动之后各发电机间能否继续保持同步运行的问题。引起电力系统大扰动的原因主要有下列几种：

（1）负荷的突然变化，如投入或切除大容量的用户等。

（2）切除或投入系统的主要元件，如发电机、变压器及线路等。

（3）发生短路或断线故障。

其中短路故障的扰动最为严重，常以此作为检验系统是否具有暂态稳定性的条件。

当电力系统在某个运行方式下受某种大的扰动时，表征系统运行状态的各种电磁参数都在发生急剧的变化。但是，由于原动机调速器具有较大的惯性，它

必须经过一定时间后才能改变原动机的功率。这样，发电机的电磁功率与原动机的机械功率之间便失去了平衡，产生了不平衡转矩。在不平衡转矩作用下，发电机开始改变转速，使各发电机转子间的相对位置发生变化（机械运动）。发电机转子相对位置变化，即相位角的变化，反过来又影响电力系统中电流、电压和发电机电磁功率的变化。如果经过一段时间的振荡后，系统能在一个新的平衡点稳定运行，则称系统在这种运行方式下能承受该种大扰动，也即是暂态稳定的。反之，如系统在受到某种大的扰动后，各发电机间不能继续保持同步运行，则称系统在这种运行方式下不能承受该种大扰动，也即是暂态不稳定的。可见，一个系统的暂态稳定性是同系统的运行方式以及大干扰的类型有关的。因此，在分析系统暂态稳定性时，必须根据系统的实际情况定出系统的初始运行方式，并确定干扰类型。我国现行的《电力系统安全稳定导则》规定我国电力系统必须能承受的扰动方式为三相短路故障。

由大扰动引起的电力系统暂态过程，是一个电磁暂态过程和发电机转子间机械暂态过程交织在一起的复杂过程。如果计及原动机调速器、发电机励磁调节器等调节设备的动态过程，则暂态过程将更加复杂。

精确地确定所有电磁参数和机械运动参数在暂态过程中的变化是困难的，对于解决一般的工程实际问题也是不必要的。通常，暂态稳定性分析计算的目的在于确定系统在给定的大扰动下发电机能否继续保持同步运行。因此，只需研究表征发电机是否同步的转子的运动特性，即功角 δ 随时间变化的特性便可以了。据此，应找出暂态过程中对转子机械运动起主要影响的因素，在分析计算中加以考虑，而对于影响不大的因素，则予以忽略或做近似考虑。

二、暂态稳定性分析的基本假设

（一）忽略发电机定子电流的非周期分量和与它相对应的转子电流的周期分量

在大扰动，特别是发生短路故障时，定子非周期分量电流将在定子回路电阻中产生有功损耗，增加发电机转轴上的电磁功率。在某些情况下（在发电机空载或轻载时），附加了非周期分量电流的损耗后，可能使发电机的电磁功率大于原动机功率，从而使发电机产生减速运动。然而，一方面由于定子非周期分量电流衰减时间常数很小，一般为几十毫秒，另一方面，定子非周期分量电流产生的磁场在空间是静止不动的，它与转子绕组直流（包括自由电流）所产生的转矩以同步频率做周期变化，其平均值很小，由于转子机械惯性较大，因而对转子整体相对运动影响很小。

（二）不计零序和负序电流对转子运动的影响

对于零序电流来说，一方面，由于连接发电机的升压变压器绝大多数采用星形三角形连接，发电机都接在三角形侧，如果故障发生在高压网络，则零序电流并不通过发电机；另一方面，即使发电机流通零序电流，由于定子三相绕组在空间对称分布，零序电流产生的合成气隙磁场为零，对转子运动也没有影响。

负序电流在气隙中产生的合成电枢反应磁场，其旋转方向与转子旋转方向相反。它与转子绕组直流电流相互作用所产生的转矩，是以近 2 倍同步频率交变的转矩，其平均值接近于零，对转子运动的总趋势影响很小。加之转子机械惯性较大，所以，对转子运动的瞬时速度的影响也不大。

不计零序和负序电流的影响，就大大简化了不对称故障时暂态稳定性的计算。此时，发电机输出的电磁功率仅由正序分量确定。不对称故障时网络中正序分量的计算，可以应用正序等效定则和复合序网。故障时确定正序分量的等效电路。

（三）忽略暂态过程中发电机的附加损耗

这些附加损耗对转子的加速运动有一定的制动作用，但其数值不大。忽略它们使计算结果略偏保守。

（四）不考虑频率变化对系统参数的影响

在一般暂态过程中，发电机的转速偏离同步转速不多，可以不考虑频率变化对系统参数的影响，各元件参数值都按额定频率计算。

三、近似计算中的简化

除了上述基本假设之外，根据所研究问题的性质和对计算精度要求的不同，有时还可做一些简化规定。下面是一般暂态稳定性分析中常使用的简化。

（一）对发电机采用简化的数学模型

根据磁链守恒原理，在大扰动瞬间，转子闭合绕组将产生自由电流。由于忽略了定子非周期分量电流，转子闭合绕组的自由电流只有直流分量。由于阻尼绕组的时间常数很小，只有几十毫秒，自由电流迅速衰减，所以可以不计阻尼绕组的作用，即假定阻尼绕组是开路的。

（二）不考虑原动机调速器的作用

由于原动机调速器一般要在发电机转速变化之后才能起调节作用，加上其本身惯性较大，所以，在一般短过程的暂态稳定计算中，假定原动机输出功率恒定。

电力系统是否具有暂态稳定性，或者说系统受到大扰动后各发电机之间能否继续保持同步运行，是根据各发电机转子之间相对角的变化特性来判断的。在相对角中，只要有一个相对角随时间的变化趋势是不断增大（或不断减小）时，系统就是不稳定的；如果所有的相对角经过振荡之后都能稳定在某一值，则系统是稳定的。

因为绝对角是发电机相对于同步旋转轴的角度，因此若绝对角 δ_i 随时间不断增大，则意味着第 i 台发电机的转速高于同步转速；若 δ_i 随时间不断减小，则第 i 台发电机的转速低于同步转速。所有发电机的绝对角最后都随时间不断增大，系统仍然可能是稳定的，它只意味着在新的稳定运行状态下，系统频率高于额定值。

第四节 简单电力系统的电压稳定

电力系统向大机组、大电网、高电压和远距离输电发展，这对合理利用能源，提高经济效益和保护环境具有重要的意义，但也给电力系统的安全运行带来了一些新问题，其中之一就是电压崩溃事故。从 20 世纪 70 年代以来，国内外发生了多起以电压失稳为特征的电网瓦解事故。电压控制及稳定问题对电力工业来说本不是新的概念，但过去电压问题主要出现在弱系统和长线路，而现在在高度发达的电网中，由于重负载，电压稳定也成了关注的焦点。电压稳定问题已经是影响整个电网安全稳定运行的大问题。

一、电压稳定性的分类

电压稳定性是表征电力系统在受到扰动以后，维持系统中所有母线电压保持在可接受的水平的能力。当发生扰动、增加负荷或改变系统条件时，会引起电压逐渐并失控地衰减，系统因此进入电压不稳定状态。引起不稳定的主要原因是电力系统不能满足负荷无功功率的需求。

一般将电压稳定性分为两类：大扰动电压稳定性和小扰动电压稳定性。类似于功角稳定性的分类，这种分类方法主要是将必须用非线性动态分析的现象与那些可以用静态分析的现象区分开。这样可使开发和应用分析工具简化，并且形成产生互补信息的工具。

大扰动电压稳定性是在发生诸如系统故障、失去发电机或失去负荷等大扰动后，系统控制电压的能力。确定这种形式的稳定性，必须要检验较长时间内系统的动态行为，以观测到如带载分接开关和发电机励磁电流限制等的影响。大扰动电压稳定性可以用有合适模型的非线性时域仿真方法研究。

大扰动电压稳定性可以进一步分为暂态电压稳定性和长期电压稳定性。小扰动电压稳定性是在发生小扰动后，如负荷逐渐变化的情况下，系统控制电压的能力。这种稳定性可以采用在一个给定运行点上，线性化系统动态方程的静态方法进行研究。扰动发生后，系统电压通常不能回到原来的水平。因此，必须定义一个可以接受的电压水平的范围。在该特定电压水平范围内，系统为稳定的。

二、电压崩溃的一般特性

电压崩溃是伴随电压不稳定的系统事故导致电力系统出现大范围不能接受的低电压分布的过程。

电力系统发生故障后，有时会遇到系统的无功需求量突然增加，这些增加的无功需求在世界范围内，已经发生过一些电压崩溃事故。根据这些事故，可以将电压崩溃的特征归纳如下：

（1）起始事件可能是不同的原因，如逐渐变化的系统状态、系统负荷的自然增长、对系统的突然扰动、失去发电机组或重负荷线路等。有时，看上去不大的初始扰动可能导致相继事件，最终引起系统崩溃。

（2）电压崩溃问题的核心是系统不能满足负荷的无功需求。通常电压崩溃与带有重负荷线路的系统运行条件有关。当从相邻地区输入无功困难时，任何新增的无功需求都可能导致电压崩溃。

（3）电压崩溃通常表现为电压缓慢衰减，这是许多设备、控制装置及保护系统相互作用的累积结果。在这种情况下，崩溃的过程可能为几分钟。在一些特殊情况下，电压崩溃的动态过程可能很短，大约在几秒内。这些事件通常是由不利的负荷成分引起，如感应电动机或直流输电换流器。这种类型的电压崩溃时间范围与转子角度失稳的时间相当，在许多情况下，电压和角度不稳定之间的区别可能不明显，两种现象的某些特征可能同时存在。如果具有合适的模型用以表示各种设备，特别是感应电动机负荷和发电机及输电设备的各种控制和保护设备时，这种形式的电压不稳定可以用常规的暂态稳定性仿真进行分析。基于上述考虑，可以将电压稳定性分为暂态电压稳定性和长期电压稳定性。

（4）电压崩溃受系统运行工况和特性影响很大。下面是一些引起电压不稳定或电压崩溃的主要因素：长距离输电，发电机与负荷的距离很远；在系统电压较低时，变压器的带负荷调节分接头装置动作；不利的负荷特性；各种控制和保护系统之间的协调不合适。

（5）过量地使用并联电容器可能会使电压崩溃问题更加严重。合理地选择并联电容器、静止无功系统及同步调相机的组合，会使无功补偿更为有效。

三、电力系统设计时的措施

（一）应用无功功率补偿装置

为保证足够的稳定裕度必须选用合适的无功补偿装置。无功补偿装置的容量、特性和地点的选择必须根据系统最严重的运行工况研究确定。事故后最大允许电压降低的设计原则通常不能满足电压稳定性的要求，必须根据运行点到不稳定临界点的有功和无功距离来确定稳定裕度。因此，要找出电压控制区和薄弱输电边界。

（二）控制网络电压和发电机的无功输出

发电机的自动电压调节相当于使升压变压器的高压侧或某点的电压恒定，即将恒定电压点向负荷靠近，因此对电压稳定具有有利影响。

（三）保护（控制）的协调

电压崩溃的一个原因是设备保护（控制）和电力系统需求之间缺乏协调。适当的协调应当根据动态模拟研究来确定。跳开设备以防止过负荷应当是最后的手段。只要可能，就应提供适当的控制措施（自动或手动）在系统切除设备以前消除过负荷。

（四）控制变压器分接开关调节器

调节器可以就地或集中控制，以降低电压崩溃的风险。控制策略应计及电源侧的电压。当电源侧电压正常时，ULTC可按常规方式调节分接头；当电源侧电压降低到某特定值时，闭锁；当电源侧电压继续降低时，应该反调，即进一步降低二次侧电压，减少系统的有功、无功负担。控制策略的进一步改进需根据具体系统的特性，尤其是负荷的特性来确定。

（五）欠电压切负荷

为了适应非计划的或特别严重的情况，有可能采用欠电压切负荷措施。这类似于低频率切负荷，它已经成为应对发电缺额及低频率特别严重的电力公司普遍采用的手段。切负荷提供了防止大面积系统崩溃的低成本的措施，特别是在导致不稳定的系统工况及事故发生的概率低但可能导致严重后果时特别有用。被切除负荷的特性及地点对于电压问题比对频率问题更为重要。切除负荷的措施应按区分故障、暂态电压降低及导致电压崩溃的欠电压工况进行设计。

四、电力系统运行时的措施

电力系统运行时的措施，见表 5-2。

表 5-2　电力系统运行时的措施

措施	具体内容
旋转备用	运行的发电机必须保证足够的旋转备用，如果需要，在中等或欠励磁情况下，投入并联电容器，以保持所需要的电压分布。在每个电压控制区内，必须确定并保持所需要的储备
调度员的作用	调度员必须能够识别与电压稳定相关的征兆，并采取相应的补救措施。作为最后手段，可以切除负荷。必须建立防止电压崩溃的运行策略。在线监视和分析、识别潜在的电压稳定问题，以及可能的补救措施，对于电压稳定是非常有价值的
稳定裕度	系统应该在适当电压稳定裕度下运行，为此必须适当地安排无功电源和电压分布。目前，还没有被广泛接受的裕度大小的选择办法及可以作为指标的系统参数，它们大都是随系统而定的，并且必须根据每个系统的特性来建立。如果现有的无功电源及电压控制设施不能满足所需要的裕度，就必须限制传输功率并启动其他机组以提供临界地区的电压支持

第五节　简单电力系统的动态稳定

现阶段，电力系统规模越来越大，电网规模已经实现了大区电网互联的互联电力系统模式的顺利转化和过渡。通过大区电网互联模式，可以为提高电网运行效率创造有利条件，但是低频振荡问题也由此产生，动态稳定性问题越来越显著。要想避免大区电网互联过度影响到电力系统动态稳定性，要将动态稳定性较低的原因找出来，制订出切实可行的优化措施，将干扰因素排除掉，从而给予电力系统的动态稳定性强有力的保障。

一、电力系统动态稳定性降低的原因分析

在电力系统中，低频振荡现象经常出现，这一现象的原因与发电机自动调节之间的关系是紧密联系的。在机组调节过程中，会产生一种磁力矩，可以分解成阻尼力矩分量、时同步力矩分量等。其中，阻尼力矩与发动机转速之间的关系是紧密联系、密不可分的，方向类型主要分为反和正。正阻尼力矩分量，属于与发

动机转速同步的阻尼力矩。在电力系统运行过程中，如果电压调节负阻尼分量，要比正阻尼分量高时，极容易导致低频振荡的出现。根据电力系统的变化情况可以了解到，系统动态稳定性没有充分体现出来，低频振荡和电压调节器中的负向阻尼有着紧密的关系。

二、影响电力系统动态稳定性的原因分析

（一）电力系统振荡模式判断

现阶段，在大区电网互联系统中，地区性振荡模式、区间振荡模式等，是电力系统产生的振荡模式。其中，对于地区性振荡模式来说，0.5 ~ 2.0Hz 是其频率；对于区间振荡模式来说，主要是指在一个区域内部的发电机组群与另一个区域内部的发电机组群之间的振荡，频率范围为 0.1 ~ 1.0Hz。

在电力系统中，判断不同类型的振荡模式，与振荡稳定性因素的阻尼比之间的关系是紧密联系的。在一个振荡模式中，如果计算其阻尼比高于 0 时，可以看出，在电力系统中，该种振荡模式的稳定性比较显著，而且没有过多地影响到电力系统的正常运行。反之，如果阻尼比在 0 以下，可以看出，振荡的不稳定性比较显著。在电力系统中，振荡模式阻尼比与 0 之间的距离比较近时，该种阻尼形式属于极弱阻尼，在电力系统中的不稳定性因素比较多。

（二）产生机电振荡

在大区电网互联过程中，假设电力系统是 J，其构成主要包括 m 台发电机，与电力系统 K 互联在一起，电力系统 K 的构成主要包括 n 台发电机，组合以后的系统发电机总数为 m+n，原始单位的系统中，其机电振荡种类主要包括讲 m–1 和 n–1 等。换言之，在大区电网互联环节中，诸多机电振荡会由此产生，对于这种振荡形式来说，与传统单一的电力系统具有显著的差异性，系统稳定性的影响比较显著。

（三）大区电网互联对振荡阻尼的影响

在东北和华北联网的影响下，大区电力网互联振荡阻尼的影响如下：阻尼比小于 0.02 的特征根，在联网之前，阻尼比在 0.02 以下的振荡模式为 8 个，其中负阻尼振荡模式有 3 个。在联网以后，其阻尼比在 0.02 以下，振荡模式大约将近 10 个，其中，负阻尼振荡模式有 4 个。基于此，可以看出，大区电网互联严重影响着振荡阻尼。

三、电网互联对于电力系统动态稳定性影响的优化措施

（一）PSS 的配置

要想将电力系统运行的稳定性提升上来，必须要对地区振荡模式和区域振荡模式进行深入分析。与地区振荡模式和区域振荡模式相关联的就是 PSS，这是重要的稳定性技术，在大区电网互联环节中，加强 PSS 的应用，可以有效维护系统振荡。对于 PSS 来说，属于电力系统稳定器，借助该种设备，对于低频振荡具有极大的抑制作用，在电力系统中，如果直接运用，可以导致一种正阻尼转矩产生，在克服过程中，电压调节器可以促使负阻尼转矩的产生，将系统的稳定性提升上来。在实际运用过程中，要将 PSS 的优势充分发挥出来，制订完善的解决措施，以此来将系统中两种机电振荡模式的稳定性提升上来。

（二）基于可控串补的方式提升的互联系统的动态稳定性

在电力系统的输电线路中，要加强可控串补的增设，系统中的最大输送功率要控制在 1300MW 以上，而且在系统中，要对 54% 的固定串补进行选取和应用，而且也包括 12% 的可控串补。同时在线路两端，还要分别进行 6% 的串补，基于此，可以避免 0.18Hz 低频振荡的出现。

电网互联对电力系统动态稳定性的影响比较显著。实质上，电力系统在运行过程中，低频振荡现象经常出现。大区电网互联所产生的负阻尼，对电力系统的稳定运行产生了极大的影响，所以在电力系统动态稳定性影响的分析过程中，要制订出行之有效的改进措施。其中，要加强 PSS 的配置的引用，并对可控串补方式进行增设。

第六节　多机电力系统的稳定分析方法

研究电力系统的稳定性问题关系到电力公司的正常运行及人们日常的正常生产、生活。目前电力系统中存在的状态变量规模庞大。

一、多机电力系统的稳定性分析方法

目前常用的求解方法，可以采用直接降阶和子空间不变两类方法。

（一）直接降阶法

该方法是从物理层次实现对系统的降阶，这样可以使计算系统的特征值变得

轻松且易操作，并且降阶得到的特征值并不发生改变，算出降阶后系统的特征值即可得到所要计算的特征子集。

（二）子空间不变法

该方法是通过迭代法求解直接作用于原系统的不变子空间及该空间对应的特征子集。此方法，矩阵 B 可以变换成矩阵 C，求 B 矩阵的关键特征值便等价于求取 C 的特征值。在求解时可以采取多种方法，如迭代法、幂法等。在分析电力系统的稳定性的过程中，经变换可得到具有稀疏特性的增广矩阵，如果直接计算变换前矩阵的特征值时就会破坏稀疏特性，增加计算变换后矩阵的成本。所以，要提高增广矩阵的计算效率，就应该找到在不破坏原矩阵稀疏特性的情况下计算出 C 的主特征值的方法，这对研究低频振荡发生的机理具有重要的意义。采用一些数学模型，借鉴一些数学思想，可以将矩阵分块或者分解，实现算法的优化，提高其正确性和有效性。

二、电力系统稳定性分析的基本算法

目前分析电力系统稳定性的算法主要有两类：数值解法和直接法。

（一）数值解法

根据系统的特性列出微分方程和代数方程组后，在求解方程组时可以利用积分法，该方法自出现，20 年间已经发展得比较完善，在电力系统中已得到了普遍的应用，能够满足对计算精度和效率的要求，开发人员已针对该方法编写了计算机程序。

数值解法的优点是：建立的数学模型精细、算得的结果准确度高和响应系统所需的时间短。鉴于此，该方法经常应用在系统的稳定性分析上。但该方法也有其自身的不足，如计算过程复杂，所需的时间长，分析系统参数的灵敏度不够，不易求出系统的定量信息。

（二）直接法

目前分析电力系统稳定性的直接法主要有三种：

（1）UEP 方法

该方法也叫 RUEP 法，在求解过程中需要基于主导的不平衡点。

（2）PEBS 方法

该方法是基于势能界面的搜索。

（3）EEAC 方法

该方法是基于单片机建立的，求解的过程中，建立数学模型的数值和面积均不发生变化。

直接法的核心是构造与系统相关的暂态能量函数，该函数也叫作李雅普诺夫函数，求出李雅普诺夫函数的临界值作为判别系统稳定性的依据。该方法分析稳定性问题时是从能量转化的角度出发，与数值法相比，计算效率得到了很大的提高，还能定量分析。

三、关键特征值分析多机系统的稳定性

在工程领域，并不需要计算出一个确定的特征值，只需要绘出特征值在复平面上的分布图即可，该分布图显示的是特征值的分布区域。在科学研究中的数值分析中，很多时候不需要求出特征值的具体值，只要根据矩阵的特点判别出特征值的某些属性即可。分析电力系统的线性模型时，需要看矩阵的共轭转置是否是正定矩阵且特征值和零的关系。对线性系统建立起来的微分方程$\dfrac{dx}{dt} = f(x)$的应用非常普遍，某些非线性系统的分析还需要借助该线性微分方程。

研究电力系统的稳定性问题时，常常关系到求解线性常微分方程$\dfrac{dx}{dt} = Ax$的解，首先需要判断矩阵 A 的稳定性，常用的方法是李雅普诺夫方法。当判断高阶矩阵的稳定性时，上述方法已经失效，这时需要寻找简单可行的判据。

四、系统的抗干扰实现

电力系统的应用过程中，会受来自外界的各种干扰以致打破系统的平衡。这些干扰有来自系统内部的噪声干扰和电路耦合干扰，还有来自外部的电磁辐射干扰、信号通道的干扰。

（一）干扰信号的危害

来自系统内部或者外部的干扰均会给电力系统带来无法估量的危害，具体体现为以下三个方面。

（1）在电力系统信号输入过程中，干扰会使电流、电压传感器构成的二次回路的信号失真，造成输入的信息发生错误，无法分辨出被测信号，不能对信号进行正常的处理和计算。

（2）在电力系统的输出过程中，输出的各种信号在干扰的影响下发生混叠等现象，不能得到准确的输出信号。

（3）对系统的 MCU 计算、程序的正确执行均造成一定的影响，严重时导致

系统停止运行。

（二）抗干扰的主要措施

1．硬件方面

（1）引入变压器，尽可能地使干扰信号得到衰减。

（2）可在回路中加入低通滤波器，抑制高频信号的干扰。

（3）采用质地粗的导线，在电路的输出端连接滤波电容和去耦电容，以减小信号产生的耦合电流对回路的干扰。

2．软件方面

（1）采用"看门狗"技术，设计一款软件，当程序处于死循环时，电路即会发出提醒信号，电力系统收到信号后做出复位反应，重新开始工作。

（2）可增加一些指令冗余，在非关键区设置陷阱，使遇到干扰本会停止运行的软件能恢复正常工作。

（3）可在电力系统的输入端子中，对输入的信号做一定的处理，如去掉方程的极值，该手段可有效地减小输入端的干扰信号。

在多机电力系统中，关于稳定的问题是人们一直关注着的。近一个世纪以来，不管是以前推导出来的还是现在推导的，也不论在数学方面、物理研究方面、计算方法层面，还是影响系统稳定性方面，由于信息高速公路的迅猛发展、自动控制和现代控制理论及其在电力系统中的广泛应用，专家对功角稳定性的研究在系统安全性和稳定性方面产生了巨大影响。

随着人工智能方法在电力系统中应用，暂态稳定性的研究也越来越依靠人工神经元网络。人工神经元网络不仅理论全面、层次高深，且在电力系统方面的研究为我国电力部门的发展做出了巨大的贡献。人工神经元网络理论的应用为电力系统暂态稳定性分析注入了新的思想血液，因此，在未来的发展道路上，对系统暂态稳定性的分析会越来越智能化、高速化、精确化。

第七节　提高电力系统稳定性的措施

随着电力工业的迅速发展，我国发电机、变压器单机容量不断增大，电力系统正朝着"大机组、超高压、大电网"的方向发展。在当今电力作为推动社会飞速发展的主动力时代，电力网是否稳定对社会的生产、生活、发展起着决定性的影响。因此，研究电力系统在各种条件下的稳定性问题对社会的发展具有特别重要的意义。

一、电力系统稳定性定义及分类

电力系统稳定实际是一个动态过程，主要是当系统受到干扰导致了同步电机电压相位角重新调整，进而形成一个新的系统运行状态的过程。我们通过系统受干扰后的恢复过程，将系统稳定分为暂态稳定、静态稳定和动态稳定。

二、提高电力系统稳定性措施

（一）对送电系统的控制

1. 改善发电机励磁调节系统的特性

由电力系统功率极限的简单表达式可知，减小发电机的电抗可以提高电力系统功率极限和输送能力。

2. 改善原动机的调节特性

根据发电机功角变化，对于再热式轮机可以采用快速调节轮机气门与带有微机控制和带有功角检测仪的高速系统来消除故障后发电机输入以及输出功率之间的不平衡，交替关、开快速气门，以缩短振荡时间，提高暂态稳定性。

3. 快速操作气阀（快关）

当系统受到较大干扰时，输出的电磁功率突变，这时，如果原动机的调节装置非常准确、灵敏和快速，使得原动机自身的功率能跟上相应变化的电磁功率，则能让系统稳定性得以极大地提高。

4. 切机

提高系统暂态稳定的基本措施是减小原发电机大轴不平衡功率。方法有两个，一个是减少原发动机的输入功率；另一个是增大发电机发出的电磁功率，当系统有充足的备用电机时，同时切除故障线，同时切除各部门联锁发电机，这样就能有效地增大系统稳定性。

（二）采用附加装置提高电力系统的稳定性

1. 在输电线路串联电容

利用电容器容抗和输电线路感抗性质相反的特点，在输电线路中串联电容补偿线路中的电感来提高超高压远距离输电的功率极限，从而起到提高系统稳定性的作用。

2. 在输电线路中并联电抗

改善远距离输电系统稳定性的重要措施之一就是将电抗并联到输电线路中。

因为随着输电线路长度的增加，产生的电抗就会越大，随之容抗也会变大，而增加的电容则会给线路带来大量的无功功率。在线路负荷较轻的情况下，线路中大量的无功功率会造成线路末端电压过高。为改善这种情况，将电抗器并联到输电线路上来吸收由长距离线路所产生的大电容造成的无功功率，这样可以减小发电机的运行功角，提高发电机的电势，从而提高长距离输电系统的稳定性。

3．将变压器中性点改为小阻抗接地

电力系统发生接地短路情况时产生的暂态稳定和变压器中性点接地情况有着重要的联系。为了提高中性点直接接地系统的稳定性，利用电流流过阻抗会消耗有功功率原理将系统中变压器的中性点改为经小阻抗接地，这样系统短路时产生的零序电流经过变压器中性点小阻抗后消耗有功功率，这就增加了发电机的输出电磁功率，减小了发电机转轴上存在的不平衡功率，进而提高了系统的暂态稳定性。

目前，我国电力系统已步入大电网、大机组、超高压、远距离输电时代，随着电力系统的发展及其互联，电力系统稳定问题也将越来越突出。有关电力系统稳定问题的研究已成为国内外电力界的热点之一。因此，在当前，研究电力系统稳定性问题的机理以及提高电力系统稳定性的控制措施，具有重要的意义。

第六章 电力设备在线监测与故障诊断

第一节 电力设备在线监测技术的发展

一、电力设备在线监测的原理

电力设备在线监测技术原理，是在电力设备正常运行时，通过对常规绝缘特征参数如电容量、电流、介质损耗因数等进行测量，来反映电力设备的运行是否存在问题。介质损耗因数对高压电力设备影响很大，还能反映运行时设备的缺陷，灵敏度很高，而且操作比较简单。介质损耗因数的原理分为两种，第一是硬件直接测量相位角，主要方法为过零相位比较法。第二是软件对检测信号变换后，对测量信号进行数字化处理，主要方法为谐波分析法。过零相位比较法原理：获得电流和电压信号进行过零整形后成为过零反转的方波电流和电压，用或门电路对电流、电压过零时间差方波宽度进行比较，并读取方波宽度，最终根据电流电压信号计算出介质损耗因数。对谐波进行研究分析的原理：将电流信号从其互相感测器的设备末端导出，随着二次分别取得电压信号，通过扫描滤过。程序控制扩增后，进行一种一致性处理以获取所需样本，再用计算机采用一系列迅速的公式性计算得出傅立叶相关系数来进一步算出基础波的相位差，从而获得相关的介质损耗因数。

二、发展

（一）在线监测发展现状

就目前来说，我国电力设备在线检测技术已经在各大电力企业获得了广泛的应用，有效提高了我国的电力设备运行的安全性和稳定性。调查显示，当前我国的在线检测系统应用最为广泛的是集中型在线监测系统，从抽样调查结果来看，我国变电所约有五成采用的是集中型在线监测系统，而只有一成采用的是分散型在线监测系统。我国的电力设备在线监测技术的类型多样，虽然大多数使用的是集中型系统，但其在线运行率只有使用量的 1/3，很多都是不能使用的、瘫痪的。而分散型在线监测装置相对于集中型系统来说正常运行率更高，其在线运行率高达 100%，因此，在进行电力设备在线检测系统的安装时，要充分考虑监测系统的种类和电力装置的实际情况，选择合理的电力设备监测系统进行安装。

（二）电力设备在线监测技术的发展

我们要对电力设备运行情况予以第一时间精准掌握，同时将设备与系统内核心程度进行指标性分析。只有这样才可以明确设备的检修时间，同时对设备采取相匹配的维修方法。在某种情况下我们无法完全依赖于在线监测技术，因此我们要对照一些设备的离线检测措施，比如诊断性实验及周期试验。对现阶段使用率较高的检测措施予以全面的应用，在此基础上结合在线监测，方能为电力系统收集精准的参数。现阶段电力设备的在线监测技术已得到了全面的发展，不过在发展的同时也暴露了很多的问题，所以我们要有指向性地对相关问题予以全面分析，在电力设备的实际应用环节中对检测技术方法予以革新。以现阶段的在线监测作为基点，我们不能对监测要求太多苛刻，要从根本深化在线监测系统的抗干扰能力，同时要利用在线监测收集的精准数据真实地反映电力设备的整体运行情况。

三、电力设备在线监测发展建议

（一）加强我国在线监测技术的管理

系统高效的在线监测技术管理模式对保证监测产品的质量具有十分重要的作用，只有在规范的管理模式和严格的监督机制下，才能够促使在线监测产品的生产商加强对产品的管理和检测，防止不合格的产品流入市场。相关电力企业可以建立针对性的在线监测技术管理部门，然后在企业日常的管理工作中加强对在线监测管理工作的重视，在日常管理中充分了解到在线监测的重要性和工作要求，落实在线检测管理工作的每一个细节，建立行业内的评估机制和标准，做到对在线监测技术工作的客观有效的评价。

（二）进一步强化在线监测技术的应用性能

我国的在线监测技术的开发和应用相比于发达国家还有一定的差距，目前我国的监测技术在使用中也暴露出了很多的问题，其根本原因还是监测技术研发系统的不完善和科学技术的相对薄弱。这种在线技术的弱点造成了我国的电力监测系统的运行不稳性，容易受到设备运行情况和外界环境的干扰，在运行过程中对突发状况的解决能力较弱等。因此，在下一步的在线监测技术的开发中，需要进一步提高我国在线监测技术的科技含量，相关开发人员也应该把工作要点集中到监测系统运行稳定性和使用性上来，从根本上提高我国在线监测系统的技术水平，从而促进我国在线监测技术的安全稳定发展，保证电力设备运行的安全性和稳定性，提高电力相关行业的工作效益和经济利益，进而促进我国电力行业进一步发展。

第二节　电力系统在线监测系统构成分析与故障诊断

一、状态监测的构成

状态监测包括信息采集、数据传输以及数据处理三个部分。

（一）信息采集

电力系统在线监测工作的第一步便是要取得需要诊断的对象的当前信息，获得设备的一系列电信号。根据表征设备状态量各种信号的不同特性采用不同的信号采集方法。常用的采样方法有次性采样，每次只采集一个足够数据处理所需长度的信号样本，按照规定好的时间进行采样；根据出现随机故障时发出的信号突变自动进行采样；按照故障诊断的特殊要求采用一些特殊采样方法，如转速跟踪采样、峰值采样。不同的设备以及任务要求，需要采取的状态监测方法是不一样的。变压器如果出现故障，一般是由于里面绝缘材料老化所致，所以根据变压器的机械特性以及电气特性进行实时状态监测，一般采取局部放电极化波谱以及油中气体分析等方法。交流旋转电机出现故障，由于故障类别较多，且原因大多不同，所以一般采用神经网络等预测方法。监测断路器状态好坏主要采用跳闸轮廓法和振动监测法获得断路器的状态信息。

在线监测系统的信息采集装置是通过各种传感器来完成的，通常有温度传感器、红外传感器、振动传感器、电流传感器、电压传感器、气体传感器、紫外传感器等，通过上述的传感器采集得到电力设备状态信息，将信息传递给中央处理器，之后通过用户设定的分析系统实现对故障的分析和运行设备的监控，并且在显示器中显示，最终存储到数据库中。其主要由硬件系统和软件系统构成。

（1）硬件系统结构

对于局部放电的监测一般采用超声检测法。对于 GIS 局部放电监测，由于高频的分量在传播的过程中衰减比较大，检测高频超声波需要较高灵敏度，因此硬件系统的搭建采用光纤传感器。当局部放电产生的超声波在电力设备中传播的时候，其产生的机械压力波挤压光纤传感器头并且引起光纤传感器头发生形变，当光从外部输入，将通过的光波调制和适当解调，从而进一步测量出形变的程度，这样一来就可以进一步地计算出超声波强度。

（2）软件系统结构

软件系统设计主要包括记录系统和诊断系统。记录系统是通过处理器进行通信的，可以实现对数据的收集和存储，将相关数据输送到数据库中。专家系统是对数据的分析和处理，制订出诊断功能，从而制订科学的维修计划。在软件设计中，专家软件是通过混合推理的方式来进行诊断，其主要包括在线诊断及离线诊断两种形式。在线诊断方式是通过实时数据时间处理分析，最终实现对故障的诊断。离线诊断方式是利用人机接口实现对故障的诊断。在系统的设计中，硬件系统与软件系统是系统的重要组成部分，两者共同构成了系统的监测与诊断功能。

（二）数据传输

一般情况下，负责进行信号处理的系统与负责进行监测的设备距离很远，所以在数据被传输到设备的过程中，经常受到一定的破坏，因此要对数据进行处理。首先进行 A/D 转换、数据预处理以及将数据压缩后进行打包，然后再传送到控制中心。如今，通信设备已经在电力领域得到了很多应用，采用光纤传输数字信号能够很好地克服干扰问题。

（三）数据处理

当获取得到的数据通过传输线路传输至工控数据中心之后，便开始采取多种方法对数据包进行相应的处理。

二、电力系统设备故障诊断分析

（一）故障特征信息的提取

在电力系统设备故障诊断中，所要面对的信号繁多，某一故障的发生，要诊断其中的原因，就需要从纷繁复杂的信息中捕捉到有价值的特征信息，这些信息是电力设备运行情况的真实反映，是设备状态的真实体现。故障诊断的灵敏度越高，对设备运行状态的特征信息的捕捉能力就越强。从实际情况来看，一种故障的发生，是若干故障特征的具体反映。一个故障特征量的出现，是因为一种故障状态或是多种故障状态所造成的，因此，如何准确地选取故障特征量，是影响故障诊断准确性的关键所在。电力设备在运行过程中，如何准确地判断设备的状态是否正常，就是根据特征量的取舍来决定的。通过选择的特征量，能够判断电力设备是属于正常状态，还是处于故障状态。此时，往往由于选取特征量不恰当而导致判断的疏漏或失误。出现误判主要是因为正常状态与故障状态下的特征参量具有交叉重叠的区域，因此，故障特征量具有一定的模糊性。所以，只有选择具有代表性的特征参量，才能确保故障诊断的准确性，提高其诊断反映的速率。

（二）几种故障诊断方法简介

电力设备出现故障的情况具有多样性，一个故障的发生往往会出现多种故障信息的征兆，下面介绍几种根据信息征兆进行故障诊断的方法。

1. 多传感技术

某种故障往往由多种不同的故障现象来反映。这种方法主要是使用多种传感技术，对故障的多种表征从不同层次、不同角度、不同侧面进行观测，对特征量进行采集。采集时，对于状态信息量，应该选择那些对故障反映相对更加灵敏的。对特征量进行全面分析，以做出更加准确的故障诊断。

2. 信息融合处理技术

这种技术是指利用多传感器获取数据，然后，按照一定的方法对信息进行综合分析的。虽然同一设备在不同特征空间、不同条件下发生类似故障的原因不尽相同，但是，它们之间也存在一定的联系。这种方法是采用求同存异的思路，排除不同的信息因素，找出相同点，从而能使故障诊断更加准确、高效。但是，该方法的理论体系有待完善，需要进一步研究。

3. 最大隶属度故障诊断法

针对电力设备的固有特性以及在线监测状态信息量不足导致的不确定性，可考虑采用模糊理论中的最大隶属度原则诊断故障原因，判断故障类型，将状态信号与模糊数学方法结合起来分析故障的随机性和模糊性问题。除了上述方法外，还可以结合人工智能、专家系统、神经网络等方法诊断故障。

4. 故障诊断分析技术与信息技术

（1）故障诊断分析技术

是指分析导致电力设备发生故障的物理过程、化学过程和故障的因果关系。它的操作流程如下：首先，归纳并整理采集到的特征量，使其简化；其次，采用模糊识别技术、专家系统识别技术、神经网络识别技术与数理方法识别技术等，对故障特征的相关参数进行识别；最后，对发行确定。

（2）信息技术在电力系统设备故障诊断中的应用

随着现代信息技术的不断发展，信息网络时代已经到来。现代信息技术在各行各业得到了迅猛发展，深受青睐。在电力系统设备故障诊断中，现代信息技术的成功引入使电力系统设备故障诊断向电子化、信息化、数字化、网络化方向迅速发展。在小范围内，利用局域网可以将设备诊断信息进行迅速便捷地传输，特别是连接因特网后，能够轻松地打破地理条件和空间的限制，进行信息异地传递、远程诊断等，其准确性、便捷性都大大提高，确保了信息传递处理的实效性。当然，设备的状态由多种参数综合决定，随着技术的不断发展，故障维修不再局限某一设备，而是同时考虑整个电网设备的运行以及电力供求关系的调整。

第三节　电力系统变压器与电容设备在线检监测

一、电力系统变压器在线监测

（一）电力变压器故障诊断的现状

长期以来，电力变压器一直受到电力部门、专家学者的普遍重视，针对变压器的研究也取得了一定的成果。随着大型变压器制造水平的不断提高，变压器的可靠性也越来越高，同时人们对电网运行单位的生产效率和经济效益的要求也不断提高。在我国电力系统变电设备的定期维修制度是以时间为基础的，定期维修制度不管设备的实际状况如何，到期必修，缺乏对设备的综合分析，往往不是维修过量，就是维修不足。由此造成大量人力和物力的浪费，还降低了供电可靠性。鉴于传统的设备定期维修所暴露出来的问题，即一方面盲目地对多数完好设备定期维修，造成人力物力浪费，而且这种过度维修还可能引入新的故障隐患；另一方面，还存在因一些产品性能缺陷包括绝缘缺陷未能得到及时发现检修而发展成为重大故障的可能。因此，人们开始关注变压器状态维修的研究和应用，基于设备实际状态或其预测的试验和维护，即状态维修，并通过与在线监测为主、离线试验为辅的监测手段的结合，逐步实现由定期维修到状态维修的转变。

（二）变压器状态监测与故障诊断系统整体结构

系统以微处理器技术为核心，由数据采集、数据通信和故障诊断三大模块组成。传感器将采集到的振动噪声、电压等被动信号经数据采集模块处理后，通过以太网上传到上位机中央监控站，其上的分析软件采用 Windows 事件驱动方式对数据进行读取、存储、分析，做出诊断。

（三）变压器状态监测与故障诊断相关技术

电力设备状态监测与故障诊断研究所涉及的学科领域种类繁多，并在不断丰富。各种新技术的使用，为状态监测与故障诊断提供了有力的技术支持，使其功能更加强大，使用更加方便。

1. 传感器技术

作为故障诊断的基础，首先要获取被监测设备的各种状态信息。很多情况下，状态信号如果不是电信号就很难进行分析处理，这就需要采用传感器，把非电信号转换成为电信号以供分析。

2. 数据通信技术

一般来讲，由于处理器速度和功能的限制，故障诊断都是通过基于 PC 开发的软件来实现，这就需要把状态信息传送到 PC。传统的通信手段有 RS-232、RS-485，这些通信方式传输速率慢、通信距离近、抗干扰能力差，难以满足实时高速的数据通信要求。近年来，各种现场总线 USB、以太网等通信技术日益成熟，它们传输速率快、抗干扰能力强，被人们越来越多地应用到数据通信中。

3. 故障诊断技术

故障诊断技术属于信息技术范畴，其诊断依据是被诊断对象的一切有用的状态信息。没有状态信息，故障诊断就无从谈起。对设备进行自动在线监测，通过传感器来采集信息是获取状态信息的必要手段。传感器采集获得的信息往往是杂乱无章的，其特征不明显、不直观，很难加以判别。故障诊断技术就是对状态信号进行分析处理，做出正确的诊断结论。变压器的状态信号有振动、电压、电流、温度、油中气体含量、局部放电等。变压器状态监测与故障诊断系统就是对这些信号进行加工、变换，提出对诊断有用的敏感征兆。频谱分析相关分析、传递函数分析、时间序列分析、傅立叶变换等信号处理方法在故障诊断中发挥了巨大的作用。近年来，小波变换理论引起了广大研究人员的兴趣。小波变换是一种新的时频分析方法，它通过一个变尺度滑动窗沿时间轴对信号进行分段截取与分析。小波变换中的滑动窗是随尺度因子而变化的，在高频段具有高的时间分辨率，在低频段具有高的频率分辨率。由于有良好的时频局部化特性，小波变换可以准确地抓住瞬变信号的特征，不仅能对信号中的短时高频成分进行准确定位，也能对信号中的低频变化趋势进行估计。

二、电力系统电容器在线监测

（一）电容性设备在线检测意义

在变电站中，高压电容型电力设备是指其绝缘结构可看成一组串电容的设备，包括高压电容式套管、电容式电流互感器（CT）、电容式电压互感器（CVT）及耦合电容器等，其数量占电站设备台数的 40% ~ 50%，它们在变电站中具有极其重要的地位。在电力系统中，电容性设备绝缘状态的好坏直接关系到整个变电站能否安全运行。因此，对其状态的监测就具有极大的意义。

（二）电容性设备在线检测方法

由于电容性设备是通过电容分布强制均压的，其绝缘利用系数较高，一旦绝缘受潮往往会引起绝缘介质损耗增加，导致击穿。因此，对电容型设备进行带电测试，对提高设备的运行维护水平、及时发现事故隐患、减少停电次数都能起到积极的作用。电容性设备介质损耗和电容量的变化对反映设备整体受潮、绝缘劣化等缺陷比较灵敏，绝缘受潮缺陷占电容性设备缺陷的85.4%。介质损耗和电容量测量一直是预防性试验的主要项目，也是带电（在线）检测技术开展最早的项目。

为了获得稳定的测量结果，对被试设备可有两种测量方式。

（1）绝对测量法。取母线PT二次电压为参考电压，用CT取试品电流信号，对采样电压、电流进行运算得到试品的电容量和介质损耗因数。

（2）比较法测量。即选择同一电压等级中电容量比较大的设备，如OY、CVT等（最好是新设备）作为基准，所有其他被测设备的电流相位与基准设备的电流相位相比较，获取相对的介质损耗差值、电容量比值。基准设备选用电容量较大的设备原因在于这种设备的电流相位相对比较稳定，除受电压相位变化的影响以外，受其他因素如阻性电流的变化等因素影响比较小。这样，由于外部环境（如温度等）、运行情况（如负载容量等）变化而导致的测量结果波动会同时作用在标准设备和被试设备上，它们之间的相对测量值保持稳定，更容易反映设备绝缘的真实状况；同时，由于不需要采用二次侧电压作为参考信号，也不会由于PT相角差的变化而对测量结果产生影响。

（三）电容性设备在线监测关键点

电容性设备在线监测的关键为电压、电流的采集及数字信号处理。

1. 电压采集

电压信号取自被测设备的同相的电压互感器。一般情况下，由于电压互感器的负载很小且基本上是一个定值，即电压互感器的相角差较小或可认为是一个定值。每次测试应先投入预置补偿再进行测量，如不投入预置补偿则可以用每次测试结果相互比较来判断其绝缘状况。互感器取得的电压信号可采用无线发射方式传输。

2. 电流采集

采用钳形电流表方式取样。为了在电力系统强噪声干扰环境下准确获取被测信号，用于绝缘参数在线检测的电流传感器应：

（1）满足弱电流信号的要求，灵敏度高，使输出量能够灵敏地反映输入量的微小变化，同时二次输出信号应尽可能高。

（2）在测量范围内线性度好，输出波形不畸变，被测信号与输出信号之间的相角差变化小。

（3）工作稳定性好。当外界条件变化时，输出量应保持不变或在允许范围内变化。

（4）抗干扰能力强，电磁兼容性能好。

3．数字信号处理

采用快速 FFD 算法对数字信号进行分析处理，以滤除被测信号中的谐波分量从而计算出基波分量的幅值和相角差。根据数字信号处理理论，当窗长即采样周期等于信号周期或其整数倍时，经过 FFT 频谱分析得到的结果和信号的实际频谱相同，不产生畸变；当窗长不满足整周期截断条件时，在进行 FFT 谐波分析时将出现"频谱泄漏"现象。频谱泄漏对频域函数的实部与虚部的影响程度相同，既影响幅值也影响相位。为了得到更高的精度，也可以采取频率补偿的措施，即对信号 FFT 之前，先测得电网实际运行频率，然后根据实际频率设定采样周期，使之满足整周期截断条件，得到不畸变基波信号。

第四节　避雷器在线监测与故障诊断

一、避雷器在线监测的主要方法

避雷器在线监测，从研究方向来看可分为泄漏电流监测法和介损法。

（一）泄漏电流监测法

泄漏电流监测的常用方法的有以下几种。

1．总泄漏电流法

总泄漏电流法作为最基本的一种方法，主要操作原理为将避雷器在线监测仪与避雷器低电压侧串联起来，随着发生过电压事故或者雷电入侵时，电流也会顺势剧烈波动。通过对原理的阐释，不难看出这种方法虽然最原始、最简单，也很大程度上降低了在线监测仪的成本，但无法准确捕捉信息，避雷器的运行状态也变得不可捉摸，这样的监测技术显然已经不能适应时代的潮流。

2．阻性电流三次谐波法

总电阻性电流信号通过滤波器实现滤波处理，得到简化的三次谐波。根据前后两个参数的比例关系，可求得阻性电流。因不需要参考电压，所以监测比较方便。该方法忽略了电压中谐波对结果的影响，所以所得结果也有待商榷。避雷器生产工艺和材料导致滤波前后的参数有很大的误差，所以使用的范围较为局限，没有可行性。

3．补偿法测阻性电流

补偿法是指测量中根据避雷器的等效电路对系统电压信号进行抽取，利用抽取得到的电压信号对总泄漏电流中的容性电流分量进行补偿，进而测量得到阻性电流分量。避雷器阀片的劣化原因主要有两点，首先是 MOA 阀片受潮，其次是金属氧化物避雷器几乎都不存在串联间隙，导致少量泄漏电流通过阀片，促使老化进程加快。通过对阻性电流进行直接测量，可以相对精确地对劣化进行反映。

（二）介损法

介损法是对设备的绝缘状态评判的主要标准，其特点是具有较好的抗干扰性和稳定性，广泛应用于电力行业。总结起来分为两大类。

1．硬件测量

法西林电桥法是常见的硬件测量法，目前在各电网公司测量停电设备的电气绝缘时常用这个方法。但其操作过程烦琐，需要不断地调整电容值和电阻值，对元件的要求比较多，增加了避雷器在线监测仪的设计难度，不满足避雷器在线监测仪的要求。

2．谐波分析法

谐波分析法普遍运用在电力系统中做信号分析，任何复杂的波形都可以分解成频率、振幅等参数不同的正弦分量，以便将问题简化。在线监测仪本来就有体积小、功能完善的要求，采用谐波分析法不仅避免外界干扰而且满足体积要求。傅立叶变换在分析时会造成一些不必要的误差，可以运用截断函数减少频谱泄漏引起的误差。

二、意义

避雷器是变电站和输电线路上处处可见的设备，避雷器的性能直接关系到电网运行的安全。随着超高压、特高压电网的建设，对避雷器在性能和经济性上有了更苛刻的要求。例如要想降低绝缘水平就要提高避雷器的性能，以便于降低制作成本和运输费用。因此，满足要求的电网保护设备应运而生，这些设备不仅需要大大降低绝缘水平，最重要的还需保证电气性能的合理性。所以，避雷器对电力系统的稳定发展，特别是安全高效地运行有特别重要的意义。

输变电系统正常工作时，避雷器自身处于正常状态。当输变电系统遭遇雷电入侵或操作过电压时，避雷器起到保护电力设备免遭过电压冲击的作用。如果能对避雷器运行状态进行远程监测、显示相关参数、反应运行状态，就能第一时间排除隐患，避免事故的发生，以保证电网安全可靠运行。

相关技术在不断更新，嵌入式发展迅速，计算机网络技术也日新月异。国家一再提出支持智能电网的建设，研究和更新避雷器在线监测技术势必会成为市场前景广阔而且能创造出巨大经济价值的新课题，值得不断地进行深入研究。

第五节　GIS 与高压短路的在线监测与故障诊断

一、GIS 的在线监测与故障诊断

在电力工业中，GIS 是指 SF_6 全封闭式组合电器，国际上称为"气体绝缘金属封闭开关设备"，是一种先进的高压电器配电装置，它将一座变电站中除变压器以外的一次设备，包括母线、断路器、隔离开关、接地开关、负荷开关、电压互感器（PT）、电流互感器（CT）、氧化锌避雷器、三极共箱母线、电缆终端、进出线套管、间接控制柜等，经优化设计有机地组合成一个整体。

（一）GIS 在线监测系统现状

1. 国外现状

目前，许多发达国家的 GIS 在线监测系统已经取得了初步的成效。例如，日本在国际电力设备研讨会上展示了十几项 GIS 在线监测系统的设备，并且价格不及系统本身成本的 1/10，对比往年，大大降低了设备成本。美国早在 20 世纪 90 年代初期由于安装了 GIS 监测系统，避免了数次重大事故的发生，进一步确保了供电系统的安全运行。近几年，国外相继将传感器系统以及保护设备安装在了GIS 监测系统中，有效提高了系统的监测效率，并逐步实现了电力设备的现代化以及智能化。

2. 国内现状

目前，国内的监测系统大致分为集中式在线监测系统和分散式在线监测系统两大类。其中，集中式在线监测系统主要负责将检测信号引入控制室的控制器中，并对其进行整理和分析，进行集中式的检测。分散式在线监测系统是利用专业的仪器，对收集来的信息进行就地式的测量，避免了将信息进行统一处理这一过程。

（二）GIS 在线监测系统的结构组成

GIS 在线监测系统的结构大致包括传感器电路、上下机位以及通信网络四个部分组成。下文将主要针对下机位监测系统以及传感器电路进行主要分析。

1. 下机位监测系统

在对下机位进行在线监测的过程中，下机位要满足以下几个条件。首先，能够将收集的足够数据提供给监测系统进行分析和处理，并具有较快的运行速度以保证及时地对数据进行处理。其次，能够将网络中各个单元的数据完整地运送到管理中心进行管理和分析。最后，为了能够对各种下机位的软件进行安装，要确保下机位的容量足够大。为了满足以上对下机位的要求，目前应用较多的系统是嵌入式微机系统。嵌入式微机系统具有体积小、功能强以及采集信息面广等特点，充分满足在线监测系统对下机位的要求。由于嵌入式系统具有不同的型号，所以，在对嵌入式系统进行选择的时候，要根据监测系统的实际情况进行合理科学的选择，进一步确保监测质量。

2. 传感器电路的监测

在 GIS 系统运行的过程当中，收集来的信号必须经过传感器的处理将大信号转换为小信号，方便处理器对信息的及时处理。在传感器使用的过程中，可以自己进行自主研发，也可以购买传感器的成品。但是，由于自主研发传感器的时间较长，各个方面的稳定性未经过长期的检测无法保证，同时维护性能较低，所以大多数的监测人员选择直接购买成品传感器，不但充分地节省了时间，而且明显地提高了监测系统的监测效率。目前，常用的传感器大致分为两类：一类是有源传感器，另一类是无源传感器。其中应用较为广泛的是有源传感器，虽然有源传感器相对于无源传感器来说结构较为复杂，使用难度较大，但是，有源传感器可以将传感器系统的电压信号进行有效地增强，同时减少外界对传感器的干扰，大大地提高了传感器的运输效率，增加了稳定性。

（三）GIS 在线监测系统的具体应用

1. 对线圈内工作电流的监测

当电磁铁线圈中有电流通过时，电磁铁的内部会产生磁力，系统中的铁芯受到磁力的吸引，会造成断路器中的开关站进行分闸和合闸。由于电磁铁线圈中包含的信息量较为丰富，对电磁铁的线圈进行分析可以有效地了解断路器中开关的分合情况以及电磁铁线圈的运行情况，所以，对电磁铁线圈进行监测对整个监测系统的整体运行具有相当大的影响。通过对电磁线圈中的电波进行监测，可以准确地计算出电磁铁线圈的工作时间以及通电时间，进一步分析出开关的运行状态。

2. 对开关电流的监测

开关对于整个电路来说起着保护作用，所以，对开关内电流的充分监测可以有效地防止由于电路故障引起的电网系统故障。其中，电路开关触头的寿命直接决定着开关的运行质量。在对电路开关触头寿命的监测过程中，由于传统的监测方法存在一定的弊端，所以，在目前的监测中运用了一种新的监测方法——电线寿命曲线法，通过这种方法，将每种电路中通过的电流进行记录，并通过曲线的方式表现出来，可以使监测人员直观地对线路中的电流通过情况进行分析，进而推断出电路开关触头的使用寿命，并对其进行实时的监测。

（四）GIS 故障诊断系统的现状

随着科技的进步，我国在故障诊断方面已经摒弃了传统的诊断方法，对于诊断系统进行了进一步的创新。目前，我国 GIS 系统故障诊断的方法主要包括智能诊断法、数学诊断法以及传统的故障诊断法。其中应用较为广泛的是智能诊断法和数学诊断法。智能诊断法是通过将智能化的管理系统运用到技术诊断中去，对系统内的潜在故障进行监测和分析，例如运用机器人进行巡视、变色在线监测系统以及安装避雷针的在线监测等，进一步提高了故障诊断系统的效率。数学诊断法是通过运用统计学对系统中的故障监测结果进行分析，从而建立一个数学模型的系统，同时运用归纳法、分析法、计算法等方法对数据进行总结和归纳，形成一套完善的故障诊断体系。

（五）GIS 故障诊断系统的应用

1. 对 SF_6 气体的故障诊断

由于 SF_6 气体本身具有无色无味的特性，同时拥有较高的化学稳定性，是一种优良的传导介质，所以被广泛运用到电气开关类的设施中。并且这种气体在低温的环境下依旧能够保持较强的稳定性，不会发生化学反应。只有 GIS 系统发生故障的时候，由于故障产生的火花以及局部放电等因素，造成了环境中的温度迅速升高，SF_6 气体在高温下发生化学反应，分解后的气体会对系统中的电气设备进行腐蚀，并且导致绝缘体老化，进而导致系统出现故障。所以，对于 GIS 系统的 SF_6 气体进行故障诊断对系统的正常运行来说具有非常重要的意义。

2. 对 SF_6 气体的故障诊断方法

首先，在对此类气体进行故障诊断的过程中，要考虑到温度对于气体的影响。将气体放入温度相对稳定的室内，并且不断地对室内的温度进行调节，及时地将气体的变化情况记录下来，对记录结果进行总结和分析，进一步找出气体在不同温度下产生变化的规律。根据分析的结果，对系统内的温度进行有效的控制，避免温度变化导致气体发生化学反应，引发设备出现故障。其次，研究风速对气体的影响。将气体放入一个密闭的空间内，分别记录风扇关闭、风扇打开一挡以及风扇打开二挡时气体的变化情况，并对实验结果进行记录和分析，进而得出"风速越快，该气体在空间内的扩散速度就越快，气体浓度下降得也就越快"的结论。根据这一结论，在气体发生泄漏的过程中，必要的时候要提高泄漏点内的气体流动速度，迅速降低气体浓度，减小发生化学反应的概率。最后，要对气体泄漏的速率进行计算，根据气压与温度对气体的影响，计算出气体的泄漏速率，根据气体的泄漏速率制订出相应的解决措施。

3. 对局部放电进行故障诊断

GIS 的局部放电指的是 GIS 设备在电场的影响下产生的放电现象，局部放电会对设备的绝缘系统产生一定的影响，严重的会导致设备的绝缘系统失效，造成设备的损坏。目前，在局部放电进行故障诊断中经常采用的方法是仿真模型设置法，这种方法通过建立一个与 GIS 系统相近的仿真模型，对影响设备的因素进行干扰，并将局部放电过程中产生的电磁波通过自身的导体进行传导，减少了对 GIS 系统的影响。

二、高压断路器的在线监测与故障诊断

随着电力容量的不断增加，电力系统的安全保障要求也越来越高。为了提高电能输送的稳定性和安全性，需要将高压断路器应用到电力设备与电力线路之间的链路上。目前，由于高压断路器的技术还不够成熟，其故障带来的设备故障在电力系统安全故障中占大部分，因此需要对高压断路器进行在线监测，做好设备的预知性维修工作，减少设备故障所带来的大面积停电等事故。

（一）高压断路器概述

高压断路器指的是额定电压 3kV 以上的断路器，其具有良好的灭弧结构和断流能力，能够根据需要控制电路的通断以及根据电力设备的负载电流情况使电力设备投入或退出运行。此外，高压断路器还能够同继电保护装置一同工作，切断电网系统中的故障部分，防止电力事故进一步扩散。高压断路器可以根据灭弧介质和灭弧方法分为油断路器、SF6 断路器、10kV 真空断路器、压缩空气断路器、磁吹断路器。其中油断路器在我国电力系统中的应用最为广泛；SF6 断路器主要应用在超高压电力系统中；10kV 真空断路器的额定电压为 12kV，具有重量

轻、体积小、安全的优点，主要应用在操作频繁的场所；压缩空气断路器具有灭弧能力强、速度快的优点。

（二）高压断路器在线监测及故障诊断方法分析

1. 在线监测及故障诊断方法分析

（1）基于解析模型的方法：该方法实施的前提是要构建适合该系统的残差模型，借助模型获得残差，并根据准则对这些残差进行分析，从而对设备故障进行识别和确认。但由于诊断对象多为大型的电力系统，而模型的建立往往存在一定的误差，因此该方法并不适用于非线性系统。

（2）基于知识的方法：该方法不需要精确的模型，是一种基于建模处理和信号处理的高级诊断形式，根据方法细节的区别，可以将该方法分为基于症状的诊断方法和基于定性模型的诊断方法，克服了传统方法在大型电力系统故障诊断中的弊端，但是依然存在部分缺陷。

（3）基于信号处理的方法：该方法利用数值计算，将传感器采集得到的数据进行处理，根据处理结果分析故障类型，是目前较为常用的故障诊断方法。

2. 在线监测与故障诊断的过程

在线监测与故障诊断系统分为信号变送、数据采集、处理和诊断三个子系统。首先，信号变送系统中包含电气设备和传感器，传感器的主要作用是采集物理信号并将其转化为后续系统可以识别的电信号；其次，数据采集与预处理系统包括信号预处理模块和数据采集模块，能够将传感器输送的电信号进行放大、滤波、隔离等处理，以利于信号采集模块对这些信号进行测量；最后，经过测量的数据信息通过数据传送模块传递到主控制室进行数据的进一步处理与诊断，做平滑处理提高信噪比，并根据处理后的数据判断设备故障发生的位置。

3. 高压断路器在线监测的主要参数

高压断路器在线监测的主要参数，见表6-1。

表6-1　高压断路器在线监测的主要参数

名称	主要内容
温度信号	在电力系统中，温度信号对故障的判断和检测而言更具直观性。电流经过导体会产生热量，导致局部温度升高，温度升高的后果是电路连接处氧化加剧，使得接触电阻进一步加大，温度持续升高，可能带来绝缘件损坏或击穿的事故，因此需要对高压断路器内部的温度进行监测，及时采取措施降低温度，保证断路器稳定工作

续表

名称	主要内容
储能电机电流信号	高压断路器中弹簧操作机构最核心的部件是储能弹簧，对高压断路器故障的诊断需要获取储能弹簧内部的力学性质参数，但是很显然直接进行测量力的大小是不切实际的，因此需要通过分析储能电机的电流波形来检测推算储能弹簧的状态是否正常
分合闸线圈电流	该结构的主要工作原理如下：当电路接通后，电磁铁内产生磁通，铁芯在磁力作用下发生位置变化，接通操作回路，进而实现对高压断路器的间接操作。分合闸线圈的特殊结构决定了电流波形隐藏着丰富的信息，通过对波形的监测和分析能够判断分合闸电路的状态，从而对整个高压断路器的性能进行预判。例如，根据铁芯的行程以及铁芯是否卡涩能够判断高压断路器的操作机构的运行状态，进而判断故障发生的原因

4. 高压断路器在线监测及故障诊断系统的设计

一套完整的在线监测及故障诊断系统需要包含传感器、信号调理及采集、数据传输、数据处理四个单元，设计人员在设计的过程中，需要根据电力系统的特点，选择合适的组件。传感器包括温度传感器和电流传感器，温度传感器主要选用铂电阻，能够在中低温区使用；在电流传感器的选择方面，需要测量开断电流时选择基于霍尔效应原理的开环测量模块，需要测量分合闸线圈电流时选择基于霍尔闭环原理的测量模块。数据传输单元采用 GPRS 无线传输模块向上机位传送数据，传输结构可以采用点对点的方式，当系统中包含多台高压断路器时，也可以采用星形网络结构。信号调理及采集单元中主要采用 PLC 远程采集方法，PLC 具有较强的抗干扰能力和较高的精度，能够在高压断路器附近工作。此外，还可以采用 NIM 系列基于 PCI 总线的采集卡，相比于 PLC 采集，能够大大提高数据的采集、传输效率。数据处理单元主要完成对采集得到的数据进行处理和分析，从中提取有用的信息做出高压断路器故障的诊断，同时，数据处理单元中往往还包含故障数据库，为今后数据的识别和专家系统的建立提供帮助。

第六节　电缆输电线路与电机的在线监测与故障诊断

一、电缆输电线路

电力电缆是电力系统主干线中用以传输和分配大功率电能的电缆产品，常用于城市地下电缆、发电站引出线路、过江过海水下输线等，按电压等级可分为中低压电力电缆、高压电缆、超高压电缆，配电网中用的是中低压电缆。随着配电网的发展，电力电缆的应用越来越广泛，其故障影响面也越来越大。虽然电缆线路日常维护成本少，但是相比架空线，电缆线路故障定位和修复相对难、修复时间长、维修费用高得多。据介绍，在美国城市地区地下电缆的维护费约为架空线的 4 倍。因此，电缆输电线路的在线监测与故障诊断意义重大。

（一）在线监测系统类型介绍

（1）山火：通过监测线路附近的温度、湿度、烟雾、CO_2 图像，实现对线路附近山火的实时监控，解决了实时监控输电线路沿线山火的难题，为输电线路防灾减灾节省了人力物力，且提供信息指导。

（2）覆冰：通过监测线路附近的温度、湿度、导线拉力、图像等，实现对线路附近覆冰的实时监控，解决了实时监控输电线路沿线覆冰难题，为指导下一步输电线路抗冰融冰工作提供准确数据。

（3）盐密：通过监测输电线路附近的盐密情况，对线路所在区域污秽做出判定，为下一步线路的防污工作提供信息指导。

（4）外力破坏：通过实时监测输电线路附近的外力破坏情况，及时掌握线路外力破坏类型、程度，为线路通道防外力破坏发生提供信息依据。

（二）检测方法

检测的方法见表 6-2 所示。

表 6-2 检测的方法及主要内容

方法	具体内容
"谐波方向"原理检测法	利用 5 次或 7 次谐波电流的大小或方向形成选择性接地保护，缺点是其零序电压动作值往往很高、灵敏度较低，在接地点存在一定过渡电阻情况下容易出现拒动现象
零序电流检测法	当零序电流值超过设定值时判为接地故障。电缆线路故障时零序电流量比架空线路的要大很多，容易检测与运算分析
"首半波"检测法	"首半波"原理假设接地故障发生在相电压接近最大值瞬间，利用线路故障后暂态零序电流每一个周期首半波与非故障线路相反的特点实现保护，缺点是不能反映相电压较低时的接地故障，受接地过渡电阻影响较大且存在工作死区
信号注入检测法	利用单相接地时原边被短接暂时处于不工作状态的接地相 PT，人为地向系统注入一个特殊信号电流，利用只反映注入信号而不反映工频及其谐波成分的信号电流探测器，跟踪注入电流，对单相接地故障进行定位

（三）电缆输电线路的在线监测与故障诊断

1. 导线舞动与风偏监测

输电线路的舞动是由于空气动力不稳定而产生的现象，是输电线路在运行中因自然条件作用而发生的一种比较严重的现象。导线舞动一旦形成，持续时间很长，一般可达数小时，会引发导线鞭击、烧伤、断股、断线，金具严重磨损、断裂，杆塔倾倒，线路跳闸等，对输电线路造成极大的破坏作用，容易造成大面积停电等严重事故。而输电线路的在线监测系统在导线舞动和风偏监测中可做到：

（1）在实时监测导线绝缘子串风偏角度、导线跳线、仰角参数的同时，结合微气象环境参数和线路相关参数，算出导线距塔体最小电气间隔和相间距离，为防止因风偏引发的放电事故提供数据支持，及时补救线路缺陷，并且通过收集累积线路风偏运行资料，为线路绝缘子设计方案提供参考。

（2）结合线路周围微气象环境参数和导线覆冰情况，一旦发现导线舞动幅度超出标准，及时分析线路是否发生舞动危害，并发出报警信息，避免发生相间放电、倒塔等危害。

2．导线弧垂监测

输电线路的弧垂过小或者过大都将影响输电线路的安全运行。当弧垂过小时，导线承受的应力过大，在冬季气温过低时可能造成断线事故。当弧垂过大时，不能保证导线对地面的安全距离，大风时还有可能造成短路事故。导线弧垂受温度、应力、覆冰厚度、动态增容、环境风速等因素影响。在线监测系统采用倾角法，即采用角度传感器测量弧垂。该方法的原理是：线路覆冰时导线弧垂的增加最明显。所以，可以实时监测导线的弧垂，并结合对当地气象条件的分析，以实现实时综合监测线路的覆冰情况。

（1）采集导线角度、弧垂参数，结合输电线路相关参数和微气象环境参数，并利用输电线路相关状态方程计算，得出导线覆冰后的比载、覆冰平均厚度和覆冰重量等覆冰参数。一旦发现覆冰厚度和重量超标，发出除冰报警信息，并通知线路运行部门及时采取措施，以免发生覆冰导致的倒塌和舞动等危害。

（2）监测输电线路周围的气象环境状况，包括：环境温度和湿度、风速、风向、光辐射强度、雨量以及大气压力，对超标的参数进行报警，为线路运行状态情况如导线弧垂、温度、风偏、覆冰、舞动、导地线微风振动、杆塔倾斜等提供气象环境数据。

3．绝缘子监测

通过电流传感器从绝缘子中取得泄漏电流信号，绝缘子运行状态综合监测终端定期采集泄漏电流信号，放大和滤波过的信号经隔离之后进入中央处理器的模拟/数字（A/D）转换器件。绝缘子运行状态综合监测终端完成监测点绝缘子污秽信息的采集、存储和传输的功能。

复合绝缘子监测：采取在复合绝缘子的棒芯植入光纤传感器或在生产过程中埋入光纤传感器的模式，通过试验来测试棒芯中光纤传感器的波长变化和应力变化来实时监测线路覆冰，在线复合绝缘子的运行状况、导线重力等现场的一系列情况。

4. 导地线监测

当发现导地线振动水平超标时，可采用在一定程度上降低微风振动的幅值等相应的补救防振措施，这样可阻止导地线产生或者加剧疲劳断股，可有效地延长导线的运行寿命，以避免更换新导线。

二、水电机组的在线监测与故障诊断

主要介绍水电机组的在线监测与故障诊断的现状与发展。

（一）状态监测技术的范畴与现状

水电机组在线状态监测系统是一个实时在线监测水轮发电机组各部位运行状态的网络化测量系统。它是区别于"计算机监控系统"的电厂的一个独立系统。状态监测技术的实施涉及计算机、通信、电气、机械、水力等多个专业多个学科，是一项系统工程。一个完整的状态监测系统应该对机组以下各部位的状态进行监测，包括机组相应部位的振动、摆度、轴向位移、压力脉动、空气间隙、磁通密度、局部放电、水轮机空蚀（空化气蚀）、定子线棒振动、定转子温度、水轮机效率（流量）、主变压器油色谱、励磁系统及其他辅助设备等。

一个完整的在线状态监测系统由传感器、数据采集单元、服务器及相关网络设备、软件等组成。系统通过传感器得到各部件的信号，通过数据采集单元对信号进行采集和转换，得到机组的运行参数，然后通过计算机对数据进行处理、分析，以图表、曲线等直观的方式在计算机屏幕上显示出来，同时将机组运行参数与特征参数进行对比，实现对机组故障的预警和报警，并将数据通过网络传至状态数据服务器存储，其他客户机则可以使用特定软件或利用网络浏览的方式从服务器中获取数据，以实现实时监测和历史数据分析。自 20 世纪 90 年代以来，国内外一些研究院所和生产厂家针对水电机组的状态监测技术开展了相关研究，开发了相应的产品，并成功地应用于电厂。总体而言，国内水电机组状态监测技术的研究及应用状况有以下几个特点。

（1）监测系统的研究和产品的研制取得了一定的进展。水轮发电机组稳定性（包括振动、摆度和压力脉动）监测和主变压器油色谱的监测技术基本成熟，已广泛地应用到各种水电厂，监测系统的研发重心已转到发电机空间气隙和磁场强度、发电机绝缘、定子线棒振动、水轮机空化气蚀、水轮机效率等多种项目上来。

（2）大多数早期建立的电厂，其机组的状态监测系统比较单一，或是采取了多个项目的监测，但是各项监测相互独立，此类电厂在设备状态监测产品的应用和管理方面还存在很大的完善空间。一些建厂时间晚的现代化大型水电厂，如葛洲坝电厂、隔河岩电厂等，其机组设备状态监测系统更加全面，且有一定的分析诊断能力。

（3）在实用产品方面，以网络技术和系统集成技术构建的综合在线监测系统可以将不同的监测装置接入同一个系统中，对数据进行整合，统一操作，并可实现系统远程监控和分析。如清江水布垭电厂应用的PSTA2003状态监测与跟踪分析系统，是与机组的设计、安装同步进行的，其实现对机组主机稳定性、定转子气隙和磁场强度、发电机绝缘、定子线棒振动、水轮机空化气蚀、主变绝缘油色谱、主变局部放电、电气参数（通过与厂监控系统通信获取）等项目的监测与分析。

（二）故障诊断技术现状

目前国内外各大厂商的水电机组状态监测的产品中都会包含故障诊断功能，也可称为专家系统，如中国水科院机电所HM9000系统、北京奥技异PSTA2003系统等。这些诊断系统一般具有一定的分析功能，主要是对状态监测系统采集到的机组状态数据（一般指历史数据）进行分析处理，从而得到一些反映机组运行状态的特征参数，根据这些参数的变化特点来判断机组的运行状态。这些系统提供了一系列分析方法，比如时域波形曲线分析、功率谱图分析、相位图分析、瀑布图分析、多工况相关趋势对比分析、数值表分析、数据明细表分析等，设备管理人员可以定期通过上述分析功能软件对机组的运行状况进行全面分析，与历史数据进行对比，最后形成机组运行的状态分析报告，便于对机组的运行状况进行长期趋势跟踪。另外，当机组出现异常情况时，可以迅速调用历史数据进行状态对比分析，对迅速查找机组异常的原因发挥一定的作用。但由于水电机组故障的特殊性和复杂性，以目前的技术水平对其进行全面的故障诊断具有相当大的难度，当前的故障诊断系统不具备这种能力。

（三）在线状态监测与故障诊断技术存在的不足

总体而言，国内水电机组状态监测与故障诊断技术的研究及应用状况存在以下不足：

（1）一些早期建成的水电厂在投入状态监测系统时，没有充分利用电厂已有的计算机监控系统采集数据，出现了状态监测系统重复设置被监测对象的问题，增加了运行成本。

（2）随着状态监测技术研究的深入，一些新开发的状态监测系统能对机组进行多项监测，并且在此基础上增加了运行分析功能。这类系统实际上只是单项监测系统的集合，没有充分综合机组运行中采集的所有数据，没有对机组设备进行较全面的分析，事实上没有实现真正的集成。同时，国内没有一个监测系统可以实现对机组所有设备和状态的全面监测。

（3）水轮发电机组故障诊断技术以专家系统技术和神经网络技术为研究的热点。目前投入运行的故障诊断系统多以专家系统技术为主。这种诊断系统的缺点在于，往往只有当某个测点信号报警或超限时才能诊断，不能提前预测或在运行中长期跟踪机组运行状态，不能做到及时发现故障隐患，正确预知机组运行的发展趋势。真正的诊断系统必须是针对具体水电站机组的运行性能，依靠现场工程师（在机组长期的运行过程中积累现场经验）和从事状态监测系统研发的专家联合开发出的有针对性的适用于具体水电站机组的多种故障推理模式。

（四）在线状态监测与故障诊断技术的发展趋势

近年来，随着我国水电机组状态在线监测与故障诊断技术的发展，在机组状态监测、分析与故障诊断方面取得了一定的成果。但是工程实践证明，研究性应用与工程需求尚有一定的差异，同时，我国的状态监测行业内生产厂家与产品众多，产品之间存在着功能和质量的差异，电力企业投入一定资金建立的在线状态监测系统装置的性价比无从考核。因此，国家应当尽快出台一个针对水电机组在线状态监测相关的导则或国家标准，从技术角度规范行业发展，使得将来研发的产品或系统可以相互兼容。同时，随着现代通信技术和计算机技术的迅速发展，在初步实现机组在线集成监测与诊断的基础上，下一步的工作重点是丰富诊断专家知识库信息，完善故障诊断系统，深入研究检修策略，开发维护决策支持系统，并逐步实现机组维护自动化。

随着水电机组计算机故障诊断技术和远程控制技术的不断发展，分布式水电机组在线监测与故障诊断方式将成为未来进一步的研究方向。通过建立地域性网络诊断中心，利用互联网通信平台，可实现异地设备监视、异地协同诊断，以弥补单个诊断系统在领域知识上的不足，提高设备故障诊断的可靠性和智能水平。这种集多个电站主设备状态监测、故障诊断和检修管理于一体的设备远程管理方式，必将成为未来水电设备运行维护的主要模式。

第七节　变电设备的在线监测与故障诊断

一、变电设备在线监测与故障诊断技术的作用

电网供应出现故障会造成较大区域的停电现象，给生活和工作带来诸多困扰。导致电网出现供应问题的原因有许多，如地质灾害、天气变化等自然因素，但最多的还是电力设备自身问题。电力设备诊断与电力设备状态在线监测技术成为了保证电网正常供应的第一道防线，其功能是检测电力设备剩余的使用寿命以及电网当前的供应状态，在发现电力设备出现问题时，及时指出故障问题所在，为设备维修给予理论依据，并可大大地降低电力设备的维修费用。

电力设备诊断技术主要是根据电网当前的运行情况，采用科学的理论对发生故障的电力设备进行分析，分别从设备故障的原因、损坏程度、故障位置以及电力设备的剩余使用寿命这几个方面进行判断，制订相应的管理制度并对电力设备进行维护。电力设备诊断技术分为在线诊断、间接诊断、实时诊断、直接诊断以及定时诊断等，将这几种诊断技术有机结合起来，就能对电力设备进行全方位的诊断。

电力设备状态在线监测是在设备在线状态下进行监测，根据所得的数据来分析电力设备故障的位置、原因以及损坏程度等，制订一个有效的维修方案并判别设备还剩多久的使用寿命。

二、基本原理

（一）信息的检测和传输

在线监测和故障诊断技术依据具体的任务、对象和目的，选择与之相应的检测和传输技术，实现数据的及时、准确传输；还可以将运行状态的相关数据进行收集，并将其转换成数字或模拟信号。对于具备远程诊断和检测功能的在线监测体系，需要借助专门的信号光纤和电缆将收集的数据传输到相应的数据处理单元。

（二）数据的处理过程

从上个环节传输来的数据需要通过前台机进行相关的预处理，随后经过后台机对数据进行相应的分析和综合处理。这个环节主要涉及维数压缩和抑制电磁干扰等技术，为后期的诊断和维修提供准确的数据。

（三）对相关状态进行识别

将处理之后的准确数据和国家的规范、先前的历史数据、专家的经验分析等进行比较，并对可能发生的故障进行分类，确定发生故障的部位，并按照标准对故障的严重程度进行准确的判别。

（四）预报最终的决策

对于检测和诊断出来的故障，依据提前设定的阈值，由相关的决策支持体系给予报警。另外，还可以通过相应的预测分析软件对设备的绝缘性能和故障后期的发展趋势等进行有效的推测和评估，为故障的维修提供依据。

三、适用设备

（一）变压器

可以完成在线检测功能的变压器主要是充油绝缘的电力变压器、环氧树脂和气体绝缘的变压器等。国内外一般采用的检测特征量有：局部放电、油中溶解气体分析、高压套管的介损、绕组变形、油中微水含量和铁芯接地电流等。

（二）断路器

国际上普遍采用的断路器包括 SF_6 断路器、油断路器和真空断路器等，其一般可以进行检测的特征量包括操作机构的行经路线、机械振动的频率和速度，以及动态回路过程中的电阻以及合、分闸线圈电流等。

（三）电容器设备

国内外普遍采用的电容器设备有电流互感器、电缆等。可以进行检测的特征量包括：电容器介损和三相失衡电流、油中溶解气体以及局部放电等。另外，该技术还可以检测电网的谐波线路、内外过电压以及绝缘部位的泄漏电流等。

（四）存在的问题

1. 在线监测和故障诊断技术的标准缺乏系统化

如今，我国的变电设备在线监测和故障诊断技术还处于刚刚起步阶段，相关的标准还没有系统化，一些软件、设备和技术与国外相比还比较落后。与此同时，相关技术之间还缺乏有效的沟通，要想在短期内完成在线监测和诊断技术的标准化几乎是不可能的。

变电设备诊断系统的在线监测数据与实验数据之间存在较大的误差，实验数据只能作为理论上的参考数据，几乎不能作为在线监测数据的标准。如今的技术条件有限，只能采用同一设备不同时期数据的纵比、同型设备之间数据的横比以及对在线和离线监测诊断的数据进行综合分析等方法。

2. 技术缺乏一定的稳定性

电磁干扰问题直接影响电力设备故障诊断和电力设备状态在线监测技术的发展。电力设备状态在线监测是采用硬件与软件相结合的方法，软件占主导作用，而强电磁场对软件的干扰作用较大。电力设备监测元器件在发生故障后和恶劣环境下容易老化、损坏。例如，温度变化范围过大或者连续高温都会影响电力设备元器件的使用寿命；后台控机出现质量问题时，受到负荷冲击作用，主板会损坏而造成死机。变电设备要经常在恶劣的环境条件下工作，将导致老化现象加快，严重影响其灵敏度，使获得的数据存在一定的误差。因此，要对变电设备定期进行维护，才能提高其使用寿命和稳定性。

3. 对变电设备的使用寿命很难进行准确的预测

对变电设备进行研究的主要目的是确保变电设备的正常运行，对其使用寿命进行预测是研究的主要课题。经过大量的实验研究发现，引起变电设备出现故障的主要原因包括：人为安装和管理不当引起的故障、长时间的高负荷工作、恶劣的工作环境等。其中，人为安装和管理不当引起的故障最普遍。根据现场试验和长期经验积累，变电设备的稳定期一般是从使用开始的 5 ～ 10 年，这一期间只需要工作人员对变电设备进行定期巡检，对可能出现故障的地方进行及时处理。变电设备的劣化期一般为 10 ～ 20 年，是变电设备容易发生故障的时期，因此，工作人员要增加巡检的次数，并根据平常的巡检数据，大致判断其未来的使用寿命。20 年之后，变电设备开始进入了危险期，要加大人力、物力和财力，对变电设备进行仔细巡检，发现故障及时解决，并对那些故障发生频率较高的设备予以更换，以确保设备的正常运行。

第七章 电气照明安装

第一节 电气照明的技术要求与基本线路

一、电气照明的技术要求

（一）电压要求

在正常情况下，照明灯具处电压偏差允许值见表7-1。

表7-1 照明供电电压偏差允许值

照明场所及照明类型	电压偏差允许值
在一般工作场所	±5%
在视觉要求较高的室内场所	+5% ～ -2.5%
对于远离变电所的小面积一般工作场所	+5% ～ -10%
应急照明、道路照明和警卫照明	+5% ～ -10%

（二）其他要求

（1）照明负荷应根据其中断供电可能造成的影响及损失，合理的确定负荷等级，并要正确地选择供电方案。

（2）照明负荷的计算功率因数可采用下列数值：

①白炽灯为1。

②荧光灯带有无功功率因数补偿装置时为0.95，不带无功功率补偿装置时为0.5。

③高光强气体放电灯带有无功功率补偿装置时为0.9；不带无功功率补偿装置时为0.5。

（3）三相照明线路各相负荷的分配，宜保持平衡，在每个配电盘中的最大与最小相的负荷电流差值不宜超过30%。

（4）备用照明应由两路电源或两回路供电：

①如采用两路高压电源供电，备用照明的供电干线应接自不同的变压器。

②如设有自备发电机组，备用照明的一路电源应接自发电机，作为专用回路供电；另一路可接自正常照明电源（若为两台以上变压器供电时，应接自不同的母干线上）。在重要场所还应设置带有蓄电池的应急照明灯或用蓄电池组供电的备用照明设备，作为发电机组投运前的过渡时期使用。

③如采用两路低压供电，备用照明的供电应从两段低压配电干线分别接引。

④如供电条件不具备两个电源或两回路时，备用电源宜采用蓄电池组或带有蓄电池的应急照明灯。

⑤备用照明作为正常照明的一部分同时使用时，其配电线路及控制开关应分开装设。备用照明仅在事故情况下使用时，即当正常照明因故断电，备用照明应自动投入运行。

⑥疏散照明采用带有蓄电池的应急照明灯时，正常供电电源可接自本层（或本区）的配电盘的专用回路上，或接引自本层（或本区）的防火专用配电盘。

⑦在照明分支回路中，应避免采用三相低压断路器，对三个单相分支回路进行控制和保护。

⑧每一单相分支回路的电流不宜超过 16A，灯具数量不宜超过 25 个。大型建筑组合灯具每一单相回路不宜超过 25A，光源数量不宜超过 60 个。建筑物轮廓灯每个单相回路不宜超过 100 个。

如灯具和插座混为一回路，其中插座数量不宜超过 5 个（组）。若插座为单独回路，数量不宜超过 10 个（组）。

⑨插座宜由单独的回路配电，而一个房间内的插座宜由同一个回路配电。在潮湿房间（住宅中的厨房除外），不允许装设一般插座，但设置有安全隔离的变压器的插座可例外。备用照明、疏散照明的回路不应设置插座。

二、电气照明基本线路

电气照明基本线路，一般由电源、导线、开关及负载（电灯）4 部分组成。照明基本线路大致如表 7-2 所示。照明基本线路看起来比较简单，但在实际施工配线时却不能疏忽大意。应根据开关、灯具的实际安装位置布置导线，特别是用双控开关在两个地方控制一盏灯或用两只双控开关和一只三控开关在三个地方控制一盏灯时，更应注意。

表7-2　照明基本线路

线路名称	基本线路（图例）	备注
一只开关控制一盏灯		开关应装在相线，使开关断开后，灯头上没有电，以利安全，如改为节能开关就可进行时间控制
一只开关控制多盏灯（两盏以上）		同上
两只开关在两个地方控制一盏灯		用于楼梯灯，楼上、楼下都可控制。也用于走廊中的电灯，在走廊两端控制
三只开关在三个地方控制一盏灯		同上
荧光灯线路		注意灯管与其他附件必须配套使用
两只荧光灯并联线路		同上
高压钠灯线路		有外镇流和自镇流两种，自镇流已不再使用

线路名称	基本线路（图例）	备注
36V及以下局部照明线路		变压器一次侧应装熔断器。既保护变压器，又对二次侧短路起保护作用，且变压器外壳要接地

由表7-2电气照明基本线路可以看出，开关均是控制相线的。另外在灯头接线时也要注意，螺口灯头接线时，相线应接在中心触点的端子上，中性线应接在螺纹端子上。引向每个灯具的导线线芯最小截面积应根据灯具的安装场所及用途决定，见表7-3。

表7-3 导线线芯最小截面积

灯具的安装场所及用途		线芯最小截面积/mm²		
		铜芯软线	铜线	铝线
灯头线	民用建筑室内	0.4	0.5	2.5
	工业建筑室内	0.5	0.8	2.5
	室外	1.0	1.0	2.5
移动用电设备的导线	生活用	0.4	–	–
	生产用	1.0	–	–

第二节 照明灯具安装

一、一般规定

（一）设备及器材到施工现场后的检查

（1）技术文件应齐全。

（2）型号、规格及外观质量应符合设计要求。

（二）施工前建筑工程应符合下列要求

（1）对灯具安装有妨碍的模板、脚手架应拆除。

（2）顶棚、墙面等抹灰工作应完成，地面清理工作应结束。

（三）其他规定

（1）在砖石结构中安装电气照明装置，应采用预埋吊钩、螺栓、螺钉、膨胀螺栓、尼龙塞或塑料塞，严禁使用木楔。若无设计规定，上述固定件的承载能力应与电气照明装置的重量相匹配。

（2）安装在绝缘台上的电气照明装置，其导线的端头绝缘部分应伸出绝缘台的表面。

（3）电气照明装置的接线应牢固，电气接触应良好；需要接地或接零的灯具、开关、插座等非带电金属部分，应有明显标志的专用接地螺钉。

（4）在危险性较大及特殊危险场所，若灯具距地面高度小于2.4m，应使用额定电压为36V以下的照明灯具，或采用保护措施。

（5）电气照明装置施工结束后，对施工中造成的建筑物、构筑物局部破坏部分，应修补完整。

二、灯具安装要求

（一）一般要求

1. 灯具的安装

（1）用钢管作灯具的吊杆时，钢管内径不应小于10mm，钢管壁厚不应小于1.5mm。

（2）吊链灯具的灯线不应受拉力，灯线应与吊链编叉在一起。

（3）软线吊灯的软线两端应作保护扣，两端芯线应搪锡。

（4）同一室内或场所成排安装的灯具，其中心线偏差不应大于5mm。

（5）荧光灯和高压汞灯及其附件应配套使用，安装位置应便于检修。

（6）灯具固定应牢固可靠，每个灯具固定用的螺钉或螺栓不应少于2个；若绝缘台直径为75mm以下，可采用1个螺钉或螺栓固定。

（7）室内照明灯距地面高度不得低于2.5m，受条件限制时可减为2.2m，低于此高度时，应进行接地或接零加以保护，或用安全电压供电。当在桌面上方或其他人不能够碰到的地方时，允许高度可减为1.5m。

（8）安装室外照明灯时，一般高度不低于3m，墙上灯具允许高度可减为2.5m，不足以上高度时，应加保护措施，同时尽量防止风吹而引起的摇动。

2. 螺口灯头的接线

（1）相线应接在中心触点的端子上，中性线应接在螺纹端子上。

（2）灯头的绝缘外壳不应有破损和漏电。

（3）对带开关的灯头，开关手柄不应有裸露的金属部分。

3．36V 以下照明变压器的安装

（1）电源侧应有短路保护装置，其熔体的额定电流不应大于变压器的额定电流。

（2）外壳、铁心和低压侧的任意一端或中性点，都应接地或接零。

（3）变压器应采用一、二次线圈分开的变压器，不允许用自耦变压器。

4．其他要求

（1）灯具及配件应齐全，且无机械损伤、变形、油漆剥落和灯罩破裂等缺陷。

（2）根据灯具的安装场所及用途，引向每个灯具的导线线芯最小截面积应符合表 7-3 的规定。

（3）灯具不得直接安装在可燃构件上，当灯具表面高温部位靠近可燃物时，应采取隔热、散热措施。

（4）在变电所内，高压、低压配电设备及母线的正上方，不应安装灯具。

（5）对装有白炽灯泡的吸顶灯具，灯泡不应紧贴灯罩，当灯泡与绝缘台之间的距离小于 5mm 时，灯泡与绝缘台之间应采取隔热措施。

（6）公共场所用的应急照明灯和疏散指示灯，应有明显的标志。无专人管理的公共场所照明宜装设自动节能开关。

（7）每套路灯应在相线上装设熔断器，由架空线引入路灯的导线，在灯具入口处应做防水弯。

（8）固定在移动结构上的灯具，其导线宜敷设在移动构架的内侧，当移动构架活动时，导线不应受拉力和磨损。

（9）当吊灯灯具质量超过 3kg 时，应采取预埋吊钩或螺栓固定；当软线吊灯灯具质量超过 1kg 时，应增设吊链。

（10）投光灯的底座及支架应固定牢靠，枢轴应沿需要的光轴方向拧紧固定。

（11）安装在重要场所的大型灯具的玻璃罩，应按设计要求采取防止碎裂后向下溅落的措施。

（二）各种灯具的安装

1．金属卤化物灯的安装

（1）灯具安装高度宜大于 5m，导线应经接线柱与灯具连接，并不得靠近灯具表面。

（2）灯管必须与触发器和限流器配套使用。

（3）落地安装的反光照明灯具，应采取保护措施。

（4）无外玻璃壳的金属卤化物灯，悬挂高度应不低于 14m。

（5）安装时必须认清方向标记，正确安装，而灯轴中心的偏离不应大于 ±15°。

2．嵌入式灯具安装

（1）灯具应固定在专设的框架上，导线不应贴近灯具外壳，且在灯盒内留有余量，灯具的边框应紧贴在顶棚面上。

（2）矩形灯具的边框应与顶棚面的装饰直线平行，其偏差不应大于 5mm。

（3）荧光灯管组合的开启式灯具，灯管排列应整齐，其金属或塑料的间隔片不应有扭曲等缺陷。

3．白炽灯的安装

（1）相线和中性线应严格区分，将中性线直接接在灯座上，相线经过开关再接到灯头上。

（2）用双股棉织绝缘软线时，有花色的一根导线接相线，没有花色的导线接中性线。

（3）导线与接线螺钉连接时，先将导线的绝缘层剥去合适的长度后，再将导线拧紧以免松动，最后环成圆扣，而圆的方向应与螺钉拧紧的方向一致。

（4）当灯具需要接地（或零）时，应采用单独的接地用导线（如黄－绿双色线）接到电网的中性线上。

4．荧光灯的安装

（1）镇流器、起辉器和荧光灯的规格应相符配套，不同功率不能互相混用。当使用附加线圈的镇流器时，接线应正确，不能搞错。

（2）接线时应使相线通过开关，经镇流器到灯管。为了提高功率因数，在荧光灯的电源两端并联一只电容器。

（3）吊链荧光灯安装。根据不同需要截取不同长度的塑料软线，连接的各端线均应挂锡。把两个吊线盒分别与绝缘台固定牢，将吊链与吊环安装成一体，把软线与吊链编花，并将吊链上端与吊线盒盖用 U 形铁丝挂牢，将软线分别与吊线盒接线柱和起辉器接线柱连接好，准备到现场安装。安装时把电源相线接在起辉器的吊线盒接线柱上，把中性线接在另一个接线柱上，然后把绝缘台固定到接线盒上。安装卡牢荧光灯管，进行灯脚接线，用 $4mm^2$ 塑料线的绝缘管，把导线与灯脚连接。应注意吊链灯双链平行。

（4）吸顶荧光灯安装。根据已敷设好的灯位盒位置，确定荧光灯的安装位置，找好灯位盒安装孔的位置，在灯箱的底板上用电钻打好安装孔，并在灯箱上对着灯位盒的位置同时打好进线孔。安装时在进线孔处套上软塑料管保护导线，将电源线引入灯箱内，固定好灯箱，使其紧贴在建筑物表面上，并将灯箱调整顺直。灯箱固定后，将电源线压入灯箱的端子板上，无端子板的灯箱，应把导线连接好，将灯具的反光板固定在灯箱上，最后把荧光灯管装好。

5. 高压汞灯的安装

（1）安装接线时一定要分清楚，高压汞灯是外接镇流器，还是自镇流。外接镇流器的高压汞灯必须使镇流器与汞灯相匹配。

（2）高压汞灯应垂直安装，若水平安装时其亮度要减少7%，并容易自熄灭。

（3）由于高压汞灯的外玻璃壳温度很高，可达150～250℃，因此，必须使用散热良好的灯具。

（4）电源电压要尽量保持稳定，若电压降低5%，灯泡就可能自熄灭，而再次启动点燃时间又较长，因此高压汞灯不应接在电压波动较大的线路上。当作为路灯、厂房照明灯时，应采取调压或稳定措施。

6. 碘钨灯的安装

（1）灯管应水平状态，其倾斜角不应大于4°。

（2）电源电压的变化一般不应超过±2.5%，当电源电压超过额定值的5%时，寿命将缩短一半。

（3）灯管要配用专用灯罩，在室外使用时应注意防雨（雪）。

（4）由于碘钨灯工作时管壁温度很高，可达600℃左右，应注意散热，要与易燃物保持一定距离，安装使用前应用酒精擦去灯管外壁的油污，否则会在高温下形成污斑而影响亮度。

（5）灯脚引线必须采用耐高温的导线，或用裸导线连接，并在裸导线上加穿耐高温的小瓷管，不得随意改用普通导线。电源线与灯线的连接应用良好的瓷接头，靠近灯座的导线应套耐高温的瓷套管或玻璃纤维管。连接处必须接触良好，以免灯脚在高温下氧化并引起灯管封接处炸裂。

7. 壁灯的安装

（1）根据灯具底座的外形选择合适的绝缘台，把灯具底座摆放在上面，四周留出的余量要对称，确定好出线孔和安装孔的位置，再用电钻在绝缘台上钻孔。

（2）安装绝缘台时，应将灯具导线一线一孔由绝缘台出线孔引出，在灯位盒内与电源线相连接，将接头处理好后塞入灯位盒内，把绝缘台对正灯位盒将其固定牢固，并使绝缘台不歪斜，紧贴建筑物表面，再将灯具底座固定在绝缘台上。

（3）同一工程中成排安装的壁灯，安装高度应一致，高低差不应大于 5mm。

（4）壁灯装在砖墙上时，不能使用木楔代替木砖。

（5）如果壁灯装在柱上，将绝缘台固定在预埋柱内的木砖或螺栓上，也可打眼用膨胀螺钉固定灯具绝缘台。

8. 花灯的安装

（1）组合式吸顶花灯安装。根据预埋的螺栓和灯头盒的位置在灯具的托板上用电钻开好安装孔和出线孔，安装时将托板托起，把电源线和从灯具甩出的导线连接并包扎严密。应尽可能将导线塞入灯头盒内，再将托板对准预埋螺栓，使托板四周和顶棚贴紧，用螺母将其拧紧，调整好各个灯口，悬挂好灯具的各种饰物并装好灯管和灯泡。

（2）吊式花灯安装。把灯具托起，并将预埋的吊杆插入灯具内将吊挂销钉插入后再把尾部掰开成燕尾状，并将其压平。导线接好头，包扎严密、理顺后向上推起灯具上部的扣碗，把接头扣于其内，并把扣碗紧贴顶棚，拧紧固定螺钉。调整好各个灯口，装好灯泡，最后配上灯罩。

（3）固定花灯的吊钩，其圆钢直径不应小于灯具吊挂销、钩的直径，即不得小于 6mm。对大型花灯、吊装花灯的固定及悬吊装置，应按灯具质量的 1.25 倍做过载试验。

9. 应急灯的安装

（1）备用照明。当正常照明出现故障而工作和活动仍需继续进行时，应设置备用照明，备用照明宜安装在墙面或顶棚部位。

（2）疏散照明。疏散照明是在紧急情况下将人安全地从室内撤离所使用的照明。疏散照明按安装的位置分为：应急出口（安全出口）照明和疏散走道照明。

疏散照明宜设在安全出口的顶部、疏散走道及其转角处，距地 1m 以下的墙面上，当交叉口处的墙面下侧安装难以明确表示疏散方向时，也可将疏散标志灯安装在顶部。疏散走道上的标志灯，应有指示疏散方向的箭头标志，标志灯间距不宜大于 20m（人防工程不宜大于 10m）。楼梯间的疏散标志灯宜安装在休息平台板上方的墙角处或壁上，并应用箭头及阿拉伯数字清楚标明上、下层层号。

（3）安全照明。安全照明是在正常照明出现故障时，能使操作人员或其他人员解脱危险而设的照明。

安全出口标志灯宜安装在疏散门口的上方，在首层的疏散楼梯，应安装于楼梯口的里侧上方。安全出口标志灯距地高度宜不低于 2m。

疏散走道上的安全出口标志灯可明装，而厅室内宜采用暗装。安全出口标志灯应有图形和文字符号，在有无障碍设计要求时，宜同时设有音响指示信号。

可调光型安全出口标志灯宜用于影剧院内的观众厅。在正常情况下减光使用，火灾事故时应自动接通至全亮状态。

三、装饰灯具的安装

（一）霓虹灯的安装

（1）灯管应完好，无破裂。

（2）灯管应采用专用的绝缘支架固定，且必须牢固可靠，专用支架可采用玻璃管制成。固定后的灯管与建筑物、构筑物表面的最小距离不宜小于20mm。

（3）专用变压器的安装位置宜隐蔽且方便检修，但不宜装在吊平顶内，以免被非检修人员触及；明装时，其高度不宜小于3m，离阳台、架空线路等距离不应小于1m。

（4）专用变压器的二次绕组和灯管间的连接线，应采用额定电压不低于15kV的高压尼龙绝缘导线或用裸铜线外套玻璃管保护。

（5）专用变压器的二次绕组与建筑物、构筑物表面的距离不应小于20mm；一次绕组与敷设面之间的距离不应小于50mm。

（6）高压线路在穿越建筑物时，应穿双层玻璃管加强绝缘，玻璃管两端须露出建筑物两侧，长度各为50～80mm。

（7）对容量不超过4kW的霓虹灯，可采用单相供电，对超过4kW的大型霓虹灯，需要提供三相电源，霓虹灯变压器要均匀分配在各相上。

（二）景观照明灯安装

对耸立在主要街道或广场附近的重要高层建筑，一般采用景观照明，以便晚上突出建筑物的轮廓，是渲染气氛、美化城市、标志人类文明的一种宣传性照明。

（1）在离开建筑物处地面安装泛光灯时，为了能得到较均匀的亮度，灯与建筑物的距离D与建筑物高度H之比不应小于1/10即D/H＞1/10。

（2）在建筑物本体上安装泛光灯时，投光灯凸出建筑物的长度应在0.7～1m处，应使窗墙形成均匀的光幕效果。

（3）安装景观照明时，应使整个建筑物或构筑物受照面上半部的平均亮度为下半部的2～4倍。

（4）设置景观照明尽量不要在顶层设立向下的投光照明，由于投光灯要伸出墙一段距离，影响建筑物外表美观。

（5）对于顶层有旋转餐厅的高层建筑，若旋转餐厅外墙与主体建筑外墙不在一个面内，就很难从下部往上照到整个轮廓，因此，宜在顶层加辅助立面照明，增设节日彩灯。

（三）节日彩灯安装

在临街的大型建筑物上，沿其建筑物轮廓装设彩灯，以便晚上或节日期间使建筑物显得更为壮观，供人欣赏，增添节日气氛。

（1）固定安装的彩灯装置，其灯间距离一般为600mm，每个灯泡的功率不宜超过15W，节日彩灯每一单相回路不宜超过100个。

（2）装彩灯装置时，应使用钢管敷设，使用非金属管是非常危险的。连接彩灯灯具的每段管路应用管卡子及塑料膨胀螺栓固定，管路之间（即灯具两旁）应用直径不小于6mm的镀锌圆钢进行跨接连接。

（3）土建施工完成后，顺线路的敷设方向拉通线定位。根据灯具位置及间距要求，沿线打孔埋入塑料胀管。将组装好的灯底座及连接钢管一起放到安装位置，用膨胀螺栓把灯座固定。

（4）彩灯装置的钢管应与避雷带（网）进行连接，并应在建筑物上部将彩灯线路线芯与接地管路之间接以避雷器或留有放电间隙，借以控制放电部位。

（5）节日彩灯线路敷设应使用绝缘软铜线，干线路、分支线路的最小截面积不应小于2.5mm^2，灯头线的最小截面积不应小于1mm^2。

（6）各个支路工作电流不应超过10A。

（7）悬挂式彩灯一般采用防水吊线灯头连接，同线路一起悬挂于钢丝绳上。悬挂式彩灯导线应采用绝缘强度不低于500V的橡胶铜导线，截面积不应小于4mm^2。灯头线与干线的连接应牢固，绝缘包扎紧密。

（8）节日彩灯除统一控制外，每个支路应有单独控制开关及熔断器保护，导线不能直接承力，所有导线的支持物应安装牢固。

（9）节日彩灯的导线水平敷设在人能触及处时，应有提醒"电气危险"的警告牌；垂直敷设时，对地面距离不应小于3m。

（10）节日牌楼彩灯，与地面距离小于2.5m时，应采用安全电压。

（四）舞厅灯安装

舞厅属于公共娱乐场所，应该使之环境幽雅，气氛热烈，照明系统应是多层次的。在舞厅内，一般作为座席的低调照明和舞池的背景照明，宜设置筒形嵌入灯具作点式布置。舞厅的舞区内顶棚上设置各种宇宙灯、旋转效果灯、频闪灯等现代舞用灯光，中间部位上，一般还设有镜面反射球。有的舞池地板还安装由彩灯组成的图案，借助于程控或音控而变换图形。

舞厅或舞池灯的线路应采用铜芯导线穿钢管或使用难燃烧材料作为护套。

（1）旋转彩灯安装。旋转彩灯在安装前应熟悉说明书，开箱后应检查彩灯是否由于运输而有明显损坏及附件是否齐全。安装后只要将灯箱电源线插入底座插口内，接通电源后彩灯就能正常工作。

（2）地板灯光设置。舞池地板上安装彩灯时，先在舞池地板下安装许多小方格，方格采用优质木材制成，内壁四周镶以玻璃镜面，以增加反光，增大亮度。

地板小方格中每一种方格图案表示一种彩灯的颜色，每一个方格内装设一个或几个彩灯。

在地板小方格上面再铺以厚度大于20mm的高强度有机玻璃板作为舞池的地板。

（五）喷水照明装置安装

高级旅游宾馆、饭店、办公大厦的庭院或广场上，经常安装灯光喷水池或音乐灯光喷水池。照明及充满动态和力量感的喷泉和色彩，加之优美、动听的音乐配合，给人们的生活增添了生气。

（1）灯光喷水系统。灯光喷水系统由喷嘴、压力泵及水下照明灯组成。

常用的水下照明灯每只功率为300W，额定电压分12V和220V两种，220V电压用于喷水照明，12V电压用于水下照明。水下照明灯的滤色片分为红、黄、绿、蓝、透明五种。

喷水照明一般选用白炽灯，且宜采用可调光方式。当喷水高度高但不需要调光时，可采用高压汞灯或金属卤化物灯。喷水高度与光源功率的关系见表7-4。

表7-4　喷水高度与光源功率的关系

光源类型	白炽灯					高压汞灯	金属卤化物灯
光源功率/W	100	150	200	300	500	400	400
喷水高度/m	1.5～3	2～3	2～6	3～8	5～8	>7	>10

水下照明灯具是具有防水措施的投光灯，投光灯下是固定用的三角支架，可根据需要随意调整灯具投光角度、位置，使之处于最佳投光位置，达到最满意的照明效果。

（2）喷水照明灯。喷水照明灯安装需要设置水下接线盒，水下接线盒为铸铝合金结构，密封可靠。进线孔的接线盒的底部，可与预埋在喷水池中的电源配管相连接，接线盒的出线孔在接线盒的侧面，分为二通、三通、四通几种，各个灯的电源引入线由水下接线盒引出，用软电缆连接。

喷水照明灯一般安装在水面以下 30 ~ 100mm 为宜，且灯具不得露出水面，以免灯具玻璃冷热突变使玻璃灯泡碎裂。

调换灯泡时，应先提出灯具，待其干后方可松开螺钉，以免漏入水滴造成短路及漏电。待换好装实后，才能放入水中工作。

（3）喷水方式。为了喷水的形态有所变化，可与背景音乐结合而形成"声控喷水"方式或采用"时控喷水"方式。时控是由彩灯闪烁控制器按预先设定的程序自动循环，按时变换各种灯光色彩。声控是由小型专用计算机和一整套开关元件及音响设备组成，灯光的变化与音乐同步，使喷出的水柱随音乐的节奏而变化，灯光的色彩和亮灯数量也作相应的变化。

（六）水中照明灯安装

水中照明是一种从空气中观赏水中情况的照明，如水中展望塔；另一种是直接在水中工作时的照明和为了电视摄像或摄影的视觉作业而设置的照明。

水中照明用光源以金属卤化物灯、白炽灯为最好。在水下的颜色中，黄色、蓝色容易看出，水下的视觉也较大。

照明用灯具都要具有抗蚀性和耐水结构，必须具有一定的机械强度。

当游泳池内设置水下照明灯时，照明灯上口距水面宜为 0.3 ~ 0.5m，在浅水部分灯具间距宜为 2.5 ~ 3m；深水部分灯具间距宜为 3.5 ~ 4.5m。

在水中使用的灯具上常有微生物附着或浮游物堆积情况，为了易于清扫和检查，宜使用水下接线盒进行连接。

当游泳池内设置水下照明时，其照明灯的电源及灯具、接线盒应设有安全接地等保护措施。

（七）光檐照明安装

在房间内的上部沿建筑物檐边并在檐内装设光源，光线从檐口射向天棚并经天棚反射而照亮房间，这种照明即为光檐照明。

为了使顶棚的亮度均匀，光檐离反光顶面的高度△不能太小，应与反光顶棚的宽度成一定的比例，参见表7-5。

表7-5　檐的L/h适度比值

光檐形式	灯的类型		
	反光灯罩	扩散反光罩	镜面灯
单边光檐	1.7 ~ 2.5	2.5 ~ 4.0	4.0 ~ 6.0
双边光檐	4.0 ~ 6.0	6.0 ~ 9.0	9.0 ~ 15.0
四边光檐	6.0 ~ 9.0	9.0 ~ 12.0	15.0 ~ 20.0

灯泡在光檐内的位置，应保证站在室内最远端的人看不见檐内的灯泡。灯泡离墙的距离 a 过小会在墙上出现亮斑，影响美观，一般 a 值不小于 100 ~ 150mm。灯泡间的距离不宜过大，白炽灯应保持在（1.5 ~ 1.9）a 的范围内，荧光灯最好首尾相接。

（八）光带、光梁和发光顶棚

（1）光带和光梁。光带和光梁的光源主要是组合荧光灯，它与嵌入式荧光灯的主要区别在于其面积大，由多个定型灯具与建筑物构件组合而成。

布置光带或光梁时，其一般与建筑物外墙平行，外侧的光带、光梁紧靠窗子，并行的光带、光梁的间距应均匀一致。

（2）发光天棚。它利用有扩散特征的介质，如磨砂玻璃、半透明有机玻璃、棱镜、格栅等制作而成。光源装设在这些大片安装的介质之上，介质将光源的光通量重新分配而照亮房间。在发光天棚内，照明灯具的安装同吸顶灯及吊杆灯做法一样。灯具或灯泡至透光面的距离，对于吊顶灯不应小于 0.8 ~ 1.5m；对于光盒式则为 100mm。为了使天棚亮度均匀，安装在天棚上夹层中的光源之间的距离 L 与光源距透光平面的距离 h 之比要适当。比值不合适时，发光天棚看上去会存在令人注目的光斑。对于玻璃或有机玻璃天棚，L/h ≤ 1.5 ~ 2，若是采用筒式荧光灯，L/h 不大于 1.5。

第三节　插座、开关和风扇安装

一、插座的安装

（一）一般规定

1. 插座的安装高度

（1）插座距地面高度一般为 0.3m；托儿所、幼儿园及小学校的插座距地面高度不宜小于 1.8m。同一场所安装的插座高度应一致。

（2）车间及试验室的插座安装高度距地面不宜小于 0.3m；特殊场所安装的插座不宜小于 0.15m；同一室内安装的插座高度差不宜大于 5mm；并列安装的相同型号的插座高度差不宜大于 1mm；住宅使用的安全插座，安装高度可为 0.3m。

（3）落地插座应具有牢固可靠的保护盖板。

2．插座的接线

（1）单相两孔插座，面对插座的右孔或上孔与相线连接，左孔或下孔与中性线连接；单相三孔插座，面对插座的右孔与相线连接，左孔与中性线连接。

（2）单相三孔、三相四孔及三相五孔插座的接地线或接中性线都应接在上孔，插座的接线端子不应与中性线端子直接连接。

（3）当交流、直流或不同电压等级的插座安装在同一场所时，应有明显的区别，必须选择不同结构、不同规格和不能互换的插座；其配套的插头，应按交流、直流或不同电压等级区别使用。

（4）同一场所的三相插座，其接线的相位必须一致。

3．其他规定

（1）暗装的插座应采用专用盒，专用盒的四周不应有空隙，而盖板应端正，并紧贴墙面。

（2）在潮湿场所，应采用密封良好的防水、防溅插座，安装高度不应低于 1.5m。

（3）对携带式或移动式电器所用的插座，单相应采用三孔插座，三相应采用四孔插座，其接地孔应与接地线或中性线接牢。

（二）多用插座的安装

（1）对于不经常移动的用电设备，多联插座可固定安装在墙上，距地面高度一般不低于 1.3m。

（2）供移动设备使用或为临时提供电源用的多联插座，可装在插座板上，应配以电源开关、指示灯和熔断器。

（3）禁止吊挂使用多联插座。

（4）不应将多联插座长期置于地面、金属物品及桌上使用。

二、开关的安装

（一）一般规定

（1）安装在同一建筑物、构筑物内的开关，宜采用同一系列的产品，开关的通断位置应一致，操作灵活、接触可靠。

（2）开关安装的位置应便于操作，开关边缘距门框的距离宜为 150～200mm；开关距地面高度宜为 1.3m；拉线开关距地面高度宜为 2～3m，而拉线出口应垂直向下。

（3）并列安装的相同型号开关距地面高度应一致，高度差不应大于 1mm；并列安装的拉线开关的相邻间距不宜小于 20mm；同一室内安装的开关高度差不应大于 5mm。

（4）相线应经开关控制。

（5）暗装的开关应采用专用盒，专用盒的四周不应有空隙，盖板应端正，并紧贴墙面。

（二）安装要求

（1）扳把开关距地面的高度为 1.4m，距门口为 150～200mm，开关不得置于单扇门后。

（2）开关位置与灯位相对应，同一单元内开关方向应一致。

（3）多尘潮湿场所和户外应选用防水瓷制拉线开关或加装保护箱。

（4）在易燃、易爆和特别潮湿的场所，开关应分别采用防爆型、密闭型，或采取其他保护措施。

（5）明线敷设的开关应安装在不小于 15mm 厚的绝缘台上。

（三）常用开关的安装

1. 扳把开关安装

（1）暗扳把开关安装

①暗扳把开关是一种胶木（或塑料）面板的老式通用暗装开关，一般具有两个静触点，分别连接两个接线桩，开关接线时除把相线接在开关上外，还应把扳把接成向上开灯，向下关灯。然后把开关芯连同支持架固定到盒上，应将扳把上的白点朝下面安装，开关的扳把必须安正，不得卡在盖板上，用机械螺栓将盖板与支持架固定牢靠，盖板紧贴建筑物表面。

②双联及以上暗扳把开关接线时，电源相线应接好，并把接头分别接到与动触点相连通的接线桩上，把开关线接在开关的静触点接线桩上。若采用不断线连

接时，管内穿线时，盒内应留有足够长度的导线，开关接线后两开关之间的导线长度不应小于 150mm。

（2）明扳把开关安装。明配线路的场所，应安装明扳把开关，明扳把开关需要先把绝缘台固定在墙上，将导线甩至绝缘台以外，在绝缘台上安装开关和接线，也接成扳把向上开灯、向下关灯。

无论是明、暗扳把开关，都不允许横装，即不允许扳把手柄处于左右活动位置。

2. 拉线开关安装

（1）暗装拉线开关应使用相配套的开关盒，把电源的相线和白炽灯座或荧光灯镇流器与开关连接线的接头接到开关的两个接线柱上，再把开关连同面板固定在预埋好的盒体上，但应将面板上的拉线出口垂直朝下。

（2）明装拉线开关应先固定好绝缘台，再将开关固定在绝缘台上，也应将拉线开关拉线口垂直向下，不使拉线口发生摩擦。

双连及以上明装拉线开关并列安装时，应使用长方空心绝缘台，拉线开关相邻间距不应小于 20mm。

（3）安装在室外或室内潮湿场所的拉线开关，应使用瓷质防水拉线开关。

3. 跷板开关安装

（1）跷板开关均为暗装开关，开关与板面连成一体，开关板面尺寸一般为 86mm×86mm，面板为用磁白电玉粉压制而成。

（2）跷板开关安装接线时，应使开关切断相线，并根据跷板或面板上的标志确定面板的装置方向。面板上有指示灯的，指示灯应在上面；跷板上有红色标志的应朝下安装；面板上有产品标识或有英文字母的不能装反，更应注意带有 ON 字母的开的标志，不应颠倒反装而成为 NO；跷板上部顶端有压制条纹或红点的应朝上安装；当跷板或板面上无任何标志的，应装成跷板下部按下时，开关应处在合闸的位置，跷板上部按下时，应处在断开的位置，即从侧面看跷板上部突出时灯亮，下部突出时灯熄。

（3）同一场所中开关的切断位置应一致，且操作灵活。触点接触可靠。

（4）安装在潮湿场所室内的开关，应使用面板上带有薄膜的防潮型开关。

（5）在塑料管暗敷设工程中，不应使用带金属安装板的跷板开关。

（6）当采用双联及以上开关时，应使开关控制灯具的顺序与灯具的位置相互对应，以方便操作。电源相线不应串联，应做好并联接头。

（7）开关接线时，应将盒内导线理顺，依次接线后，将盒内导线盘成圆圈，放置于开关盒内。在安装固定面板时，找平找正后再与开关盒安装孔固定。用手将面板与墙面顶严，防止拧螺钉时损坏面板安装孔，并把安装孔上所有装饰帽一并装好。

三、风扇的安装

（一）吊扇

（1）吊扇挂钩应安装牢固，吊扇挂钩的直径不应小于吊扇悬挂销钉的直径，并不得小于8mm。

（2）吊扇悬挂销钉应装设防振橡胶垫，销钉的防松装置应齐全、可靠。

（3）吊扇扇叶距地面高度不宜小于2.5m。

（4）吊扇组装

①严禁改变扇叶角度。

②扇叶的固定螺钉应装设防松装置。

③吊杆之间、吊杆与电动机之间的螺纹连接，其啮合长度每端不小于20mm，并应装设防松装置。

（5）吊扇应接线正确，运转时扇叶不应有明显颤动。

（6）将吊扇托起，将吊扇的耳环挂牢在预埋的吊钩上，然后接好电源接头，包扎严密，向上推起吊杆上的扣碗，将接头扣于其内，紧贴建筑物表面，拧紧固定螺钉。

（二）壁扇

（1）壁扇底座可采用尼龙塞或膨胀螺栓固定，尼龙塞或膨胀螺栓的数量不应少于两个，其直径不应小于8mm，壁扇底座应固定牢靠。

（2）壁扇安装时，其下侧边缘距地面高度不宜小于1.8m，而底座平面的垂直偏差不宜大于2mm。

（3）壁扇防护罩应扣紧，固定牢靠，运转时扇叶和防护罩都不应有明显的颤动和异常响声。

第四节　照明配电箱安装

一、一般规定

（1）照明配电箱（板）内的交流、直流或不同等级的电源，应有明显的标志。

（2）照明配电箱（板）不应采用可燃材料制作，在干燥无尘的场所，采用木制配电箱（板）应经阻燃处理。

（3）导线引出面板时，面板线孔应光滑无毛刺，金属面板应装设绝缘保护套。

（4）照明配电箱（板）应安装牢固，其垂直偏差不应大于 3mm。暗装时，照明配电（板）四周应无空隙，其面板四周边缘应紧贴墙面，箱体与建筑物、构筑物接触部分应涂防腐漆。

（5）照明配电箱底边距地面高度宜为 1.5m；照明配电板底边距地面高度不宜小于 1.8m。

（6）照明配电箱（板）内，应分别设置中性线和保护接地（PE）线汇流排，中性线和保护线应在汇流排上连接，不得绞接，且应有编号。

（7）照明配电箱（板）内装设的螺旋熔断器，其电源线应装在中间触点的端子上，负荷线应接在螺纹端子上。

（8）照明配电箱（板）上应标明用电回路名称。

二、配电箱安装

（一）安装要求

（1）配电箱（板）应安装在安全、干燥、易操作的场所，配电箱安装时底口距地面一般为 1.5m，明装电度表板底口距地面不得小于 1.8m。在同一建筑物内，同类箱（板）的高度应一致，允许偏差为 10mm。

（2）安装配电箱（板）所需的木砖及铁件等均应预埋。挂式配电箱（板）应采用金属膨胀螺栓固定。

（3）铁制配电箱（板）都需先刷一遍防锈漆，再刷灰油漆两遍。预埋的各种铁件都应刷防锈漆。

（4）配电箱（板）上配线应排列整齐，并绑扎成束，在活动部位要用长钉固定。盘面引出及引进的导线应留有余量，以便于检修。

（5）导线剥削处不应损伤线芯或使线芯过长，导线压头应牢固可靠，多股导线不应盘圈压接，应加装压线端子（有压线孔者除外）。当必须穿孔用顶丝压接时，多股线应刷锡后再压接，不得减少导线股数。

（6）配电箱（板）带有器具的铁制盘面和装有器具的门都应有明显可靠的裸软铜 PE 线接地。

（7）配电箱（板）盘面上安装的刀开关及断路器等，当处于断路状态时，刀片可动部分都不应带电（特殊情况除外）。

（8）垂直装设的刀开关及熔断器等上端接电源，下端接负荷，水平装设时，左侧（面对盘面）接电源，右侧接负荷。

（9）TN-C 和 TN-C-S 保护接零系统中的中性线应在箱体进户线处做好重复接地。

（10）配电箱（板）的电源指示灯，其电源应接至总开关的外侧，应装单独熔断器（电源侧）。盘面闸具位置应与支路相对应，其下面应装设卡片框，标明路别及容量。

（11）零母线在配电箱（板）上应用中性线端子板分路，中性线端子板分支路排列位置，应与熔断器相对应。

（12）瓷插式熔断器底座中心明露螺钉孔应填充绝缘物，以防止对地放电。瓷插式熔断器不得裸露金属螺钉，应填满火漆。

（13）配电箱（板）上器具、仪表应安装牢固、平正、整洁、间距均匀、铜端子无松动，启闭灵活，零部件齐全。其排列间距应符合表7-6的要求。

表7-6　器具、仪表排列间距要求表

间距			最小尺寸（mm）
仪表侧面之间或侧面与盘边			＞60
仪表顶面或出线孔与盘边			＞50
闸具侧面之间或侧面与盘边			＞30
上、下出线孔之间			＞40以上（隔有卡片框） ＞20以上（未隔卡片框）
插入式熔断器顶面或底面与出线孔	插入式熔断器	10 ~ 15A	＞20
		20 ~ 30A	＞30
		60A	＞50
仪表、胶盖闸顶面或底面与出线孔	导线截面积	≤ 10mm^2	80
		16 ~ 25mm^2	100

（14）下列材料的木制盘面板应包铁皮，且做好明显可靠的接地：

①三相四线制供电，电流在 30A 以上。

②单相 220V 供电，电流在 100A 以上。

③两相 380V 供电，电流在 50A 以上。

（15）固定面板的螺钉，应采用镀锌圆帽螺钉，其间距不得大于 250mm，且应均匀对称分布于四角。

（16）配电箱（板）面板较大时，应有加强衬铁，当宽度超过500mm时，箱门应做双开门。

（17）配电箱应安装在靠近电源的进口处，使电源进户线尽量短些，并应在尽量接近负荷中心的位置上，一般配电箱的供电半径为30m左右。

（18）多层建筑各层配电箱应尽量设在同一垂直位置上，以便于干线立管敷设和供电。住宅楼总配电箱和单元及梯间配电箱，一般应安装在梯间过道的墙壁上，以便支线立管的敷设。

（19）配电箱与采暖管道距离不应小于300mm；与给排水管道不应小于200mm；与燃气管、表不应小于300mm。

（20）配电箱若安装在墙角处，其位置应保证箱门可向外开启180°，以便于操作和维修。

（21）采用钢板盘面或木制盘的出线孔应装绝缘嘴，按要求一般情况下一孔只穿一线，但下列情况除外：

①指示灯配线。

②控制两个分闸的总闸线号相同配线。

③一孔进多线的配线。

（22）立式盘背面距建筑物应不小于800mm，基础型钢安装前应调直后埋设固定，其水平误差每米应不大于1mm，全长总误差不大于5mm；盘面底口距地面不应小于500mm，铁架明装配电板距离建筑物应做到便于维修。

（23）立式盘应设在专用房内或加装栅栏，铁栅栏应做好接地。

（二）盘面的组装配线

（1）实物排列。将盘面板放平，再把全部器具、仪表置于其上，进行实物排列。对照设计图及器具、仪表的规格和数量，选择最佳位置使之符合间距要求。

（2）加工。位置确定后，用角尺找正，画出水平线，分均孔距。然后撤去器具、仪表，进行钻孔（孔径与绝缘嘴吻合）。钻孔后除锈，刷防锈漆及灰油漆。

（3）固定器具。油漆干后装上绝缘嘴，并将全部器具、仪表摆平及找正，用螺钉固定牢靠。

（4）配线。根据器具、仪表的规格、容量和位置，选好导线的截面积和长度，进行组配。盘后导线应排列整齐，绑扎成束。压接时，将导线留有适当余量，削去线芯，逐个压牢，但多股线应用压线端子。

（三）配电箱固定

（1）悬挂式配电箱安装。悬挂式配电箱可安装在墙上或柱子上。直接安装在墙上时，应先埋设定螺栓的格和间距应根据配电箱的型号和重量以及安装尺寸决定。螺栓长度应为埋设深度（一般为 120～150mm）加箱壁厚度以及螺帽和垫圈的厚度，再加上 3～5 扣螺纹的余量长度。

施工时，先量好配电箱安装孔尺寸，在墙上画好孔位，然后打洞，埋设螺栓（或用金属膨胀螺栓）。待填充的混凝土牢固后，即可安装配电箱。安装配电箱时，要用水平尺校正其水平度。同时要校正其安装的垂直度。

配电箱安装在支架上时，应先将支架加工好，然后将支架埋设固定在墙上，或用抱箍固定在柱子上，再用螺栓将配电箱安装在支架上，并调整其水平和垂直。

配电箱安装高度按施工图纸要求。配电箱上回路名称也按设计图纸给予标明。

（2）嵌入式暗装配电箱安装。嵌入式暗装配电箱安装，通常是按设计指定的位置，在土建砌墙时先把箱尺寸和厚度相等的木框架嵌在墙内，使墙上留出配电箱安装的孔洞，待土建结束，配线管预埋工作结束，敲去木框架将配电箱嵌入墙内，校正垂直和水平，垫好垫片将配电箱固定好，并做好线管与箱体的连接固定，然后在箱体四周填入水泥砂浆。

当墙壁的厚度不能满足嵌入式要求时，可采用半嵌入式安装，使配电箱的箱体一半在墙面外，一半嵌入墙内，其安装方法与嵌入式相同。

（3）配电箱的落地式安装。配电箱落地安装时，在安装前要预制 1 个高出地面一定高度的混凝土空心台。这样可使进出线方便，不易进水，保证运行安全。进入配电箱的钢管应排列整齐，管口高出基础面 50mm 以上。

第五节　电气照明工程交接验收

一、验收检查项目

（1）并列安装的相同型号的灯具、开关、插座及照明配电箱（板），其中心轴线、垂直偏差、距地面高度。

（2）暗装开关、插座的面板、盒（箱）周边的间隙，交流、直流及不同电压等级电源插座的安装。

（3）大型灯具的固定，吊扇、壁扇的防松、防振措施。

（4）照明配电箱（板）的安装和回路编号。

（5）回路绝缘电阻测试和灯具试亮及灯具控制性能。

（6）接地或接零。

二、技术资料和文件

（1）竣工图。

（2）变更设计的证明文件。

（3）安装技术记录。

（4）产品的说明、合格证等技术文件。

（5）试验记录，包括灯具程序控制记录和大型、重型灯具的固定及悬吊装置的过载试验记录。

第六节　照明灯具安装质量通病与防治

一、普通灯具安装质量通病与防治

（一）一般灯具安装

1. 现象

（1）绝缘台固定不牢。

（2）绝缘台将导线压扁，较重灯具采用软线自身吊装。

（3）灯具内导线有接头，接线时，相线直接接在灯头上。

2. 原因

（1）固定绝缘台时，未考虑绝缘台的大小和安装场所的结构。对绝缘台未进行加工处理。

（2）未考虑灯具的自重。

（3）接线时，相线和中性线没有明显的区别，而使接线错误。

3. 防治

（1）固定绝缘台时，其规格应按吊盒或灯具法兰大小选择。绝缘台固定处，若在砖墙或混凝土结构上，应事先埋设膨胀螺栓，或打洞埋设镀锌钢管，然后用木螺钉固定。在室内吊顶木龙骨上可用木螺钉直接拧牢。固定 100mm 以上的绝缘台，应用两只木螺钉。安装绝缘台时，应先将绝缘台的出线孔用电钻钻好，锯好进线槽，使电线从绝缘台出线孔穿出（导线穿过绝缘台时应加塑料管保护），这样可避免将导线压扁。

（2）当灯具重量较大（超过 1kg）时，需用吊链悬挂灯具，软线应编叉在吊链内，且不得受力；当灯具的自重超过了 3kg 时，应预埋吊钩或螺栓悬挂灯具。挂钩应能承受灯具的重量。

（3）灯具接线时，相线和中性线要严格区别，应将中性线接在灯头上，相线须经过开关再接到灯头上；对螺口灯座，相线应接在灯座中心的铜片上，中性线接螺口铜圈上。灯具的导线不得有接头。

（4）绝缘台若固定不牢靠，应重新固定牢靠。

（5）灯具接线错误应返工重新接线。

（二）几种照明器具安装

1．现象

（1）软线吊灯保险扣不起作用。

（2）吊线荧光灯双链出现梯形。

（3）吊链荧光灯导线不通过吊链编花。

（4）成套吊链荧光灯吊链处出现接头。

（5）成套吊链荧光灯一侧，用木砖固定灯具，绝缘台用一根木螺钉固定，造成灯具脱落。

（6）灯具与绝缘台配置不合理。

（7）吊顶房间灯位不在分格中心或不对称。

（8）吸顶灯绝缘台被烧焦。

（9）用射钉枪射钉，用钉子固定吸顶灯绝缘台。

（10）厨房防水灯软线与铝线连接时不做处理；成排安装时偏差过大，灯具绝缘台、插座开关被粉刷污染；灯具、插座、开关周围抹灰质量不良，造成绝缘台、盖板不严或不平。

2．防治

（1）塑料线线径细，应将线双股并列打保险扣。

（2）在预埋灯头盒处先测好灯具固定吊链的距离。

（3）使用花线时，由于线径较粗，编花不方便，应用塑料软线。

（4）将灯具导线接头放在灯具铁皮架内。

（5）可用两根木螺栓固定灯具绝缘台。

（6）灯具绝缘台应适当选择。

（7）要配合装修吊灯施工，并核实好图纸中具体尺寸和分格中心，定好灯位，不准吊钩。

（8）在灯泡与绝缘台之间垫石棉板或石棉布隔热。

（9）采用螺栓固定绝缘台，便于维修。

（10）将防水灯头软线先挂锡再与铝线连接；安装灯具前应先放好线，定灯位，应使其安装后偏差不大于 5mm；插座开关被粉刷污染多由于土建油工造成，应在粉刷完成后安装灯具；与土建人员多加联系，一次性抹好，不要安装后补漏，影响安装质量。

（三）吊式荧光灯安装

1．现象

（1）灯具喷漆碰坏，外观不整洁。

（2）灯具排列不整齐，高度不一致，吊线（链）上下挡距不一致，导线在吊链内未编花。

（3）须接地的金属外壳不做保护接地。

（4）镇流器接线错误。

2．原因

（1）灯具在储存、运输、安装过程中未妥善保管，同时过早拆去包装纸。

（2）暗配线、明配线定灯位时未弹十字线、中心线，也未加装灯位调节板。吊灯装好后未拉水平线测量定出中心位置，使安装的灯具不成行，高度不一致。

3．防治

（1）灯具在安装、运输中应加强保管。成批灯具应进入成品库，设专人保管，建立责任制度；对操作人员应做好保护成品质量的技术交底，不应过早地拆去包装纸。

（2）成行吊式荧光灯安装时，若有 3 盏灯以上，应在做配线时就弹好十字线，按中心线定灯位。当灯具超过 10 盏时，可增加尺寸调节板，此时应将吊盒改用法兰盘。尺寸调节板可以调节 30mm 幅度，若法兰盘增大时，调节范围可以加大。

（3）当灯位中心遇到楼板肋时，可用射钉枪射固螺钉，或统一改变荧光灯架环间距，使吊线上下一致，确保上下吊距开挡一致。

（4）吊装管式荧光灯时，铁管上部可用螺母、吊钩安装，使垂直于地面，以保持灯具平正。

（5）组装荧光灯时，应检查镇流器的接线端头是 4 个头的，还是 2 个头的，必须按镇流器附图的规定接线，不得接错；须接地的金属灯具，应认真做好保护接地或保护接零。

（6）灯具不成行，高度、挡距不一致超过允许限度时，应用调节板调整。

（7）距地 2.5m 以下的金属灯具，应用 2.5mm^2 的软铜线作为保护接地线。

（四）花灯及组合式灯具安装

1. 现象

（1）灯位不在分格中心或不对称。

（2）吊灯法兰盖不住孔洞，严重影响了厅堂美观。

（3）在木结构吊顶板下安装组合式吸顶灯，防火处理不认真，有烤焦木顶棚的现象，甚至着火。

（4）花灯金属外壳带电。

（5）花灯安装不牢固甚至脱落。

2. 原因

（1）在有高级装修吊顶板和护墙分格的工程中，安装线路确定灯位时，没有参照土建工程建筑装修图。土建、电气专业会审图纸不严密，容易出现灯位不正，挡距不对称。

（2）装饰吊顶板留灯位孔洞时，测量不准确。

（3）土建施工操作时灯位开孔过大。

（4）在木结构吊顶板下安装吸顶灯未留透气孔，开灯时间一长，灯泡产生的温度越积越高，而使木材碳化，达到 350℃ 即可起火燃烧。

（5）高级花饰灯具，灯头多，壳带电。在安装灯具时，未做保护，使用中容易将导线绝缘损坏而使花灯金属构件长期带电，也不熔断熔体或使断路器动作。

（6）未考虑吊钩长期悬挂花灯的重量，预设的吊钩太小，没有足够的安全系数，造成后期掉灯事故。

3. 防治

（1）在配合高级装修工程中的吊顶施工时，必须根据建筑吊顶装修图核实具体尺寸和分格中心，定出灯位。对大的宾馆、饭店、艺术厅、剧场、外事工程等的花灯安装，要加强图纸会审，密切配合施工。

（2）在吊顶夹板上开灯位孔洞时，应先选用木钻钻成小孔，小孔对准灯头盒，待吊顶夹板钉上后，再根据花灯法兰盘大小，扩大吊顶夹板眼孔，使法兰盘能盖住夹板孔洞，保证法兰、吊杆在分格中心位置。

（3）凡是在木结构上安装吸顶组合灯、面包灯、半圆球灯和荧光灯具时，应在灯脚与吊顶直接接触的部位，垫上 3mm 厚的石棉布（纸）隔热，防止火灾事故发生。

（4）在顶棚上安装灯群及吊式花灯时，应先拉好灯位中心线，按十字线定位。

（5）一切花饰灯具的金属构件，都应做良好的保护接地或保护接零。

（6）花灯吊钩应采用镀锌件，并需能承受花灯自重 6 倍的重力。尤其是重要的场所和大厅中的花灯吊钩，安装前应对其牢固程度做出技术鉴定，做到安全可靠。一般情况下，若采用型钢做吊钩时，圆钢最小规格不小于 φ12；扁钢不小于 50mm × 5mm。

（7）花灯由于吊钩腐蚀而掉下，必须凿出结构钢筋，用大于或等于 φ12 的镀锌圆钢重新做吊钩挂在结构主筋上。

（8）分格吊顶高级装饰的花灯位置开孔过大，灯位不居中，应换分格板，调整灯位，重新开孔装灯。

（9）金属灯具外壳未做保护接地线而引起外壳带电，必须重新连接良好的保护接地线。

二、专用灯具安装质量通病与防治

（一）应急灯安装

1. 现象

（1）导线采用一般铜芯多股电线。

（2）疏散标志灯安装位置不符合要求。

2. 防治

（1）疏散照明配线应采用耐火电线、电缆，其绝缘强度不低于 750V 的铜芯绝缘电线。

（2）安全出口标志灯距地高度不低于 2m，且安装疏散出口和楼梯口里侧的上方，疏散标志灯安装在安全出口的顶部、楼梯间、疏散走道及其转角处，应安装在 1m 以下的墙面上，不易安装的部位可安装在上部。疏散通道上的标志灯间距不大于 20m（人防工程不大于 10m）。

（二）行灯安装

1. 现象

（1）灯具外壳带电。

（2）行灯的手柄绝缘不良，且保护网不符合要求。

（3）潮湿场所也使用 36V 电压。

2．防治

（1）行灯变压器的外壳、铁心和低压侧的任一端或中性点可靠接地或接零。

（2）行灯手柄应绝缘良好，灯泡处应有金属保护网、反光罩及悬挂钩，挂钩固定在灯具的绝缘手柄上。

（3）在特别潮湿场所或导电良好的地面上及工作地点狭窄、行动不便场所行灯电压不大于 12V。

三、建筑物景观照明灯、航空障碍标志灯和庭院灯安装质量通病与防治

（一）建筑物彩灯

（1）现象：彩灯灯座短路。

（2）原因：未采用防水吊线灯头。

（3）防治：更换灯头，彩灯使用前认真检查并测试。

（二）灯管

（1）现象：灯管接入电源后有一段不亮。

（2）原因：

①不亮的一段灯管漏气。

②电源线路故障，电源开关损坏或熔体熔断。

（3）防治：更换灯管、开关或熔体。

（三）变压器

（1）现象：霓虹灯变压器过热。

（2）原因：

①变压器受潮。

②高压回路有导电物接触造成过载。

③变压器超载。

（3）防治：

①烘干变压器。

②清除异物。

③减少变压器负荷或换上大容量变压器。

第七节　建筑物照明通电试运行质量通病与防治

一、照明电路短路

（一）现象

（1）熔断器熔体爆断。

（2）短路点处有明显烧痕，绝缘老化，严重时会使导线绝缘层烧焦甚至引起火灾。

（二）原因

（1）安装不合格。多股导线未拧紧或未刷锡，压接不紧、有毛刺。

（2）相线、中性线压接松动、距离过近，当遇到某些外力时，使其相碰造成相线与中性线短路或相间短路。如果是螺口灯头，顶芯与螺纹部分松动，装灯泡时扭动，使顶芯与螺纹部分相碰。

（3）恶劣天气影响。如大风使绝缘支持物损坏，导致相互碰撞、摩擦，使导线绝缘损坏，引起短路；雨天，电气设备防水设施损坏，使雨水进入电气设备造成短路等。

（4）电气设备使用环境中有大量导电尘埃，防尘设施不当，使导电尘埃落入电气设备中引起短路。

（5）人为因素。如土建施工时将导线、配电盘等临时移动位置，处理不当；施工时误碰架空线或挖土时损伤地中电缆等。

（三）检查

（1）短路故障的查找一般是采用分支路、分段与重点部位相结合的方法，可利用试灯进行检查。

（2）将被测量线路上的所有支路上的开关均置于断开位置，把该线路的总开关拉开，将试灯串接在被测线路上（可将该线路上的熔断器的熔体取下，将试灯串接在压接熔体的位置），如图7-1所示，然后闭合总开关。如此时试灯能正常发光，说明该线路确有短路故障，且短路故障在线路干线上，而不在支线上；如试灯不亮，说明该线路干线上没有短路故障，而故障点可能在支路上，下一步应对各支路按同样的方法进行检查。在检查到直接接照明负载的支路时，可按顺序将每只灯的开关闭合，并在每合一个开关的同时，观察试灯能否正常发光，如试灯不能正常发光，说明故障不在此灯的线路上；如在合至某一只灯时，试灯正常发光，说明故障在此灯或此灯的接线中，如图 7-1 所示。

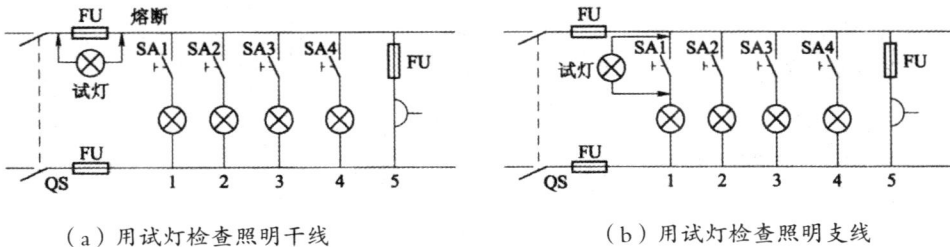

（a）用试灯检查照明干线　　　　　　（b）用试灯检查照明支线

图7-1　用试灯检查照明线路

（3）用试灯法检查短路故障时，应注意试灯与被检测灯是串联的，且灯泡功率应相近，最好是一样，这样当该灯无短路故障时，试灯与被检测灯发光都暗。若试灯与被检测灯功率相差很大时，就容易出现错误判断。

二、照明电路断路

（一）现象

（1）相线、中性线断路后，负荷将不能正常工作，如三相四线制供电线路负荷不平衡时，当中性线断线将会造成三相电压不平衡，负荷大的一相电压低，负荷小的一相电压高，若负荷是白炽灯，会出现一相灯光暗淡，而接在另一相上的灯又变得很亮，同时中性线断口负荷侧将会出现对地电压。

（2）单相线路出现断线时，负荷将不工作。

（二）原因

（1）负荷过大使熔体烧断。

（2）开关触点松动，接触不良。

（3）导线断线，接头处腐蚀严重（特别是铜、铝线未采用铜铝过渡接头而直接连接）。

（4）安装时导线接头处压接不实，接触电阻过大，造成局部发热并引起连接处氧化。

（5）大风恶劣天气，使导线断线。

（6）人为因素，如搬运时物品将电线碰断，由于施工作业不注意将电线碰断及人为碰坏等。

（三）检查

（1）可用万用表、试电笔、试灯等进行测试，采用分段查找与重点部位检查结合进行。

（2）对较长线路可采用对分法查找断路点。

三、照明电路漏电

（一）现象

（1）用电度数比平时增加。

（2）建筑物带电。

（3）导线发热。

（二）原因

（1）相线与中性线间绝缘受潮或损坏，产生相线与中性线间漏电。

（2）相线与地之间的绝缘受损，而形成相线与地之间的漏电。

（三）检查

（1）用兆欧表测量绝缘电阻的大小，或在被测线路的总开关上接一只电流表，断开负载后接通电源，如电流表的指针摆动，说明有漏电，偏转多，说明漏电大。确定漏电后，再进一步检查。

（2）切断中性线，如电流表指示不变或绝缘电阻不变，说明相线与大地之间漏电。如电流表指示回零或绝缘电阻恢复正常，说明相线与中性线之间漏电。如电流表指示变小但不为零，或绝缘电阻有所升高但仍不符合要求，说明相线与中性线、相线与大地间均有漏电。

（3）取下分路熔断器或拉开分路开关，如电流指示或绝缘电阻不变，说明总线路漏电。如电流表指针回零或绝缘电阻恢复正常，说明分路漏电。如电流表指示变小，但不为零，或绝缘电阻有所升高但仍不符合要求，说明总线路与分线路都有漏电，这样可以确定漏电的范围。

（4）按上述方法确定漏电的分路或线段后，再依次断开该线段线路灯具的开关，当断开某一开关时，电流表指示回零或绝缘电阻正常，说明这一分支线漏电。如电流表指示变小或绝缘电阻有所升高，说明除这一支线漏电外还有其他漏电处。如所有的灯具开关都断开后，电流表指示不变或绝缘电阻不变，说明该段干线漏电。

（5）用上述方法依次将故障缩小到一个较短的线段后，便可进一步检查该段线路的接头、接线盒、电线穿墙处等是否有绝缘损坏情况，并进行处理。

四、照明电路绝缘电阻降低

（一）原因

（1）电气线路由于使用年限过久，绝缘老化，绝缘子损坏。

（2）导线绝缘层受潮或磨损。

（二）测量

（1）线间绝缘电阻的测量。首先应切除用电设备，然后切除电源，用兆欧表测量线间绝缘电阻值，应符合有关要求，若不符合要求应进一步检查。

（2）线对地的绝缘电阻测量。切断电源，并将线路上的用电设备断开，把兆欧表上的一个接线柱接到被测的一条导线上，兆欧表的另一个接线柱接到自来水管、电气设备的金属外壳或建筑物的金属外壳等与大地有良好接触的金属物体上，然后进行测量。

五、照明电路燃烧

（一）现象

电路燃烧前，一般会发出橡胶或胶木的焦臭味，这时就应停电检修，不可继续使用。

（二）原因

（1）导线和电气装置由于受潮而绝缘不良，引起严重的漏电事故。

（2）导线和电气装置发生短路，而熔断器熔体规格太大，不能起保险作用。

（3）一条电路里用电太多，而熔体又失去了保险作用。

（三）防治

（1）一旦电路发生燃烧，首先应采取断电措施，决不可见了火就用水浇或用灭火器去灭火。断电的方法可根据电路燃烧的情况而定：若是个别用电器燃烧，可关掉开关或拔下插头，停止使用这个用电器，然后进行检查；若是整个电路发生燃烧，应立即拉下总开关，断开电源（如果总开关离得很远，可在离开燃烧处较远的地方用有绝缘柄的钢丝钳或木柄干燥的斧头把两根导线一先一后地切断。操作时，须用干燥的木板或木凳垫在脚下，使人体与大地绝缘）。

（2）当电源切断后，火势仍不熄灭，才可用水或灭火器灭火，但未切断电源的电路仍应避免受潮。

六、螺口灯座相线、中性线错误

（一）现象

由于灯口的螺口金属有一部分露在绝缘体罩外，若手接触到螺口金属外露部分就会触电。

（二）原因

（1）电气安装时接线错误。

（2）灯口制造不合格，使灯泡的一部分金属外露。

（3）未安装剩余电流动作保护器，没有安全防范措施也会造成事故发生。

（三）防治

（1）安装接线时一定要注意按规定将相线和中性线接正确。对已安装错误的，应按正确接线纠正过来。

（2）更换合格的灯口（灯座）。

（3）安装分级漏电保护开关或触电保安器。

七、灯口短路

（一）现象

照明灯安装后进行合闸试验，灯泡不亮而熔体被烧坏。

（二）原因

接灯口内引线时，螺钉连轴转动，中心铜片被扭在一边，加之安装灯泡时拧得过紧，使中心铜片与钢套接触，造成短路。

（三）防治

（1）安装灯口时，应把所有的螺钉都固定好，绝不能有转动现象。

（2）照明灯安装后，必须进行检查，保证每道工序的质量，以防由于安装质量而造成事故发生。

第八节　开关、插座、风扇安装质量通病与防治

一、开关、插座安装

（一）现象

（1）金属盒生锈腐蚀，插座盒内不干净有灰渣，盒口抹灰不整齐。

（2）安装绝缘台或上盖板后，四周墙面仍有损坏残缺，尤其影响外观。

（3）暗开关、插座芯安装不牢固，安装好的暗开关板、插座盖板被喷浆弄脏。

（二）原因

（1）各种铁制暗盒，出厂时没有做好防锈处理。

（2）抹灰时，只注意大面积的平直，忽视盒口的修整，抹罩面白灰膏时仍未加以修整，待喷浆时再修补，由于墙面已干结，造成粘结不牢并脱落。

（3）没有喷浆先安装电器灯具，工序颠倒，使开关板、插座板、电器灯具被喷浆弄脏。

（三）防治

（1）在安装开关、插座时，应先扫清盒内灰渣等。

（2）铁开关、灯头和接线盒，应全部进行镀锌。

（3）安装铁盒出现锈迹，应再补刷一次防锈漆。

（4）各种箱、盒的口边最好用水泥砂浆抹口。若箱进墙面较深时，可在箱口和贴脸（门头线）之间嵌以木条，或抹水泥砂浆补齐，使贴脸与墙面平整。对于较深于墙面内的暗装开关、插座盒应采取其他补救措施，常用的办法是垫弓子（即以 1.2 ～ 1.6mm 的铅丝缠绕一长弹簧），然后根据盒体不同深度、不同需要，随用随剪。

（5）土建装修进行到墙面、顶棚喷完浆之后，才能安装电气设备，工序绝对不能颠倒。有时由于工期紧，又不受喷浆时间限制，可以在暗开关、插座装好后，先临时盖上铁皮盖，规格应比正式胶木盖板小 1 圈，直到土建装修全部完成后，拆下临时铁皮盖，安装正式盖板。

二、开关电路不通，灯不亮

（一）原因

（1）压接螺钉松脱，导线脱开。

（2）机械卡住，拔（拉）不动。

（3）开关内有杂物。

（二）防治

（1）打开盖，拧紧螺钉。

（2）检修并加润滑油。

（3）清除杂物。

三、开关接触不良，灯时亮时熄

（一）原因

（1）压接螺钉松动，导线接触不良。

（2）铝导线与铜接线桩头形成氧化层。

（3）开关触点上有污物。

（4）拉线开关触点磨损、打滑。

（二）防治

（1）开盖，拧紧螺钉。

（2）更换成铜导线或将铝导线进行搪锡处理。

（3）清除污物。

（4）拆开检修。

四、开关漏电

（一）原因

（1）受潮或水淋。

（2）开关破损、线头外露。

（二）防治

（1）安装在干燥、避雨处。

（2）更换开关。

五、插座、插头电路不通

（一）原因

（1）插座插口过松，插头未接触到。

（2）插座导线连接处螺钉掉落。

（3）电源引线断路（特别在端头处）。

（4）插头压紧螺钉松脱或焊点脱开，导线受力使线头脱落。

（二）防治

（1）停电，打开盖，用夹嘴钳将铜片钳拢。若产品质量差，应予以更换。

（2）拧紧螺钉。

（3）剪去此段导线，重新连接。

（4）接好线头，压紧螺钉或重新焊接，压紧连接片。

六、插座、插头接触不良，接点发热

（一）原因

（1）插座导线连接处螺钉松动或导线腐蚀（特别是铝导线更易发生）。

（2）插座质量差，插座铜片太薄，弹性差。

（3）插座插口过松。

（4）插头压接螺钉松动或焊点虚焊。

（5）插头根部电源引线内部折断（但有时能接触）。

（二）防治

（1）清洁并拧紧螺钉。

（2）更换插座。

（3）停电，打开盖，用尖嘴钳将铜片钳拢。若产品质量差，应予以更换。

（4）拧紧螺钉或重新焊接。

（5）剪去此段导线，重新连接。

七、插座、插头短路

（一）原因

（1）导线头在插座或插头内裸露过长或有毛刺。

（2）导线头脱离，插座或插头的压接螺钉松脱。

（3）插座的两插口相距过近，碰连。

（4）插头内接线螺钉松动，线头碰连。

（二）防治

（1）重新处理好连接头。

（2）重新连接好接头。

（3）停电，打开盖修理。

（4）拆开修理。

八、插座、插头漏电

（一）原因

（1）受潮或水淋。

（2）插头端部有导线裸露。

（3）破损。

（4）保护接地（接零）接线错误。

（二）防治

（1）安装在干燥、避雨处，经常清洁。

（2）重新连接导线。

（3）更换插座、插头。

（4）按正确方法改正接线。

九、电风扇不能启动

（一）原因

（1）电源没有接通或熔断器熔体熔断。

（2）定子绕组断路或引线处脱焊。

（3）短路绕组（罩极绕组）脱焊。

（4）如果是电容启动运转的电动机，可能是启动电容器损坏。

（5）轴承太紧或装配不良。

（6）如果有定时装置，可能是定时器的触点接触不良或接线端松脱。

（7）调速开关损坏。

（8）带有摇头机构的电风扇，由于齿轮箱内机械零件卡死也会造成不能运转。

（9）扇头后盖螺钉过紧使转轴过紧。

（二）防治

（1）检查电源线路或更换熔体。

（2）找出断路处，若是引线处折断，可重新焊好；若槽内断线，可拆换绕组。

（3）重新接好焊牢短路绕组。

（4）更换相同规格的电容器。

（5）适当扩绞轴承孔或重新按规定正确装配，保证同心度。

（6）检修或更换定时器。

（7）检修或更换调速开关。

（8）可稍微将扇头后盖螺钉拧松。

十、电风扇外壳带电

（一）原因

（1）接线头绝缘套管松脱，接地线与其相碰使外壳带电。

（2）电容器漏电。

（3）定子绕组或电抗器绕组绝缘老化或绕组烧坏而接地。

（4）电风扇电动机进水，绕组受潮，绝缘强度降低而造成漏电。

（5）各引线、连接线绝缘老化或破裂而碰壳。

（6）接地线未焊牢或接地端有漆膜或杂质使接地性能不良。

（7）电源插座无接地或无良好的接地装置。

（二）防治

（1）重新套上绝缘套管或包上绝缘胶布。

（2）更换相同规格的电容器。

（3）更换定子绕组或调换新电抗器。

（4）打开后罩壳，将受潮部分在阳光下暴晒，待晒干后通电试运行数小时即可。

（5）更换新线。

（6）清除漆膜或杂质，使接地线接触良好。

（7）设法增加接地装置或调整接地装置使接地良好。

十一、吊扇低速挡速度太快

（一）原因

（1）定子绕组匝数绕得过少或定子绕组匝间短路。

（2）调速器绕组匝数过少或匝间短路或抽头匝数抽错。

（3）风叶角度太小、负荷小也会导致低速挡转速降不下来。

（4）调速器与电动机不匹配或不是原配电抗器，使电抗器压降比例不足也会造成低速挡转速快。

（二）防治

（1）检查更换定子绕组。

（2）检查更换调速器。

（3）可在叶脚处垫上垫圈，增大风叶扭角，使吃风量增大。必要时换上足够长的螺钉拧紧。

（4）可调换调速器，最好使用合适的电子无级调速器，可使风量调节自如。

十二、换气扇不转

（一）原因

（1）电源插头接触不良。

（2）开关损坏或接触不良。

（3）电动机绕组断线。

（4）电容器损坏。

（5）框架变形。

（6）异物阻挡风叶。

（7）污物阻塞电动机。

（二）防治

（1）检修或更换插头、插座。

（2）检修或更换开关。

（3）修理或更换绕组。

（4）更换电容器。

（5）调整框架。

（6）排除异物。

（7）清洁并加油。

十三、换气扇拉线开关不灵

（一）原因

（1）定位转盘凸台磨损严重。

（2）转盘弹簧不到位。

（3）锁钩弹簧失效。

（4）拉杆位移。

（二）防治

（1）更换定位盘。

（2）调整弹簧位置或更换弹簧。

（3）更换弹簧。

（4）调整拉杆位置。

第八章 室内外线缆敷设

第一节 室内线缆敷设施工

一、室内配线工程施工的要求和配线工序

敷设在建筑物内部的配线，统称为室内配线，也称为室内配线工程。导线沿墙壁、天花板、桁架及梁柱等布线称为明线敷设；导线埋设在墙内、地坪内和装设在顶棚内等布线称为暗线敷设。

（一）基本要求

室内配线不仅要求安全可靠，经济方便，而且要求布局合理、整齐、牢固。

（1）配线时，要求导线额定电压大于线路的工作电压；导线的绝缘应符合线路的安装方式和敷设环境条件；导线截面积应能满足供电质量、发热和机械强度的要求。导线线芯允许的最小截面积见表8-1所列数值。

表8-1 线芯允许的最小截面积

敷设方式及用途	线芯最小截面积（mm²）		
	铜芯软线	铜线	铝线
1. 敷设在室内绝缘支持件上的裸导线		2.5	4
2. 敷设在绝缘支持件上的绝缘导线其支持点间距为：			
（1）1m及以下 室内		1.0	1.5
室外		1.5	2.5
（2）2m及以下 室内		1.0	2.5
室外		1.5	2.5
（3）6m及以下		2.5	4
（4）12m及以下		2.5	6
3. 穿管敷设的绝缘导线	1.0	1.0	2.5
4. 槽板内敷设的绝缘导线		1.0	1.5
5. 塑料护套线敷设		1.0	1.5

（2）导线敷设时要尽量避免接头，因为导线接头质量不好，经常造成事故。穿管导线和槽板配线中间不允许有接头，必要时可采用接线盒（如线路过长）或分线盒（如线路分支）。

（3）导线在连接和分支处，不应受机械力的作用。导线与电器端子连接时，要牢靠，旋紧螺钉压实线头。

（4）各种明配线应垂直和水平敷设，要求横平竖直，导线水平高度距地不应小于2.5m，垂直敷设时离地不低于1.8m，否则应加管槽保护，以利安全和防止机械损伤。配线位置应便于检查和维修。

（5）导线穿墙时，应加装保护管（瓷管、塑料管、钢管）。保护管伸出墙面的长度不应小于10mm，并保持一定的倾斜度。

（6）导线相互交叉时，为避免相互碰撞，应在每根导线上加套绝缘管，并将套管在导线上固定牢靠。

（7）当导线沿墙壁或天花板敷设时，导线与建筑物之间最小距离：瓷夹板不应小于5mm，瓷瓶配线不应小于10mm。在通过伸缩缝的地方，导线敷设应稍微松弛。对于线管配线应设补偿盒，以适应建筑物的伸缩。

（8）为确保用电安全，室内电气管线与其他管道间应保持一定距离，见表8-2。施工中如不能满足表中所列距离时，则应采取如下措施：

表8-2　室内配线与管道间最小距离

管道名称		配线方式		
		穿管配线	绝缘导线明配线	裸导线配线
		最小距离（mm）		
蒸汽管	平行交叉	1000/500 300	1000/500 300	1500 1500
暖、热水管	平行交叉	300/200 100	300/200 100	1500 1500
通风、上下水压缩空气管	平行交叉	100 50	200 100	5100 5100

①电气管线与蒸汽管：可在蒸汽管外包隔热层，这样平行净距可减到200mm；交叉距离须考虑施工维修方便，但管线周围温度应经常在35℃以下。

②电气管线与暖水管：可在暖水管外包隔热层。

③裸导线应敷设在管道上面，当不能保持表中距离时，可在裸导线外加装保

护网或保护罩。

（二）室内配线施工程序

（1）根据施工图纸，确定电器安装位置、导线敷设途径及导线穿过墙壁和楼板的位置。

（2）在土建抹灰前，将配线所有的固定点打好孔洞，埋设好支持构件，同时配合土建工程做好预留、预埋工作。

（3）装设绝缘支持物，线夹、支架或保护管。

（4）敷设导线。

（5）安装灯具及电气设备。

（6）测试导线绝缘，连接导线。

（7）校验、自检、试通电。

二、缆线的选择

室内电气工程常用缆线主要有耐压 300/500V 低频缆线、同轴电缆、对绞电缆、防火电缆和光纤电缆等几大类。

（一）主要室内电气工程缆线

固定敷设用聚氯乙烯绝缘电缆（电线）型号和名称如表 8-3 所示，其规格如表 8-4 所示。

表8-3 电缆（电线）型号和名称

型号	名称	主要用途
BV	铜芯聚氯乙烯绝缘电缆（电线）	固定敷设
BLV	铝芯聚氯乙烯绝缘电缆（电线）	固定敷设
BVR	铜芯聚氯乙烯绝缘软电缆（电线）	固定敷设时要求柔软的场合
BVV	铜芯聚氯乙烯绝缘聚氯乙烯护套圆形电缆	固定敷设
BLVV	铝芯聚氯乙烯绝缘聚氯乙烯护套圆形电缆	固定敷设
BVVB	铜芯聚氯乙烯绝缘聚氯乙烯护套平形电缆（电线）	固定敷设
BLVVB	铝芯聚氯乙烯绝缘聚氯乙烯护套平形电缆（电线）	固定敷设
BV-105	铜芯耐热105℃聚氯乙烯绝缘电线	固定敷设

表 8-4　电缆的规格

型号	额定电压（V）	芯数	标称截面积（mm²）
BV	300/500	1	0.5 ~ 1
	450/750	1	1.5 ~ 400
BLV	450/750	1	2.5 ~ 400
BVR	450/750	1	2.5 ~ 70
BVV	300/500	1，2，3，4，5	0.75 ~ 10 1.5 ~ 35
BLVV	300/500	1	2.5 ~ 10
BVVB	300/500	2，3	0.75 ~ 10
BLVVB	300/500	2，3	2.5 ~ 10
BV-105	450/750	1	0.5 ~ 6

作为要求导电性能好的传输材料，银的性能最好，但造价较高；铜和铝的性能也较好，是应用最广泛的传输材料，弱电传输材料以铜为主。

除了上述固定敷设用聚氯乙烯绝缘电缆（电线）一大类外，另一大类铜芯聚氯乙烯绝缘连接软电缆（电线）也是强、弱电工程最常用的。其型号和名称如表8-5所示。其规格如表 8-6 所示。

表 8-5　电缆（电线）型号和名称表

型号	名称
RV	铜芯聚氯乙烯绝缘连接软电缆（电线）
RVB	铜芯聚氯乙烯绝缘平形连接软电线
RVS	铜芯聚氯乙烯绝缘绞形连接软电线
RVV	铜芯聚氯乙烯绝缘聚氯乙烯护套圆形连接软电缆
RVVB	铜芯聚氯乙烯绝缘聚氯乙烯护套平形连接软电缆
RV-105	铜芯耐热105℃聚氯乙烯绝缘连接软电线

表 8-6　电缆的规格表

型号	额定电压（V）	芯数	标称截面积（mm²）
RV	300/500	1	0.3 ~ 1
	450/750		1.5 ~ 70
RVB	300/300	2	0.3 ~ 1

续表

型号	额定电压（V）	芯数	标称截面积（mm²）
RVS	300/300	2	0.3 ~ 0.75
RVV	300/300	2，3	0.5 ~ 0.75
	300/500	2，3，4，5	0.75 ~ 2.5
BLVV	300/500	1	2.5 ~ 10
RVVB	300/300	2	0.5 ~ 0.75
	300/500		0.75
RV-105	450/750	1	0.5 ~ 6

（二）同轴电缆

同轴电缆由两个同轴布置的导体组成，传输的电信号完全封闭在外导体内部，从而具有高频损耗低，屏蔽及抗干扰能力强，使用频宽带等显著优点，是电子线缆的主流产品。作为宽带优秀传输媒质，同轴电缆广泛用于有线、无线、卫星、微波通信等系统，特别在建筑弱电工程中有广阔的发展前景。

建筑物内电视系统设施，诸如闭路电视（CCTV）、共用天线电视（MATV）、有线电视（CATV）、卫星电视等系统都要用同轴电缆。电视用同轴电缆从内至外结构为铜单线内导体、物理发泡聚乙烯绝缘、铝塑复合薄膜、镀锡丝编织层和聚氯乙烯护套。电缆内导体通常采用铜线，也可采用铜包钢线内导体以提高其机械强度并且节省铜资源。物理发泡聚乙烯绝缘是最先进的介质形式，具有降低衰减、节省材料、抗潮密封等显著优点，十分适用于各种电视系统。外导体为铝塑复合薄膜纵包再加上镀锡铜线编织层，可以采用铝镁合金线代替镀锡铜线制造编织，以节省成本。常用产品的结构与性能，如表8-7所示。

表8-7　电视用同轴电缆

电缆型号	RG59/U（美国）	SYWV75-5（中国）	RG6/U（美国）
内导体	φ0.81mm铜包钢线	φ1.0mm铜线	φ1.02mm铜线
绝缘	物理发泡聚乙烯		
绝缘外径/mm	3.66	4.80	4.57
外导体	铝塑薄膜纵包+铝镁合金线编织	铝塑薄膜纵包+镀锡铜线编织	铝塑薄膜纵包+铝镁合金线编
聚氯乙烯护套外径/mm	6.02	7.20	6.90

电缆型号	RG59/U（美国）	SYWV75-5（中国）	RG6/U（美国）
特性阻抗/Ω		75	
衰减/（dB/100m）	10MHz：3.3 50MHz：5.9 200MHz：11.5 400MHz：16.1 900MHz：24.3 1000MHz：25.9	50MHz：4.4 200MHz：6.7 300MHz：10.7 450MHz：13.6 800MHz：18.9 1000MHz：21.10	5MHz：2.13 300MHz：11.08 450MHz：13.80 900MHz：20.13 1200MHz：23.61 1800MHz：53.79
主要用途	CCTV、MATV	CATV	卫星电视

同轴电缆具有优异的高频特性及屏蔽抗干扰能力，适用于计算机局域网（LAN）或其他数字通信系统，特别对于网径较小的企业内部网、住宅群网等，由于性能价格比的优势，可以替代光缆作为网络内干线。数字通信同轴电缆一般采用 50Ω 特性阻抗，用于基带网的传输；而数字信号的宽带传输应采用阻抗为 75Ω 的电缆，前面所述的 MATV 或 CATV 电缆可以适合于这种应用。也有要求使用阻抗为 93Ω 的电缆的计算机应用场合，可以采用 RG62/U 之类的数字同轴电缆。

漏泄同轴电缆的特点是外导体上开有各种形式的槽或孔隙，使内部电磁波可以泄漏出来，供移动无线通信之用。通过敷设在大楼竖井或地下层漏泄电缆，可将 150MHz 频段的寻呼信号、450MHz 频段的消防或警卫用无线信号、900MHz 频段及 1.8GHz 频段的蜂窝式移动无线信号及各种频率的无线局域网信号等引入到建筑物的上述区域，消除这些通信系统的弱点及死点，充分发挥出上述先进移动通信方式的功能。

（三）对绞电缆

对绞电缆是将相互扭绞的对称线对组成电缆的产品。长期以来一直用于电话通信。20 世纪 90 年代以来，通信进入多媒体、网络化新时代，迫切需要对绞电缆这一传统产品能使用到更高的频率，以适应高速率、多媒体及网络化的使用需求。成本低廉、使用方便而灵活的对绞电缆用于高速、多媒体通信以及综合布线系统的分配网络有很大优越性，获得了最为广泛的应用。

按现行国内外有关标准和规范，可将对绞电缆的传输性能加以分类，如表 8-8 所示。

表8-8　对绞电缆的分类

类别（Category）	宽带（MHz）	传输速率（MB/s）	主要用途
一类（Cat1）	—	—	电话
二类（Cat2）	1	4	低速数据
三类（Cat3）	i6	10	以太网10BaseT
四类（Cat4）	20	16	IBM令牌环网
五类/超五类（Cat5/Cat5e）	100	100～155	快速以太网及ATM网
六类（Cat6）	200	155	千兆位以太网及622Mb/ATM网
七类（Cat7）	600	＞155	—

在 2002 年 6 月，TIA/EIA 委员会正式发布六类布线标准。在 TIA/EIA-568B.2-10 标准中规定了 6A 类布线系统支持的传输带宽为 500MHz。而 1996 年 8 月发布的德国标准 DIN44312-5 规定的原六类 600MHz 带宽的对绞电缆已被 ISO/IEC 采纳为七类。

在美国和加拿大等国还根据电缆在建筑物内不同的建设情况加以分类。美国全国电气法规（NEC）规定，把局域网对绞电缆归为通信电缆（CM）或多用途电缆（MP），并应符合不同的阻燃要求。

最常用的对绞电缆是无屏蔽对绞电缆（Unshielded Twisted Pair Cable），即 UTP 电缆。它通过制造工艺的精确控制，保证每个扭绞线对有高度的对称性，从而能有效地抑制串音干扰，并且通过超短节距相互扭绞，改善电缆的高频特性，以较高的性价比在高速局域网及综合布线系统的应用方面占主导地位。

在综合布线系统中常用的双绞线型号规格如表8-9所示。

表8-9　PDS三类/四类/五类双绞线型号规格

线缆规格线缆型号	支持网络速率	频率衰减量（dB/100FT）			
		1MHz	10MHz	16MHz	20MHz
Cat3	10Mbps/Ethernet	7.8	30	40	NS
Cat4	20Mbps/Ethernet	6.5	22	27	31
Cat5	155Mbps/FDDI/CDDI/ATM	6.3	20	25	28

在现阶段，超五类和六类电缆是综合布线系统最常用的传输媒质，可用作垂直干线、水平布线、设备连线及跳线等。垂直干线为建筑物各个楼层之间的布

线，一般应采用光缆、同轴电缆，要求不高的场合也可采用大对数五类电缆（例如 25 对五类电缆）。水平布线用于每一楼层上的配线设备与其信息插座之间的布线，通常采用 4 对超五类或六类电缆。这种电缆的用量最多，使用长度应小于90m。设备连线是指终端设备（个人计算机、打印机、电话机等）与墙壁信息插座之间的互连线，而跳线用于配线设备内部接线，两者均为移动使用场合，应采用 2 ～ 4 对柔软型超五类或六类电缆。

（四）光纤光缆

光纤光缆具有传输损耗低、速率高、频带宽、无电磁干扰、保密性强、尺寸小、质量轻等显著特点，是信息高速公路的主干，目前正全面实施光纤到小区（FTTZ）、光纤到路边（FTTC）以及光纤到大楼（FTTB）等计划。有些地方实施光纤到家（FTTH）、光纤到桌面（FTTB）。

通信常用光纤用途及特性，如表 8-10 所示。

表8-10　通信常用光纤用途及特性

种类		特性	用途	尺寸和特性					
				芯径（μm）	包层直径（μm）	损耗（dB/km）	传输带宽（MHz·km）	波长（μm）	数值孔径（N·A）
石英	多模突变光纤	传输损耗大	小容量，短距离，低速数据传输	50 ～ 100	125 ～ 150	3 ～ 4	200 ～ 1000	0.85	0.17 ～ 0.26
	多模渐变光纤	损耗较小，频带较宽	中小容量，中距离，高速数据传输	50（1±6%）	125±（1+2.4%）	0.8 ～ 3	200 ～ 1200	1.30	0.17 ～ 0.25
	单模光纤	损耗小，频带宽	大、中、小容量，长距离通信	9 ～ 10（1±10%）	125±（1+2.4%）	0.4 ～ 0.7　0.2 ～ 0.5	几吉赫 ～几十吉赫	1.30　1.55	≤6

光纤作为 PDS 的传输媒质，从其传输特性（即数据率、带宽、损耗 - 距离）看是最理想的，但成本太高，这不仅仅因为每米光纤的价格比 UTP 高出 10 倍以

上，而且光纤的接插件价格更比 UTP 高许多。

（五）消防设备电气配线

消防设备电气配线的基本原则是采用耐火、耐热配线措施，确保火灾时消防设备的有效供电与安全运行。根据现行规范要求，消防工程中耐火、耐热配线的基本措施如下：

（1）当消防设备配电线路暗敷设时，通常采用普通电线电缆，并将其穿金属管或阻燃型硬质塑料管（氧指数 ≥ 35）埋设在非燃烧体结构内，且穿管暗敷保护层厚度不小于 30mm。

（2）当消防设备配电线路明敷设时，应穿金属管或金属线槽保护，且采用防火涂料提高线路的耐燃性能，或直接采用经阻燃处理的电线电缆和铜皮防火电缆等，并敷设在电缆竖井或吊顶内有防火保护措施的封闭式线槽内。

（3）当消防设备配电线路采用绝缘层和护套为不延燃的电缆并敷设在竖井中时，可不穿金属管保护；但当与延燃电缆敷设在同一竖井时，两者间必须用耐火材料隔开。

（4）在建筑物吊顶内的消防电气线路，宜采用金属管或金属线槽布线；在难燃型材料吊顶内，可采用难燃型（氧指数 ≥ 50）硬质塑料管、塑料线槽布线。

消防弱电线路配线方式的性能定义见表 8-11 所示。

表8-11　消防弱电配线方式性能定义

配线方式		性能定义
消防弱电线路	阻燃配线	绝缘及护套或护套管为难燃材料，一旦脱离火源后能自熄或将延燃阻止在一定范围内的配线方式
	耐热配线	由于火的作用，火灾温升曲线达到380℃时，使线路在15min内仍可靠的配线方式
	耐火配线	由于火的作用，或在温升曲线达到840℃时，使线路在30min内仍可靠的配线方式

由于目前我国尚未制定电线电缆耐火、耐热配线标准，因此实用中消防设备耐火、耐热配线可依照上述原则和 4 条基本措施确定，主要消防设备耐火、耐热配线确定示例如图 8-1 所示。

电缆发生火灾是由于电缆本体故障（绝缘老化、过载、短路等）引发的，不论是自燃，还是外界火源引起燃烧，只要其本体耐热、阻燃或不燃，都是理想的电缆，统称为防火型电缆。我国防火型电缆型号与名称如表 8-12 所示。

（a）示例一

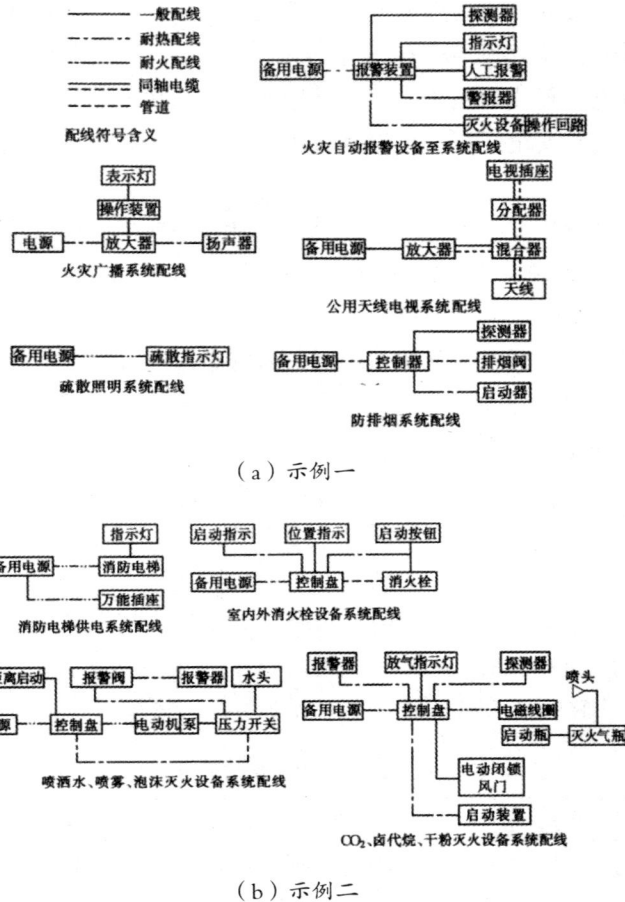

（b）示例二

图8-1　消防设备耐火、耐热配线确定示例

表8-12　防火型电缆型号和名称

电缆类型	型号	名称	主要用途
阻燃电缆	ZR-VV	铜芯聚氯乙烯绝缘聚氯乙烯护套阻燃电力电缆	重要建筑物等
	ZR-YJV	铜芯交联聚乙烯绝缘聚氯乙烯护套阻燃电力电缆	
	ZR-KVV	铜芯聚氯乙烯绝缘聚氯乙烯护套阻燃控制电缆	
	ZR-KVV22	铜芯聚氯乙烯绝缘聚氯乙烯护套钢带铠装阻燃电缆	

续表

电缆类型	型号	名称	主要用途
无卤阻燃电缆	WL–YJE23	核电站用交联聚乙烯绝缘钢带铠装热缩性聚乙烯护套无卤电缆0.6/1、6/10、6.6/10kV 符合 IEC332—3B 类	防火场地、高层建筑、地铁、隧道等
	WL–YJEQ23	交联聚乙烯绝缘无卤阻燃电缆0.6/1kV（符合 IEC332—3C 类）	
隔氧层阻燃电缆	GZRKVV	聚氯乙烯绝缘聚氯乙烯护套隔氧层阻燃控制电缆	信号控制系统建筑物内等
	GZRVV	铜芯聚氯乙烯绝缘聚氯乙烯护套隔氧层阻燃电力电缆	
	GZRYJV	铜芯交联聚乙烯绝缘聚氯乙烯护套隔氧层阻燃电力电缆	
耐火电缆	NH–VV	铜聚氯乙烯绝缘聚氯乙烯护套耐火电力电缆	高层建筑、地铁、电站等
	NH–BV	铜芯聚氯乙烯绝缘耐火电缆（电线）	
防火电缆 500/750V	BTTQ BTTVQ	轻型铜芯铜套氧化镁绝缘防火电缆 轻型铜芯铜套聚氯乙烯外套氧化镁绝缘防火电缆	耐高温、防爆，适用于历史性建筑等
	BTTZ BTTVZ	重型铜芯铜套氧化镁绝缘防火电缆 重型铜芯铜套聚氯乙烯外套氧化镁绝缘防火电缆	

表 8-12 中所列出五类防火型电缆分述如下：

（1）阻燃电缆。阻燃电缆是在保持普通电缆的电和理化性能的同时，具有自熄性，即不易燃烧，或当电缆因故自身着火或是外火源引燃着火时，在着火熄灭后电缆不再继续燃烧，或燃烧时间很短，或延燃长度很短。已开发生产的 0.6/1kV 及以下各种阻燃电线电缆列于表 8-12 中。但电缆是含卤素的，不具有在人口密集区域所必需的低烟、低毒和低腐蚀性酸气所释放的特性。然而，在有火灾危险场合使用这类电缆要比普通电缆大大地安全，常敷设于不危及人的生命和设备的场合。

普通电缆使用的聚氯乙烯（PVC）、氯丁橡胶（CR）或者大多数阻燃添加剂都含有卤素，在电缆燃烧时，这些材料分解产生大量有害的腐蚀性卤化氢气体和烟雾。若火灾发生在高层建筑、地铁等人口密集的地方，则蔓延的浓烟会使人窒息，丧失生命；在核电站与广播电视台等拥有电子电气设备的地方，这些气体则会对金属设备产生严重的腐蚀，从而使设备报废。这种不是由于火灾直接危害，而是由于燃烧气体和烟雾造成的危害称为火灾的二次危害。

（2）无卤阻燃电缆。阻卤是由于卤化物在高温下溢出卤素自由基来捕捉活性羟基自由基，以达到前者大于后者来实现阻燃的目的。而无卤阻燃燃烧过程中其卤素含量为零，阻燃依靠塑料中混入的氢氧化铝或氢氧化镁等金属水合物质。氢氧化物在高温下具有转化成金属氧化物和析出结晶水的能力。水分在气化时将吸收大量的气化热从而降低可燃物温度。无卤阻燃电缆相对于含卤阻燃电缆有低毒、低烟、无卤的优点。电气性能和机械强度有所下降，伸率减小，吸水率增加。阻燃级别不高，属于 C 类。

此外，还有低卤阻燃电缆（如 DL-YJV 交联聚氯乙烯绝缘铜芯聚氯乙烯护套低卤阻燃电力电缆）。该电缆在火灾情况下，具有很小的火焰蔓延特性。但电缆含有低量卤素，电缆的腐蚀性酸气释放的特性介于阻燃电缆和无卤阻燃电缆之间。

（3）隔氧层阻燃电缆。隔氧层阻燃电缆技术是在电缆绝缘线芯与电缆外护套之间充填一层无机金属水合物，它是无毒、无臭、不含卤素的白色胶状物。当电缆遇到火焰袭击时，原先呈软性的金属水合物逐渐转化成不熔也不燃的金属氧化物及水。金属氧化物紧紧地包覆在绝缘线芯外，隔绝了灼热的氧气对内层绝缘有机物的侵袭，使内层绝缘无法燃烧。另外，结晶水的析出，吸收了大量蒸发潜热，从而大大降低了外层可燃物料的温度。当外层护套温度低于其起燃点（400 ~ 450℃）时，着火的电缆将自熄。

隔氧层阻燃电缆在不改变电缆结构、材料原始参数的情况下，可适用于低、中、高压电力电缆、控制电缆及通信电缆，并使其电缆阻燃 A 类化。隔氧层阻燃电缆与普通电缆相比质量增加 4% ~ 8%，隔氧层热阻系数低于原有填料，故内部热阻降低，同时外径增大 3mm 左右，其余性能如工作温度、允许短路温度、导体电阻值、绝缘电阻、载流量、敷设条件、安装方法均与普通电缆相同。

（4）耐火电缆。耐火电缆的绝缘层由云母和 PVC 塑料组成，允许工作温度为 70℃，耐火特性符合相关的标准，适用电压为 0.6/1kV。

耐火电缆在 750 ~ 800℃ 的火焰燃烧中维持 180min 正常运行。用于高层建筑、地铁、电站等一些重要场合（如紧急疏散、报警自动化、紧急照明和泵、空气循环系统的供电），更具有防火安全和消防救生能力。该电缆如果选用合适材料，就可成为无卤耐火电缆（WLNH-YJE）或低温耐火电缆（DLNH-YJE）。

（5）防火电缆。防火电缆是以高电导率铜线为导电线芯，以无缝铜管为护套，以无机矿物质氧化镁为绝缘材料构成，称为铜芯铜套氧化镁绝缘电缆，简称防火电缆。国际上简称 MI 电缆或称矿物绝缘电缆。

由于防火电缆材料全部由无机材料构成，因而在防火、耐高温、防爆等方面更具优越性。在防火型电缆中它是唯一能在高温燃烧后不需更换仍可继续通电的电缆。

该电缆长期使用温度为 250℃，在 950 ~ 1000℃可维持 180min，应急时可接近铜的熔点 1083℃。具有耐高温、防火、防爆、无烟无毒、寿命长、机械强度高、载流量大、安全可靠等特点。可提供安全照明、火灾探测、信息和数据传输、消防水泵、消防电梯及应急用电等布线。

综上所述，阻燃、耐火、防火三种性能的电缆由于材料和结构不同，各自具有突出的特殊性能，应根据实际环境条件的不同以及要求的不同选择适应于需要的电缆。由于低卤和无卤绝缘材料价格高，制成电缆的价格分别是普通电线、电缆价格的 1.2 和 2.0 倍，而防火电缆更贵一些。因此，应当有选择性地应用。但是 MI 电缆（防火电缆）尚有一些优点未为人们熟知，它的载流量大、体积小、电缆通道的截面大大减小，这给设计和施工带来方便；由于铜外套可作为 PE 线，它完全可以少一根地线，也就是说 3 芯电缆可代 4 芯耐火电缆，4 芯可代 5 芯耐火电缆。因此，与普通耐火电缆的实际价差已降至完全可以接受的程度，恰当地选用 MI 电缆，一次性投资费用不会比选用耐火电缆高多少，甚至持平。

三、导线的连接及施工中的有关规定

导线的敷设方式分为明敷及暗敷两种。两者是以线路在敷设以后，能否为人们用肉眼直接观察到而区分。布线方式的确定，主要取决于建筑物的环境特征。当几种布线方式同时能满足环境特征要求时，则应根据建筑物的性质、要求及用电设备的分布等因素综合考虑，决定合理的布线及敷设方式。

导线直接或者在管子、线槽等保护体内，敷设于墙壁、顶棚、地坪及楼板等内部，或者在混凝土板孔内敷线称为明敷设。一些老式的建筑物明敷设是采用瓷夹板、绝缘子配线等。明敷设一般看得见、摸得着，容易检修。

敷设在墙内、地板内或建筑物顶棚内的布线称为暗敷设，通常是先预埋管子，以后再向管内穿线。

（一）导线连接

导线的接续原则是连接后不应该降低导线的机械强度、不增大导线的电阻和不降低导线的耐压水平。为此，导线的连接要保证一定的机械强度，导线拧紧以后再用绝缘胶布缠紧，以保证绝缘良好。

1．同材质导线的连接

铜芯导线可采用缠绕或刷锡方法连接。单股铝线宜采用绝缘螺旋连接钮连接，禁止使用熔焊连接。导线在箱、盒内的连接宜采用压接法。多股铝芯及导线截面积超过 2.5mm² 的多股铜芯导线应紧压端子后再与电气器具的端子连接。设备自带插接式端子除外。

单股铜（铝）芯及导线截面积为 2.5mm² 及以下的多股铜芯导线可直接连接，但多股铜芯导线的线芯应先拧紧、刷锡后再连接。铜芯导线及铜接线端子刷锡时不要使用酸性焊剂。

2．铝导线与铜导线接头的连接

（1）2.5mm² 单股铝线与多股铜芯软线接头，铜软线刷锡后缠绕在铝线上，缠 5 圈后将铝线弯曲 180°，用钳子夹紧。或者将软铜导线刷锡后，采用瓷接头压接。

（2）铜、铝导线相连接应有可靠的过渡措施，可使用铜铝过渡端子、铜铝过渡套管、铜铝过渡线夹等连接。铜铝端子相连接时应将铜接线端子做刷锡处理。2.5mm² 铝线与 2.5mm² 铜线连接，可采用端子板压接，或者将铜线刷锡后缠绕相连，也可采用螺旋压接帽压接。

（3）多股铝导线与多股铜导线连接时，可先将铜线刷锡然后用铜（铝）套管压接，即采用相同截面的铜、铝接套管套在被连接的线芯上，用压接钳和模具进行二合芯压接。使用压接法连接导线时，接线端子铜铝套管、压模的规格应与线芯截面相符合。

（4）多股铝线接至设备电器时，均采用铜铝过渡端子压接。如确无铜铝过渡端子，可暂用铝接线端子代替，但与设备电器接触处要垫一层锡箔纸，以减少电化腐蚀作用，而且压接螺钉必须加弹簧垫。不允许将多股铝线自身缠圈压接。多股铜线的线芯应先拧紧，搪锡后再连接。但要注意多股铝线和截面积大于 2.5mm² 的多股铜线，都必须在接线端焊接或压接一个接线端子，通过接线端子与设备连接。

截面积为 10mm² 及以下的单股铜线和截面积为 2.5mm² 及以下的单股铝线，可直接与电器连接。导线对接或导线与设备连接好后，应用双臂电桥测定连接点的接触电阻。接触电阻不应大于该段导线本身的电阻值。

（二）配线工程施工中的有关规定

（1）埋入墙体或混凝土内的管线，离表面层的净距应不小于 15mm；塑料电线管在砖墙内剔槽敷设时必须用强度等级不小于 M10 的水泥砂浆抹面保护，其厚度应不小于 15mm。

（2）配线工程中使用的金属辅件、配线管材及金属构架等均应做防腐处理，其方法除设计另外有要求外均应镀锌或刷樟丹油漆一道，明敷设部分还应刷灰色油漆两道。

（3）埋入土层和防腐蚀性垫层（如焦渣层）内的钢管应用水泥砂浆全面保护。

（4）埋入砖墙内的钢管无防腐层或防腐层脱落处均应刷樟丹油漆一道。

（5）线路在通过建筑物伸缩缝、沉降缝处时应有补偿装置。

（6）管路敷设宜沿最短路线并应减少弯曲和重叠交叉。管路超过下列长度时应加装中间盒：无弯曲时，30m；有 1 个弯曲，20m；2 个弯曲，15m；3 个弯曲，8m。

（7）进入灯头盒、开关盒的线管数量不宜超过 4 根，否则应选用大型盒。

（8）暗装灯头盒、开关盒及接线盒的备用敲落孔一律不得敲落；当暗装在具有易燃结构部位及易燃装饰材料附近时，应对其周围的易燃物做好防火、隔热处理。中间接线盒和分线盒均应加盖封闭，盖板应涂刷与该墙面或顶棚相似颜色的油漆两道。

（9）配线工程的支持件宜采用预埋螺栓、胀管螺栓、胀管螺钉、预埋铁件焊接等方法固定，严禁采用木塞法。使用胀管螺栓、胀管螺钉固定时，钻孔规格应与胀管相配套。

（10）各种金属构件的安装螺孔不得采用电气焊割孔。

（11）电气线路中的金属管、金属线槽、金属箱、盒及支架等在正常情况下不应带电的外露可导电部分，均应连接成不断的导体并接地。

（12）穿金属管的交流线路为了避免涡流效应，应将同一回路的所有相线及中性线穿于同一根线管内。

（13）不同回路的线路不应穿于同一根管内，但下列情况除外：

①电压为 50V 及以下。

②同一设备或同一联动系统设备的电力回路和无防干扰要求的控制回路。

③同一照明灯具的几个回路。

④同类照明的几个回路，但管内导线根数不应多于 8 根。住宅内的家用电器供电插座与照明线路可视为同类（但目前住宅内电气设计也将其分管敷设）。

（14）在同一根线管或线槽内有几个回路时，所有绝缘导线和电缆都有与最高电压回路绝缘相同的绝缘等级。

（15）明配管使用的附件（如灯头盒、开笑盒、接线盒等）应使用明装式。

（16）明配于潮湿场所或埋地敷设的线管应采用焊接钢管（SC）；明配或暗配于干燥场所的线管可采用电线管（TC）。

（17）明配管及吊顶内敷设的线管在进入箱、盒时，其内外侧应装有锁母固定。

（18）吊顶内敷设的线管、线槽应有单独的吊挂或支撑，但直径在 20mm 及以下的钢管、直径在 25mm 及以下的电线管可利用吊顶的顶杆或主龙骨敷设。

（19）吊顶内严禁采用瓷（塑料）线夹、鼓形绝缘子及针式绝缘子布线。

（20）布线用塑料电线管（硬质塑料电线管、半硬质塑料电线管、塑料波纹电线管）、塑料线槽及附件等非金属制品应用阻燃型材料制成，其氧指数应 ≥ 27%；使用在吊顶内的硬质电线管，其氧指数应 ≥ 30%。

（21）半硬质塑料电线管、塑料波纹电线管不得在吊顶内及木龙骨、轻钢龙骨等轻质壁板墙内敷设；在活吊顶内的接线盒与电气设备接线盒之间可采用塑料波纹电线管，但其长度不得超过 1m。

（22）线路中绝缘导体或裸导体的颜色标记：

①交流三相线路:L1 相为黄色，L2 相为绿色，L3 相为红色，中性线为淡蓝色，保护线为绿 / 黄双色。

②直流线路 : 正极"+"为棕色，负极"−"为蓝色，接地中性线为淡蓝色。

③绿 / 黄双色线只用于标记保护导体不能用于其他目的。淡蓝色只用于中性线或中间线，线路中包括有用颜色来识别的中性线或中间线时，所用颜色必须是淡蓝色。

④颜色标志可用规定的颜色或用绝缘导体的绝缘颜色标记在导体的全部长度上，也可标记在易识别的位置上，如端部或可接触到的部位。

四、钢管敷设

钢管敷设，首先要确定好配管进入设备及器具盒（箱）的位置，然后再计算好管路敷设长度进行配管加工。在配合土建施工中，将管与盒（箱）按已确定的安装位置连接起来，并在管与管及管与盒（箱）的连接处焊上接地跨接线，使金属外壳连成一体。

（一）钢管的选择

室内配管使用的钢管有厚壁钢管和薄壁钢管两类，厚壁钢管又称焊接钢管或低压流体输送钢管（水煤气管），薄壁钢管又称电线管、黑铁管。一般管壁厚度在 2mm 以下的称为薄壁管，其规格以外径大小表示，管子的代号为"DG"。管壁厚度在 2mm 以上称为厚壁管（又称白铁管、水管或对缝焊接钢管），以内径大小称呼其规格，其代号为"G"。钢管按其表面质量又分为镀锌钢管和不镀锌钢管（也叫黑色钢管）。配管的管材如果选用不当，易缩短使用年限或造成浪费。

建筑物顶棚内，宜采用钢管配线。干燥场所的暗配管宜采用薄壁钢管；潮湿场所和直埋于地下的暗配管应采用厚壁钢管。当利用钢管管壁兼做接地线时，管壁厚度不应小于 2.5mm。

为了便于穿线，要根据所穿导线截面、根数选择配管管径。

两根绝缘导线穿于同一根管，管内径不应小于两根导线外径之和的 1.35 倍（立管可取 1.25 倍）。

当三根及以上绝缘导线穿于同一根管时，其总截面积（包括外护层）不应超过管内截面积的 40%。

单根导线的截面积可按下式计算：

$$A = 0.785D^2$$

管内多根相同直径导线的截面积计算：

$$A = 0.785nD^2$$

上两式中，A 为截面积（mm^2）；D 为导线直径（m）；n 为导线根数。

（二）钢管的加工

（1）管子可用细齿钢锯、割管机或型钢切割机配纤维增强砂轮片切割。

（2）管子端部套丝。水煤气钢管可用管子套丝铰板；电线管可用圆丝板套丝扣。

（3）管子弯曲有冷煨和热煨两种，冷煨可用手动或电动弯管器；热煨用火加热弯管（只限于黑色钢管）。此外，还有以气焊加热弯管。

（4）埋设在混凝土内的钢管尽量采用镀锌钢管，可以免去防腐这一工艺，但在镀锌层剥落处，也应涂防腐漆。

（三）钢管的连接

（1）钢管与盒（箱）的连接有焊接连接和用锁紧螺母或护圈帽固定两种。

（2）钢管与设备直接连接时，应将钢管敷设到设备的接线盒内。

钢管与设备间接连接时，钢管端部宜增设电线保护软管或可挠金属电线保护管后引入到设备的接线盒内，且钢管管口应包扎紧密；对潮湿场所，钢管端部应增设防水弯头，导线应加套保护软管，经弯成滴水弧状后，再引入设备的接线盒。

（3）钢管与钢管的连接有螺纹连接和焊接连接两种方法。镀锌钢管和薄壁钢管应用螺纹连接或套管紧固螺钉连接，不应采用熔焊连接。钢管一般采用套管螺纹接续（又称套管丝扣连接），管端螺纹长度不应小于管接头的1/2；连接后，螺纹宜外露2～3扣。

（4）黑色钢管之间及管与盒（箱）之间采用螺纹连接时，为了使管路系统接地（接零）良好、可靠，要在管接头的两端及管与盒（箱）连接处，用相应圆钢或廓钢焊接好跨接接地线，使整个管路可靠地连成一个导电的整体。

镀锌钢管或可挠金属电线保护管的跨接接地线宜采用专用接地线卡跨接，不应采用熔焊连接。跨接线直径应根据钢管的管径来选择，可参考表8-13。

表8-13　接地跨接线规格选择表

公称直径（mm）		跨接线（mm）	
电线管	钢管	圆钢	扁钢
≤ 32	≤ 25	φ6	
40	32	φ8	
50	40 ～ 50	φ10	
70 ～ 80	70 ～ 80	φ12 以上	25 × 4

镀锌钢管或可挠金属套管接地连接使用接地线固定夹。常用的接地线固定夹的安装方法如下：将接头线捻成一股嵌入线沟，加添接头线并将固定夹包住管外壁，将固定夹两端上下咬合，用钳尖夹扁，将咬合部分扳倒，用力压住部位。另一种接地线固定夹用螺栓紧固更方便。

（5）管路补偿措施。配管管路通过建筑物变形缝时，要在其两侧各埋设接线盒（箱）做补偿装置，接线盒（箱）相邻面穿一短钢管，短管一端与盒（箱）固定，另一端应能活动自如，此端盒（箱）上开长孔，孔长不应小于管外径的2倍，如图8-2所示。

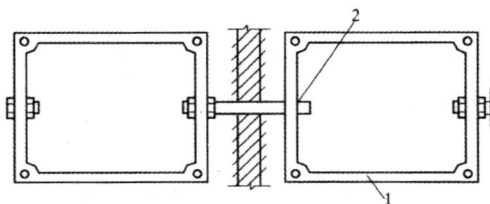

图8-2　暗配钢管变形缝补偿装置做法之一
1—接线盒（箱）；2—盒（箱）上开长孔

（6）与土建工程配合施工：

①现浇混凝土框架暗配管路施工，要先把框架中的管路或预埋件埋设好，然后在砌墙过程中，连接或埋设剩余的部分。混凝土柱内埋设的管路与预埋件（盒或箱），应先将管与盒连接好，在正面模板支好后将管盒与模板固定牢固，把管路沿主筋内侧布置，且应与主筋上的箍筋绑扎在一起，管路中间的绑扎间距不应大于 1m，在管与盒连接处的绑扎距离不应大于 30mm。

现浇混凝土梁内，多根管竖穿梁时，管子应在梁受切、应力较小部位的轴线上并列敷设，管与管的间距不应小于 25mm。暗配钢管需要横向穿过混凝土梁时，对梁的结构强度影响不会太大，但也应考虑梁受切力和受应力较小部位（梁的净跨度的 1/3 的中跨区域内）通过，还应在梁的中性轴处通过；当无法确定中性轴准确位置时，管宜在梁中部，在中性轴及以下受拉区内横向穿过，且穿梁管应距底筋上侧不小于 50mm 处。

现浇混凝土墙施工时，应在绑扎钢筋后进行定位，然后把管路与钢筋固定好，将盒子模板固定牢。应随时焊好接地跨接线，即把所有插入盒内的管子互相焊接在一起，并与盒焊接好。现浇混凝土墙体内配管，应沿最近的路径在两层钢筋网中间敷设，一般应把管子绑扎在内壁钢筋的里边一侧，这样可避免或减少管与盒连接时的弯曲。当敷设的钢管与钢筋有冲突时，可将竖直钢筋沿墙面左右弯曲，横向钢筋上下弯曲。

现浇混凝土楼板在模板支好后，未敷钢筋前进行侧位画线，待钢筋底网绑扎垫起后敷设管、盒，并且固定好，预埋在混凝土内的管子外径不能超过混凝土厚度 1/2；并列敷设的管子间距不应小于 25mm，使管子周围均有混凝土包裹。配管时可以分别进行连接，先连接好一段与墙（或梁）上预埋管相连接的带弯的管子，再连接一段与盒相连的管子，最后连接剩余的中间的一部分需管与管之间进行连接的直管段。在管子敷设时，原则是先敷设带弯曲的管子，后敷设直管段的管子。

②楼板混凝土垫层不小于 15mm，管路可以在垫层内沿最近的路径敷设。当楼板上为炉渣垫层时，暗配钢管应在楼板面上先敷设管路，再沿着管路铺设水泥砂浆，防止管路受化学腐蚀。

③框架结构中空心砖隔墙内敷设钢管，应在墙体砌筑前预埋，管子敷设后开始砌墙，砌墙初期进一步调整盒（箱）口与墙面的距离。在管路经过处墙体应改空心砖为普通砖立砌，或现浇一条垂直的混凝土带，这样既把管子保护起来，又增强了墙体的结构强度。

加气混凝土砌体砌筑后，在已确定好的盒（箱）四周钻孔凿洞，沿管路走向在两边弹线，用刀锯锯槽后再剔槽连接敷设管路。墙体上剔槽宽度不宜大于管外径加 15mm，槽深不应小于管外径加 15mm，管外皮距砌体表面不应小于 15mm，用不小于 M10 的水泥砂浆抹面保护。

④楼（地）面管子敷设前，按图纸要求在现场将设备基础定位后方可进行配管。施工中应注意埋入地面内的管子应尽量减少中间接头。

地下土层中的管子敷设，应在土层夯实后，在管路下用石块垫起至少 50mm，然后在管周围浇灌素混凝土，把管保护起来，管周围保护层应不小于 50mm。

五、硬塑料管布线

硬塑料管具有耐酸、耐碱、耐腐蚀的优点，所以在有腐蚀性气体及潮湿的场所（如化工厂、染织厂、电镀车间），采用硬塑料管比钢管布线更为适宜，而且塑料管的锯断、弯曲、连接施工都比较方便。

（一）硬塑料管的选择

塑料管按其受热性能来分，可分为热塑性、热固性两大类。受热时软化，冷却后变硬，可重复受热塑制的称为热塑性塑料，如聚乙烯、聚苯乙烯等。如第一次热固化后，第二次受热不能再软化，则为热固化塑料，如酚醛塑料。

在施工中大部分采用热塑性硬塑料管、聚氯乙烯半硬性塑料管和可弯硬塑料管。布线用塑料管及其配件必须由阻燃处理的材料制成，其氧指数应 ≥ 27%，有离火自熄的性能；使用在吊顶内的硬质塑料电线管，其氧指数应 ≥ 30%。

明敷硬塑料管要求有一定的机械强度，管壁厚度应大于 2mm，弯曲时不能产生凹裂，要有较大的耐冲击韧性和较小的热膨胀系数，外观要求光洁、美观、平直。暗敷设硬塑料管要便于弯曲，要能受一定的正压力，要有较高的温度软化点，并且要富有弹性，管壁厚度应大于 3mm。不得使用软塑料管，半硬性塑料管进行暗敷。

在工程中选择硬质塑料管，应根据管内所穿导线截面积、根数选择配管管径，一般情况下，管内导线总截面积（包括外护层）不应大于管内横截面积的40%。

（二）硬塑料管的加工

（1）硬质塑料管的切断多用电工刀或钢锯条，切口应整齐。

（2）硬质塑料管的冷弯法只适用于硬质 PVC 塑料管，用手工弯曲或使用手扳弯管器冷弯管。硬质 PVC 塑料管也可同硬质聚氯乙烯管一样进行热煨。热煨可用喷灯、木炭做热源，也可用水煮、电炉子或碘钨灯加热等，热煨时应掌握好加热温度和加热长度。

塑料管的弯曲角度一般不宜小于 90°，弯曲半径不应小于管外径的 6 倍；埋于地下或混凝土楼板内，不应小于管外径的 10 倍；管的弯不应大于管外径的 10%。

（3）管与管连接常用插入法和套接法，都要涂好胶合剂，连接紧密。硬质 PVC 塑料管的连接，也可采用成品管接头。

（三）硬塑料管的敷设

1．硬塑料管明管敷设工艺

（1）确定电器的安装位置。

（2）画出管路的走向中心，要求横平竖直。所谓横平竖直，就是以地平（水平）为基准的。

（3）画出管卡（"骑马"，Ω 形卡）或固定支架的位置。

（4）打眼并安装紧固配件。

（5）测量管线长度，并做好记录。

（6）根据建筑结构形状弯管。

（7）进行整体安装。

2．硬塑料管明管敷设技术要求

（1）管径在 Φ20mm 及以下时，管卡间距离为 1m；管径在 Φ25～40mm 时，管卡间距离为 1.2～1.5m；管径为 Φ50mm 及以上时，管卡间距离为 2m。硬塑料管也可在角铁支架上架空敷设，支架间距离不得大于上述距离标准。

（2）需穿过楼板时，在距楼面 0.5m 的一段塑料管要套钢管保护。

（3）硬塑料管与蒸汽管平行敷设时，两管之间距离不应小于 0.5m。

（4）硬聚氯乙烯塑料的热膨胀系数要比钢管大 5～7 倍，所以管子敷设时要考虑热膨胀，一般应在管路直线部分每隔 30m 加装一个补偿装置。

该装置实质上是在硬塑料管之间插入一节塑料波纹管。在连接处涂以胶合剂，并用聚乙烯管套接，再缠聚氯乙烯绝缘带。其目的是在硬塑料管膨胀时有收缩活动余地。

3．硬塑料管暗管敷设工艺

（1）确定电器的安装位置。包括确定灯头盒、接线盒和管子的上下进出口的位置。

（2）测量暗敷设管路的长度。

（3）将接线盒、灯头盒、开关盒、电线管等电器拿到施工现场，根据建筑施工的情况进行预埋，并且穿入引线。

（4）将管口、盒口用木塞或专用塑料盖填塞，防止水泥浆、垃圾进入管子内。埋入管体的管子离表面最小净距不应小于15mm。

（5）对照图纸，检查线管、接线盒、灯头盒、开关盒等是否符合规定的要求。

六、普利卡金属套管布线

（一）普利卡金属套管的选用

1. 按使用场所选择管材

（1）室内布线。普利卡金属套管除可用于特殊场所外，与钢管、硬质塑料管适用场所基本相同。

在现浇混凝土内暗布线，应选用LZ-4基本型或LZ-3型普利卡金属套管；在正常环境中

的明敷设或在建筑物室内装修施工，可使用LV-3型单层可挠性普利卡金属套管。

在寒冷地区以及冷冻机等低温场所的配管工程，可选用LE-6耐寒型普利卡金属套管；在高温场所配管，应选用LVH-7耐热型普利卡金属套管；在食品加工及机械加工厂明配管的场所，应选用LAL-8型普利卡金属套管；使用在酸性、碱性气体等场所的电线、电缆保护管，可选用LS-9型普利卡金属套管；高温场所的配管，可选用LH-10耐热型普利卡金属套管；在室内潮湿及有水蒸气或有腐蚀性及化学性的场所使用，应选用LV-5型普利卡金属套管（即聚氯乙烯覆层套管）。

在易燃性粉尘（指镁、铝等粉尘聚积状态，点火时易引起爆炸）或可燃性粉尘（指面粉、淀粉及其他可燃性粉尘浮游在空中，点火时易引起爆炸）或者有火药类存在，电气设备有可能成为点火源而引起爆炸的场所，设置低压室内电气设备以及连接电动机要求可挠性部分的配线时，可使用普利卡型配件（LVF）。在粉尘多的场所设置室内低压设备，可采用普利卡金属套管。

在溢漏或滞留可燃性气体或引火性物质蒸气，电气设备有可能成为点火源而引起爆炸的场所，室内低压电器以及电机连接需要可挠性部位的配线时，可使用普利卡型配件（LVF）。

（2）室外配线。普利卡金属套管用于室外配线时，应使用LV-5型或

LV-6 型。

普利卡金属套管可用于通行的隧道内及铁路专用的隧道内的低压线路，也可用于桥梁下敷设的低压供电线路。

2. 普利卡套管管径的选择

为了便于日后的穿线，配管前应根据所穿导线截面积和根数选择普利卡金属套管的规格。普利卡金属套管与镀锌钢管尺寸对照参见表8-14。

表8-14 普利卡金属套管与镀锌钢管尺寸对照

公称口径	普利卡管		10号	12号	15号	17号	24号	30号	38号	50号	63号	76号	83号	101号
	镀锌钢管	mm	8	10	15	20	25	–	32	50	–	70	80	100
		in	$\frac{1}{4}$	$\frac{3}{8}$	$\frac{1}{2}$	$\frac{3}{4}$	1	–	$1\frac{1}{4}$	2	–	2–	3	4

穿入普利卡金属套管内导线的总截面积（包括外护层）不应超过管内径截面积的 40%。管内穿 500VBV、BLV 聚氯乙烯绝缘导线，选择管径时参照表8-15进行。

表8-15 500VBV、BLV导线穿普利卡金属套管管径选择表

导线截面积（mm²）	电线根数									
	1	2	3	4	5	6	7	8	9	10
	普利卡金属套管的最小管径（mm）									
1		10	10	10	10	12	12	15	15	15
1.5		10	10	12	15	15	17	17	17	24
2.5		10	12	15	15	17	17	17	24	24
4		12	15	15	17	17	24	24	24	24
6		12	15	17	17	24	24	24	24	30
10		17	24	24	24	30	30	38		
16		24	24	30	30	38	38	38		
25		24	30	38	38	38				
35		30	38	38	50					
50		38	38	50	50					

导线截面积（mm²）	电线根数									
	1	2	3	4	5	6	7	8	9	10
	普利卡金属套管的最小管径（mm）									
70		38	50	50	63					
95		50	50	63	63					
120		50	63	76	76					
150		50	63	76	76					

（二）普利卡金属套管的加工

（1）管的弯曲用手自由弯曲，但弯曲角度不宜小于90°。暗敷设场合管的弯曲半径不应小于管外径的6倍。

普利卡管在敷设时，应尽量避免弯曲。暗配管直线长度超过15m或直角弯超过3个时，均应装设中间接线盒或放大管径。

（2）管子切断用普利卡专用切割刀即可完成，也可用钢锯进行切割。

（3）普利卡金属套管连接有很多附件，供连接时使用。普利卡金属套管的互接应使用带有螺纹的直接头进行。普利卡金属套管与钢管连接分为螺纹连接、无螺纹连接和防水型套管连接，其中螺纹连接接头有混合接头和混合组合接头两种。

（4）普利卡金属套管与盒（箱）连接，使用专用的线箱连接器或组合线箱连接器。

（5）普利卡金属套管的接地线固定点安装方法同钢管的接地相同。

（三）普利卡金属套管的敷设

1. 暗敷设

普利卡金属套管在空心砖及加气混凝土隔墙内暗敷设与钢管敷设相同，套管距砌体墙面不应小于15mm。在普通砖砌体墙内敷设与硬质塑料管施工方法相同，但管入盒处应在盒四周侧面与盒连接，管子在垂直敷设时，应具有把管子沿墙体高度及敷设方向挑起的措施，以方便瓦工进行墙体的砌筑。

当在现浇混凝土的梁柱、墙内敷设时，水平和垂直方向应采取不同的方法敷设。垂直方向敷设时，管路宜放在钢筋的侧面；水平方向敷设时，管子宜放在钢筋的下侧，防止承受过大的混凝土的冲击。管子在穿过梁、柱时，应与土建专业配合，选择梁、柱受力较小的部位通过，并应防止减损梁、柱的有效截面积，适当考虑增设补强钢筋。

在现浇混凝土的平台板上敷设普利卡金属套管，应敷设在钢筋网中间，且宜与上层钢筋绑扎在一起。采用机械化程度高的现浇混凝土灌注施工时，应有保护管路不被直接冲击的措施。

管子敷设时应用铁绑线绑扎在钢筋上，绑扎间隔不应大于50cm，在管入盒（箱）处，绑扎点应适当缩短，距盒（箱）处不宜大于30cm，绑扎应牢固，防止金属套管松弛。

2. 明敷设

普利卡金属套管室内明敷设，应用套管管卡子将普利卡管固定在建筑物表面上，与钢管固定方法相同。固定点间距应均匀，其间最大距离应保持0.5 ~ 1m，管卡子与终端、转弯中点、电气器具或设备边缘的距离为150 ~ 300mm，允许偏差不应大于30mm。

普利卡金属套管在吊顶内敷设时，当管子规格在24号及以下时，可直接固定在吊顶的主龙骨上，并用卡具安装固定；当管子规格在50号及其以下时，允许利用吊顶的吊杆或在吊杆上另设附加龙骨敷设。当管子敷设数量较多时，应专设吊杆和吊板利用管卡子固定，中间固定点间距不应大于2m。普利卡金属套管在吊顶内也可以采用钢索吊管安装，吊卡中间距离不宜大于1m，吊卡距盒（箱）处0.3m。

七、钢索布线

钢索布线一般适用于尾架较高，跨距较大，而灯具安装高度又要求低的工业厂房内。所谓钢索布线就是钢索上吊瓷瓶布线，吊钢管或塑料管布线，吊塑料护套线、橡胶线或通信电缆布线；同时灯具也吊装在钢索上。除钢索安装外，布线方法与前面所述内容相同。

（一）钢索安装施工中应注意的问题

（1）在潮湿、有腐蚀性介质及易积储纤维灰尘的场所，应采用带塑料护套的钢索。

（2）配线宜采用镀锌钢索，不应采用含油芯的钢索。

（3）钢索的单根钢丝直径应小于0.5mm，且不应有扭曲和断股。

（4）钢索的终端拉环应牢固可靠，并应承受钢索在全部负载下的拉力。

（5）钢索与终端拉环应采用心形环连接，固定用的线卡不应少于两个，钢索端头应采用镀锌铁丝扎紧。

（6）当钢索长度为 50m 及以下时，可在同一端装花篮螺栓；当钢索长度大于 50m 时，两端均装设花篮螺栓。

（7）钢索中间固定点间距离不应大于 12m，中间固定点吊架与钢索连接处的吊钩深度不应小于 20mm，并应设置防止钢索跳出的锁定装置。

（8）在钢索上敷设导线及安装灯具时，钢索的弛度不宜大于 100mm。

（9）钢索应可靠接地。

（10）钢索配线的零件间和线间距离应符合表 8-16 的规定。

表8-16　钢索配线的零件间和线间距离

配线类型	支持间之间最大间距/mm	支持间与灯头盒之间最大距离/mm	线间最小距离/mm
钢管	1500	200	—
硬塑料管	1000	150	—
硬塑护套线	200	100	—
瓷柱配线	1500	100	35

（二）钢索施工注意要点

（1）钢索配线应该美观、牢靠，导线水平敷设距地面的高度应当大于 2.5m。

（2）钢索两端可固定在墙上或者金属构架上，并加装花篮螺丝调节松紧。钢索绳的直径应该按照电器的质量和跨度进行选择，必须能够满足具有足够的安装系数。

（3）绝缘导线在钢索上可用瓷柱、瓷夹板和钢管进行固定，也可将铅皮线和塑料护套线用卡子直接固定在钢索上。

（4）瓷柱、瓷夹板与钢管之间应当使用专用的卡子即钢索进行连接。

八、线槽布线

（一）线槽敷设

1．线槽敷设要求

（1）线槽应敷设在干燥和不易受机械损伤的场所。

（2）线槽的连接应连续无间断，每节线槽的固定点不应少于两个，在转角、分支处和端部应有固定点，并应紧贴墙面固定。

（3）线槽接口应平直、严密，槽盖应齐全、平整、无翘角。

（4）固定或连接线槽的螺钉或其他紧固件，紧固后其端部应与线槽内表面光滑相接。

（5）线槽的出线口应位置正确、光滑、无毛刺。

（6）线槽敷设应平直整齐；水平或垂直允许偏差为其长度的0.2%，且全长允许偏差为20mm；并列安装时，槽盖应便于开启。

2．金属线槽明敷设

金属线槽敷设时，吊点和支持点的距离应根据工程具体条件确定，一般在直线段固定间距不应大于3m，在线槽的首端、终端、分支、转角、接头及进出接线盒处应不大于0.5m。

金属线槽在墙上安装时，可采用 φ8×35 半圆头木罗顶配所料管的安装方式施工，塑料胀管可根据线槽宽度选用1个或2个。也可以采用托臂支承或用扁钢、角钢支架支承。

3．地面内暗装金属线敷设

地面内线槽的支架安装距离应按工程具体情况进行设置。支架的选择应根据单线槽或双线槽的结构形式，选用单压板或双压板支架。将线槽与支架组装好，沿线路走向水平放置在地面或楼（地）面的抄平层或楼板的模板上，然后再进行线槽的连接。调整螺栓安装在木模板上时可用铁钉固定。

地面内暗装金属线槽的制造长度一般为3m，每0.6m设一个出线口，当需要进行线槽与线槽相互连接时，应采用线槽连接头进行。因线槽为矩形断面，不能进行线槽的弯曲加工，当遇有线路交叉，分支或弯曲转向时，必须安装分线盒。线槽端部与配管连接，应使用线槽与管过渡接头。

地面内暗装金属线槽及附件全部组装好后，再进行一次系统调整。主要根据地面厚度，仔细调整金属线槽干线、分支线和分线盒接头、出线口等处，水平高度应与室内地坪线平齐，以免妨碍通行和有碍观瞻。并将各盒盖盖好或堵严，以防水泥浆进入，直至配合土建地面面层施工结束为止。

4．塑料线槽布线

塑料线槽布线一般适用于正常环境的室内场所，在高温和易受机械损伤的场所不宜采用。弱电线路可采用难燃型带盖塑料线槽在建筑顶棚内敷设。强、弱电线路不应敷设于同一线槽内。电线、电缆在槽内不得有分接头，分支接头应在接线盒内进行。塑料线槽敷设时，槽底固定点间距应根据线槽规格而定，一般情况下要不允许超过表8–17中所列数值。

表8-17　线槽内允许容纳导线根数及电缆数量表

导线型号及规格	500VBV绝缘导线，单支导线规格（mm²）						通信及弱电线路导线及电缆		
							RVB软线	RYV软线	SYU同轴电缆
线槽型号及规格	1	1.5	2.5	4	6	10	2mm×2.2mm	75-5	75-9
	线槽内允许容纳导线根数（根）						线槽内允许容纳导线对数及电缆数		
							RVB软线	RYV软线	SYU同轴电缆
GXCA-2型50系列	60	35	25	20	15	9	40对	（25）	（15）
GXCA-2型70系列	30	75	60	45	35	20	80对	（60）	（30）

　　塑料线槽布线，在线路连接、转角、分支及终端处应采用相应附件。

　　弱电线路（通信、信号及数据传输等）多为非载流导体，自身引起火灾的可能性极小，故可采用难燃型塑料线槽布线，在建筑物顶棚内敷设。

　　（二）线槽内导线敷设

　　金属线槽组装成统一整体并经清扫后才可敷设导线。按规定将导线放好，并将导线按回路（或按系统）用尼龙绳绑扎成束，分层排放在线槽内，做好永久性编号标志。

　　线槽内导线的规格和数量应符合设计规定。当设计无规定时，包括绝缘层在内的导线总截面积不应大于线槽截面积的60%。在可拆卸盖板的线槽内，包括绝缘层在内的导线接头处所有导线截面积之和，不应大于线槽面积的75%。在不易拆卸盖板的线槽内，导线的接头应置于线槽的接线盒内。

　　强电、弱电线路应分槽敷设。同一回路的所有相线和中性线（如果有中性线时）以及设备的接地线，应敷设在同一金属线槽内，以避免因电磁感应而使周围金属发热。同一路径无防干扰要求的线路，可敷设于同一金属线槽内。但同一线槽内的绝缘电线和电缆都应具有与最高标称电压回路绝缘相同的绝缘等级。

　　地面内暗装金属线线敷设方法和管内穿线方法相同。亦应注意导线在线槽中间不应有接头；接头应放在分线盒内，线头预留长度不宜小于150mm。

　　金属线槽应可靠接地或接零，但不应作为设备的接地导体。

　　（三）竖井内布线

　　电气竖井内布线是高层民用建筑中强电及弱电垂直干线线路特有的一种综合布线方式。竖井内常用的布线方式为金属管、金属线槽、电缆或电缆桥架及封闭式母线等。在电气竖井内除敷设干线回路外，还可以设置各层的电力、照明分配电箱及弱电线路的端子箱等电气设备。电气竖井的数量和位置选择应保证系统的可靠性和减少电能损耗。

（1）确定竖井内布线位置时，应尽量靠近负荷中心，特别应该注意与变电所或机房等部位的联系方便，以减少损耗、节省投资。电气竖井不能与电梯井或其他管井共用，这是为了保证竖井内电气线路及电气设备的运行安全。

电气竖井如邻近烟道等热源或潮湿设施，会使竖井内温度升高，影响线路导体允许载流能力、使配电用断路器误动作或因潮湿而使竖井内线路绝缘强度降低、金属件锈蚀等。如实际情况不允许时应采取相应的隔热、防潮措施。

电气竖井与电梯井或楼梯间相邻，会阻挡竖井内引出的线路的通道。电气竖井与电梯井道为邻，竖井内墙面利用率减少且产生振动不利于线路运行。另外，因电梯为反复短时工作制负荷，在靠近其控制电器及线路部分，易带来对竖井内线路的电磁干扰，这也是应注意的问题。

（2）竖井的井壁应是耐火极限不低于 1h 的非燃烧体。竖井在每层楼应设维护检修门并应开向公共走廊，其耐火等级不应低于丙级。电缆井、管道井应每隔 2～3 层在楼板处用相当于楼板耐火极限的非燃烧体作防火分隔。楼梯间应做防火密封隔离，隔离措施如下：封闭式母线、电缆桥架及金属线槽在穿过楼板处采用防火隔板及防火堵料隔离；堵料和绝缘电线穿钢管布线时，应在楼层间预埋钢管，布线后两端管口空隙应做密封隔离。

（3）电气竖井的大小应充分考虑布线施工及设备运行操作的维护距离。目前在一些工程中受土建布局的限制，大部分电气竖井的尺寸较小，给使用和维护带来很多问题，值得引起重视。竖井大小除满足布线间隔及端子箱、配电箱布置所必需尺寸外，并宜在箱体前留有不小于 0.80m 的操作、维护距离。

（4）竖井内垂直布线在建筑物较高（如超过 100m）时，要考虑高层建筑物由于地震或风压等外界力量的作用而产生的垂直线路的顶部最大变位和层间变位。建筑物的变位必定影响到布线系统，实践证明，这个影响对封闭式母线、金属线槽布线的影响最大，金属管布线次之，电缆布线最小。为保证线路的运行安全，在线路的固定、连接及分支上应采取相应的防变位措施。

（5）线路敷设时，在每个支持点处同时承受了 3 个荷载：导线、电缆及金属管槽等的自重；导体通电以后，由于热应力和周围的环境温度经常变化而产生的反复荷载（材料的潜伸）；线路由于短路时的电磁力而产生的荷载。因此，在支持点处存在着损坏导体绝缘或管槽的危险因素。

垂直干线与分支干线的连接方法，直接影响供电的可靠性和工程造价，必须充分进行研究。应特别注意铝芯导体的连接和铜－铝接头的处理问题。

（6）竖井内高压、低压和应急电源的电气线路，相互之间应保持 0.30m 及以上的距离或采取隔离措施，并且高压线路应设有明显标志。

（7）强电和弱电线路，有条件时宜分别在不同竖井两侧或采取隔离措施以防止强电对弱电的干扰。为保证线路的运行安全，避免相互干扰，方便维护管理，强电和弱电竖井宜分别设置。

（四）布线敷设方式的选择

导线的布线敷设常用金属管、塑料管，当导线根数超过 8 根时应当采用金属线槽、塑料线槽等布线。在这里布线，应采用绝缘电线和电缆。在同一根线管或线槽内有几个回路时，所有绝缘电线和电缆都应具有与最高标称电压回路绝缘相同的绝缘等级。

布线及敷设方式应根据建筑物性质、要求、用电设备的分布及环境特征等因素确定。应避免因外部热源、灰尘聚集及腐蚀或污染物存在对布线系统带来的影响；防止在敷设及使用过运受冲击、振动和建筑物的伸缩、沉降等各种外界应力作用而带来的损害；防止外部灰尘聚集对散热的不良影响，腐蚀和污染物质的腐蚀和损坏、冲击、振动和其他应力以及因建筑物的伸缩、沉降等位移而引起危害。对布线系统的敷设应不影响安全使用和产生次生危害。因此，在选择布线及敷设方式时，必须采取合适的方式或采取相应的措施。

九、封闭插接母线安装

（一）施工前准备

1. 作业条件

（1）封闭插接母线适用于干燥和无腐蚀性气体的室内和电气竖井内等场所安装。

（2）设备及附件应存放在干燥有锁的房间保管。

（3）封闭插接母线安装部位的建筑装饰工程应全部结束，门窗齐全。室内封闭母线的安装宜在管道及空调工程基本施工完毕后进行，防止其他专业施工时损伤母线。

（4）高空作业脚手架搭设完毕，安全技术部门验收合格。

2. 母线开箱检查

（1）封闭插接母线应有出厂合格证、安装技术文件。技术文件包括额定电压、额定容量等技术数据及试验报告。

（2）包装及封闭应良好，母线规格应符合要求，各种型钢、卡具，各种螺栓、垫圈等附件、配件应齐全。

（3）成套供应的封闭母线的各段应标志清晰，附件齐全，外壳无变形，内部无损伤。

（4）封闭母线螺栓固定搭接面应镀锡，搭接面应平整，其镀锡层不应有麻面，起皮及未覆盖部分。

（5）封闭插接母线的母线外表面及外壳内表面涂无光泽黑漆，外壳外表面涂浅色漆。

（二）安装

1. 母线支架的安装

（1）封闭插接母线直线段水平敷设时，应使用支架固定，支持点间距不宜大于2m。封闭插接母线沿墙垂直敷设时，应使用支架固定。

（2）封闭插接母线的拐弯处及与箱（盘）连接处必须加支架。垂直敷设时，若进线盒及末端悬空，应采用支架固定。

（3）在建筑物楼板上，封闭母线垂直安装应使用弹簧支架支承。对于400A及以下的封闭插接母线，可以隔层在楼板上面支承；400A以上时需每层支承。

（4）支架安装前应根据母线路径的走向测量出较准确的支架位置，在已确定的位置上钻孔，先固定好安装支架的膨胀螺栓。

2. 封闭插接母线安装

（1）安装前应首先检查外壳及绝缘件是否完整，有无损坏，并用500V兆欧表测量每段母线绝缘电阻，其值不小于20MΩ。相线与相线、相线与中性线之间绝缘电阻必须大于1.5MΩ。

（2）封闭插接母线水平敷设时，至地面的距离不应小于2.2m；垂直敷设时，距地面1.8m。以下部分应采取防止机械损伤措施，但敷设在电气专用室内（如配电室、电气竖井、技术层等）时除外。

（3）封闭式插接母线应按分段图、相序、编号、方向和标志正确放置。

（4）封闭插接母线槽电流容量从始端至终端逐步变小，可使用变容量接头，顺序地对母线槽减容，以节约投资。变容量接头标准长度为1.5m。

（5）当直线敷设长度超过一定数值时，应设置伸缩节（即膨胀节母线槽）。母线在水平跨越建筑物的伸缩缝或沉降缝处，也应采取适当措施。

（6）插接分线箱应与带插孔母线槽匹配使用，并配有接地线。分线箱底边距地面 1.4 ～ 1.6m 为宜。

（7）封闭插接母线的连接不应在穿过楼板或墙壁处进行。当母线穿过楼板垂直安装，其弹簧支架安装时，必须保证母线的接头中心高于楼板面 700mm。

（8）母线段与段连接时，两相邻段的母线及外壳应对准，母线与外壳间应同心，且误差不应超过 5mm，连接后不应使母线及外壳受到机械应力。

（9）严禁带电拆装母线，安装和拆卸分线盒时，应将负载断开。

（10）安装完毕后，一定要检查每道工序，以保证没有任何遗漏，再仔细检查一遍所有的连接紧固螺栓是否已拧紧，并达到规定要求。

（11）接地应牢固，防止松动，且严禁焊接。封闭母线外壳应与专用保护线连接。

（三）封闭插接母线的验收

（1）封闭插接母线外壳接地线连接紧密，无遗漏，母线绝缘电阻值必须大于 0.5MΩ。

（2）封闭插接母线的连接必须符合设计要求和产品技术文件规定。

（3）支架安装位置应正确、横平竖直、固定牢靠，成排安装时应排列整齐、间距均匀。

（4）封闭插接母线组装和卡固位置应正确、固定牢靠、横平竖直，成排安装应排列整齐、间距均匀、便于检修。

（5）封闭插接母线安装的垂直度、平直度及成排安装间距允许偏差及检验方法见表 8-18。

表8-18　封闭插接母线安装允许偏差

项目	允许偏差（mm）	检查方法
2m段垂直、水平	4	拉、吊线尺检查
全长垂直（按楼层）	5	
成排间距（每段内）	5	

（6）经检查和测试符合规定后，送电空载运行 24h 无异常现象，可办理验收手续、交建设单位使用，同时提交验收资料。

十、网络地板布线

网络地板也称线床地面，有架空型地板和平铺型地板两种。后者适用范围更广，更节约空间，牢固耐用。

目前智能建筑中综合布线系统水平走线方式如表8-19所示。

表8-19 综合布线系统水平走线方式

布线形式 性能	经济性	功能性	安全性	可靠性	舒适性	施工性
吊顶内线槽桥架	很好	一般	好	好	好	一般
楼板加厚埋钢管或钢线槽固定出线口	不好	一般	好	好	一般	不好
扁平电缆埋地毯下	不好	一般	一般	一般	好	好
架空型网络地板	一般	很好	好	一般	一般	一般
地面剔槽埋钢线槽固定出线口	好	一般	好	好	一般	好
平铺型网络地板	好	很好	好	好	很好	很好

（一）平铺型网络地板的优点

（1）减少了钢筋混凝土楼板内的埋线管数量，两种交叉作业既简单又提高了施工速度。

（2）线槽数量大、线容量大，可以随意出线、改动和扩充线路。

（3）模块自平性好，直接铺在楼板上，不晃动、承载大。

（4）平铺型只有40mm厚，节约空间。

（5）造价适中，加上铺的办公用方块地毯，与架空地板持平。

（二）性能与规格

PVC塑料面层的网络地板为500mm×500mm方形，有35mm厚和40mm厚两种；由十字槽、一字槽和无槽地板块3种规格组合而成；线槽上盖5mm厚玻璃钢盖板。线槽宽40mm，线槽中距250～750mm。PVC塑料模壳内填承压的水泥珍珠岩材料。

BMC型网络地板是单一材料热固成型的高档次网络地板，承重的三角形板，用十字形底板连接；线槽上盖10mm厚盖板，线槽宽100mm，线槽间距500mm，平均布置。

经消防检测，结果为BI级材料，满足建筑工程的防火要求。

配套的接线盒和出线口只有35～45mm高，不用剔凿地面即可安装。

（三）敷设方法

工艺流程为：清扫地面→弹线定位→开箱→按线槽位置图顺线铺设→清洁地板及槽→盖线槽盖板。

（四）分隔距离

布线管道与电磁干扰源之间的最小分隔距离，参见表 8-20 所示。

表8-20　布线管道与电磁干扰源之间的最小分隔距离

电磁干扰源	荧光灯	变压器及电动机	靠近电压小于500V的电力线和电力设备								
			无屏蔽的电力线或电力设备			无屏蔽的电力线或电力设备			电力线穿在接地的金属管道内		
			<2 kV·A	2～5kV·A	>5kV·A	<2 kV·A	2～5kV·A	>5kV·A	<2 kV·A	2～5kV·A	>5kV·A
布线管道			非金属布线管道			接地的金属布线管道			接地的金属布线管道		
最小分隔距离（m）	0.3	1.1	0.13	0.30	0.60	0.07	0.15	0.30	0.01	0.08	0.15

十一、光缆敷设

光缆传输系统由光终端机、光缆与此相关的电信设备组成。

直埋光缆一般由电信部门专光缆传输系统施工由电信部门中继光缆接入建筑物的进线室起，进线室大多在地下或半地下室。光缆进入进线室后要有余留长度。外线光缆余留长度一般为 10m 左右；局内光缆一般余留长度为 5～10m。

光缆由进线室敷设至机房的光配线架（ODF），往往由楼层间爬梯引至所在楼层。由于光缆引上不能光靠最上层拐弯部位受力固定，而应进行分散固定，即要沿爬梯引上，并作适当绑扎。光缆在爬梯上，在可见部位应在每支横铁上用粗细适当的麻线绑扎。对无铠装光缆，每隔几挡衬垫一胶皮后扎紧；拐弯受力部位，还需套一胶管保护。

光缆进光配线架至光缆终端盘前，埋式光缆一般将铠装层剥除；松套管进盘纤板后剥除。按光缆及光纤成端安装图操作，成端完成后将活动支架推入架内，推入时注意光纤的弯曲半径，并应用仪表检查光纤是否正常。

光配线架光缆终端盘成端方式如图 8-3 所示。

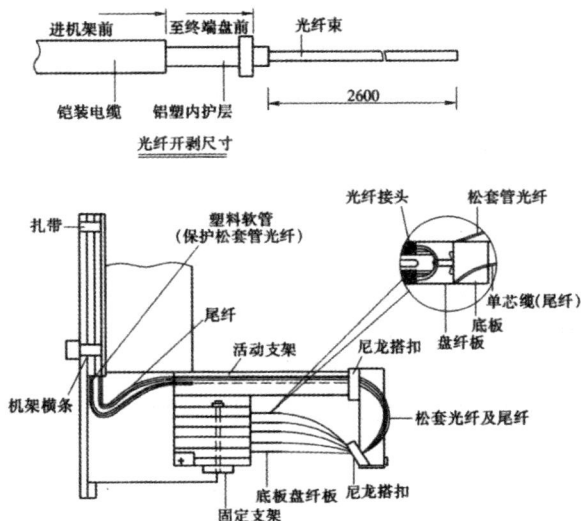

图8-3 光配线架光缆终端盘成端方式示意

　　光缆开剥前，先截除多余的光缆，包括受伤和受潮的部分。开剥光缆护套应使用专用工具，以免损伤缆芯，除采用切割后拉出护套的方法外，有撕裂绳的光缆也可借助撕裂绳来开剥光缆。光缆的开剥尺寸可因更换接头盒的型号而发生变动。适合于典型的开启式Ⅰ型光缆接头盒的埋式光缆与管道光缆开剥尺寸标准如图8-4所示。

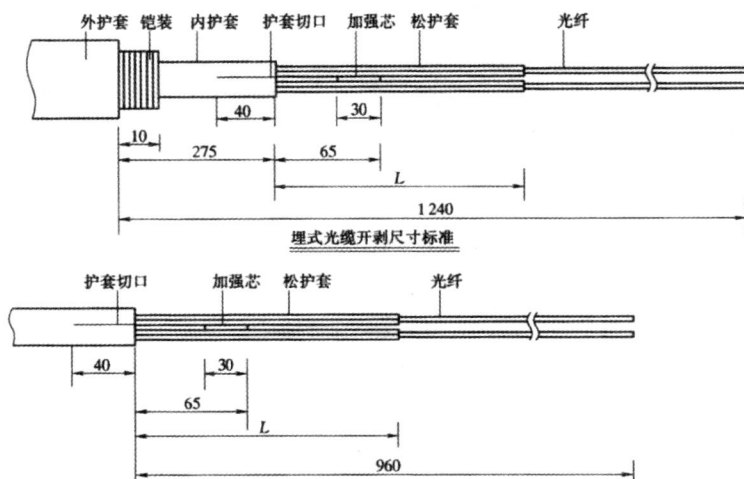

图8-4 光缆开剥尺寸图（一）

183

在图 8-4 中，加强芯的截留长度最好待光缆与余留盘等连接固定后再确定，图中的 65mm 仅作参考。松套管的截留长度 L 在松套管进入余留盘时确定，切割点应在入口固定卡内侧 10mm 处。埋式光缆铠装外护套的开剥视具体情况而定，当不引出监视线（或地线）时，开剥尺寸可以缩小。

开启式 I 型光缆接头盒最适用于松套层绞式光缆的接续，也可用于束管式光缆的接续。光缆必须从两端进入接头盒。应根据光缆直径在端板上打孔。接头盒的各个开口部位均应放置密封胶带和胶条，封装时应根据受力均衡的原则分多次逐个地拧紧每个螺钉。安装后的接头盒应具有良好的密封性能，光缆的光学和电气性能不发生变化。

适合于典型的半开启式接头盒的光缆开剥尺寸图，如图 8-5 所示。

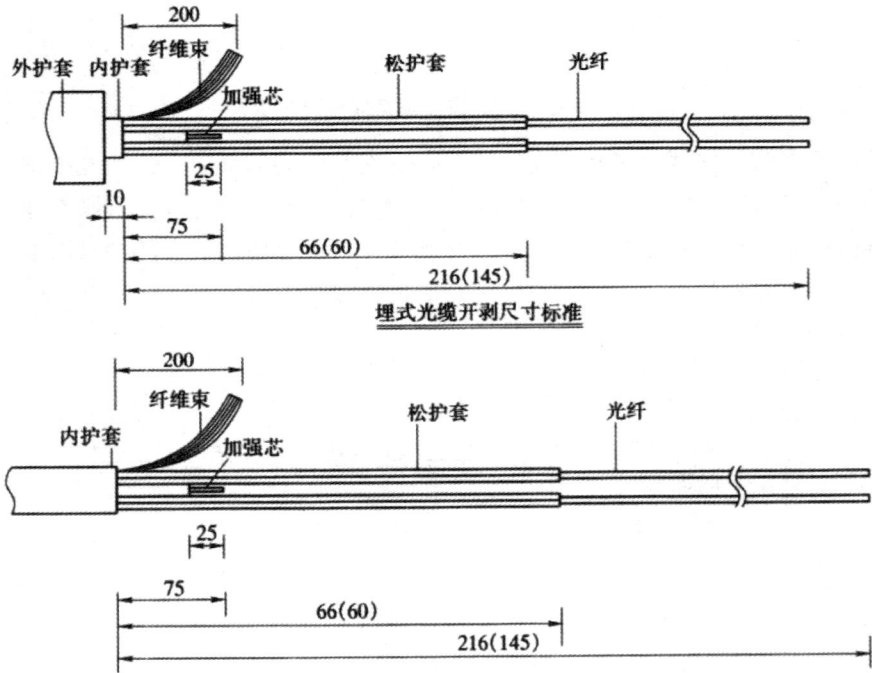

图 8-5　光缆开剥尺寸图（二）

图 8-5 中括号内的数据为多模光纤情况下的开剥尺寸。

半开启式光缆接头盒适用于管道光缆和埋式光缆的接续，最佳光缆选型为松套层绞式。端板上的光缆入口孔应根据光缆直径的大小，使用专门的打孔机来钻孔。光缆可以从两端进入接头盒，也可从一端进入，一般后者采用较多。该接头盒每端最多允许四条光缆进入。光缆的入口处和端板周围应加适量的密封带，套筒的合拢槽中应加密封条，端板紧固带和套筒紧固带均应采用专门的收紧器适当地紧固。安装后的接头盒既要保证良好的密闭性能，又要保证良好的电气及光学性能。

光缆传输系统应使用标准单元光缆连接器（ST 连接器），它可端接光缆交接单元。

ST 连接器安装步骤为：剥开光缆→安装固定连接器→切割光纤→磨光。其中安装固定连接器需借助于 ATC 卷曲工具（有六角形等几种孔形）来卷曲连接器的卷曲绞管；切割光纤也要使用专用工具；磨光则使用光纤连接磨光机，在玻璃板上磨光薄膜作 8 字形运动。

光纤连接装置（LIU）是用来端接光纤和跨接线光缆的设备，支持 ST 连接器。LIU 互连单元的面板有光纤耦合器，可端接 ST 连接器。一般 LIU 连接装置分别有端接 12 芯、24 芯、48 芯光缆等几种规格。

十二、室内配线安装质量通病与防治

（一）室内线管和线槽敷设

1. 配管安装

（1）现象

①线路配管不到位，电线外露，暗配管时该段电线直接埋入墙内。

②交叉作业时该段电线损伤。

（2）原因

①配管时粗心大意，下料过短。

②土建施工图与电气施工图有矛盾或施工中门窗、墙体等的位置发生变化。

③配管完毕后，又变更灯具、设备等位置，致使配管不能到位。

（3）防治

①配管下料应认真进行测量。

②图纸会审前应认真核对电气施工图和土建施工图中所标示的门窗、墙体等位置是否吻合，尽量把问题解决在施工之前。施工中门窗、墙体等发生变化，应及时通知设备安装方。

③建设单位若要变更灯具、设备等位置，最好在配管之前确定，以免造成不必要的损失。

④将不到位的管段重新敷设到位。若接管实在有困难，并不能安装接线盒，

管段又较短，在不影响今后换线的情况下，也可用同材质的软管安装到位，但软、硬管接头必须做好密封处理。

2．金属管接地线安装及防腐

（1）现象

①接地线截面积不够，焊接面积太小。

②管子内壁未进行除锈刷漆，煨弯及焊接处刷防腐漆有遗漏，焦渣层内敷管未用水泥砂浆保护，土层内敷管混凝土保护层做得不彻底。

（2）原因

①金属线管安装接地线时，未考虑与管内所穿导线截面积的关系。对规范提出的要求不熟悉。

②对金属线管除锈刷漆的目的和部位不明确。

③对金属线管暗敷于焦渣层或土层中的施工方法和技术要求不了解。

（3）防治

①金属线管连接时，管子与管子（采用套筒焊接除外）、管子与配电箱及接线盒等连接处都应做系统接地。接地的方法一般为在连接处焊接上跨接地线，地线的焊接长度要求达到接地线直径的6倍以上。钢管与配电箱的连接地线，可在钢管上焊以专用接地螺栓，再用接地导线与配电箱可靠连接，以便于检修。

②在配管前，应对管子内、外壁进行除锈刷漆，防止金属线管年久生锈。但埋设在混凝土中的线管的外表面不要刷漆，否则会影响混凝土的结构强度。地线的各焊接处应涂漆。直接埋在土层内的金属线管应采用管壁厚度为3mm以上的厚壁钢管，并将管壁四周浇筑在混凝土保护层内。浇筑时，一定要用混凝土预制块或钢筋楔将管子垫起，使管子四周至少有50mm厚的混凝土保护层。金属管埋在焦渣层内时必须做水泥砂浆保护层。

③发现接地线截面积不够大，应按规定重新焊接。

④线管煨弯及焊接处发现漏刷防腐漆，应进行补刷。

⑤发现土层内线管无保护层时，应做混凝土保护层。

3．金属管安装

（1）现象

①锯管管口不齐，螺纹乱扣。

②管口有毛刺。

③管子弯曲半径太小，有扁、凹、裂现象。

④管口插入箱、盒内的长度不一致。

⑤楼板面上焦渣层内敷设管路，水泥砂浆保护层或垫层混凝土太薄，造成地面顺管路裂缝。

（2）原因

①管口入箱、盒长短不一致，是因为箱、盒外边未用锁母（纳子）或护围帽固定。

②楼板面上敷设电管后，若垫层厚度不够，地面面层在管路处过薄，当地面内管路受压后，产生应力集中，使地面顺管路出现裂缝。

③锯管管口不齐是由于手工操作时未扶直锯架，锯条未保持平直所致。

④螺纹乱扣是没有按规格、标准调整绞板的活动刻度盘，没有使板牙符合需要的距离。

⑤板牙掉齿、缺乏润滑油。

⑥管口有毛刺是锯管后未用锉刀光口。

⑦弯曲半径太小是由于煨弯时出弯过急。

⑧弯管器的槽过宽也会出现管径弯扁及表面凹裂现象。

（3）防治

①管子穿入箱、盒时，必须在箱、盒内外加锁母。吊顶棚、木结构内配管时，必须在箱、盒内外用锁母锁住。配电箱内若引入管较多时，可在箱内设置一块平挡板，将入箱管口顶在挡板上，待管路用锁母固定后拆去挡板，这样管口入箱高度仍保持一致。

②在楼板或地坪内敷管时，要求线管面上有 20mm 以上的混凝土保护层，以防止产生裂缝。当垫层厚度不够时，应减少交叉铺设的管路或将交叉处顺着楼板孔煨弯。

③锯管时人要站直，操作时要扶直锯架，使锯条保持平直，手腕不能颤动。

④使用螺纹板时，应先检查螺纹板牙齿是否符合规格、标准，攻螺纹时应边攻螺纹边加润滑油。焊接钢螺纹时，应先调整绞板的活动刻度盘，使板牙符合需要的距离，用固定螺钉将它固定，再调整绞板上的三个支脚，使其紧贴管子，这样螺纹就不会乱扣。

⑤管子煨弯时，应使用定型煨弯器。操作时，先把管子需要弯曲部位的前段放在弯管器内，管子的焊缝放在弯曲方向的背面或旁边，弯曲时逐渐向右方移动弯管器，使管子弯成所需的弯曲半径。管径大于 25mm 的管子，应采用分离式液压弯管器、电动顶管机或灌砂火煨。

⑥管口不齐用板锉锉平，螺纹乱扣应锯掉重套。

⑦弯曲半径太小，又有扁、凹、裂现象，应换管重做。

⑧管口入箱、盒长度不一致，应用锯锯齐。

4．镀锌钢管连接

（1）现象

①镀锌钢管采用焊接。

②螺纹连接时其跨接接地线采用焊接，焊接破坏了镀锌层，失去防腐效果。

（2）原因

不熟悉规范，规范明确规定，镀锌钢管不能采用熔焊连接（镀锌钢管埋地、埋墙及埋在混凝土内，宜采用螺纹连接）。

（3）防治

①严格按照规范施工，镀锌钢管不能采用焊接，而应采用螺纹连接或紧定螺钉连接，镀锌钢管的跨接接地线宜采用专用接地线卡跨接。

②埋地、埋墙及埋在混凝土内的厚壁钢管宜采用套钢管焊接，外壁应按黑色钢管的要求进行防腐处理（埋入混凝土内的钢管外壁可不作防腐处理）。

5．硬质塑料管和聚乙烯软线管敷设

（1）现象

①接口不严密，有渗、漏水情况。煨弯处出现扁裂，管口入箱、盒长度不齐。

②在楼板和地坪内无垫层敷设时，普遍有裂缝。

③大模板现浇混凝土墙内配管时，盒子内管口脱掉，造成剔凿混凝土墙找管口的后果。

④塑料线管敷设错误地采用薄钢板接线盒。

（2）原因

①接口处渗水是由于接口处未外加套管或插口做得太短，又未涂胶合剂，只用黑胶布或塑料带包缠一下，未按工艺规定操作。

②硬塑料管煨弯时加热不均匀，会出现扁、凹、裂现象。

③塑料管入箱、盒长度不一致是由于管口引入箱、盒受力后出现偏移。管口固定后未用快刀割齐。

（3）防治

①聚乙烯软线管在大模板混凝土墙内敷设时，管路中间不准有接头；凡穿过盒子敷设的管路，能先不断开的则不断，待拆模板后修盒子时再断开，保证现浇筑混凝土时管口不从盒子内脱掉。

②当聚乙烯软线管必须接头时，一定要用大一号的管（长度 60mm）做套管。接管时口要对齐，套管各边套进 30mm。硬塑料管接头时，可将一头加热胀出插口，将另一管口直接插入插口，在接口处涂抹塑料胶合剂，使防水效果更好。

③硬塑料管和聚乙烯软线管必须配用塑料接线盒。

④硬塑料管煨弯时，可根据塑料管的可塑性，在需煨弯处局部加热，即可以手工操作搣成所需度数。较小的管径可用一只 1000W 的电炉，加热一盘沙子，将管埋入沙子中，掌握火候操作。较大规格的塑料管煨弯时，可采用甘油加热法。用薄钢板自制一槽形锅或用 400mm 大铝锅，将甘油放入锅中置于 2000W 电炉上，加热至 100℃ 左右，另用小勺舀甘油浇烫硬塑料管需煨弯的部位，待塑料加热至可塑状态时，放在一平面工作台上煨弯。这样搣出的弯不裂、不断，并保持了塑料管的表面光泽。硬塑料管煨弯，还可用自制电烤箱加热进行。

6. 装配式住宅暗配线管、盒安装

（1）现象

①预埋在墙板、楼板的塑料管不通，管口脱离接线盒。

②拉线开关盒、支路分线盒、插座接线盒在浇筑墙板时未曾预埋，运到现场安装时再普遍凿预制板顶端，后装接线盒。

③楼板内预埋电线管，楼板顺管路普遍出现裂缝。

④在每户门口下面板拼缝中，正好是下层的电线管，立门框时往往将管压碎或压扁，以致无法穿线。

⑤冬季施工时出现塑料管冻碎。

（2）原因

①设计人员缺乏施工经验，对墙板、楼板应当预留的预埋件未作交代，未作预留设计。

②墙板生产人员与施工安装人员缺乏联系，不了解电气施工安装工艺。

③缺乏保证质量的技术措施。

（3）防治

①装配式住宅的电气设计图纸必须绘制出预留穿线管、盒的大样，并将预留部位、盒子类型标注清楚，向墙板生产厂做好设计交底。

②预制构件生产前，要加强设计、生产、安装三方面的技术协作，进行图纸会审，以保证预埋件正确。

③要求电气施工安装人员掌握墙板、楼板各类预制构件型号、模数情况。

④选用符合生产技术指标的塑料管、塑料盒。

⑤在构件厂生产墙板、楼板时，应按图所示位置预埋电线管、接线盒，杜绝现场剔凿现象。

⑥对于在工地现场凿坏的墙板，应用高强度混凝土修补严密。在接线盒、电线管周围用高强度水泥砂浆抹平，并应平稳牢固。

⑦发现不通的预埋电线管，可采取局部凿开，切去不通的管段，用同规格短管套接，再用高强度水泥砂浆填补抹平。在修通过程中不准切断楼板钢筋。

⑧楼板内预留管路顺主钢筋方向裂缝，可用高强度水泥砂浆补缝抹平，沿主钢筋方向裂缝较长时，应换用合格楼板，或由设计和施工技术负责人鉴定处理。

7. 接线箱、盒安装

（1）现象

①接线箱、盒安装标高不一致。

②接线箱、盒开孔不整齐。

③铁盒变形。

④接线箱、盒口抹灰缺阳角。

⑤现浇混凝土墙内箱、盒移位。

⑥安装电器后，箱、盒内脏物未清除。

（2）原因

①安装木、铁箱、盒时，未参照土建装修预放的统一水平线控制高度，特别是在现浇混凝土墙、柱内配电线管时，模板无水平线可找。

②铁箱、盒用电、气焊切割开孔，致使箱、盒变形，孔径不规矩。

③土建施工时模板变形或移动，使箱盒移位，凹进墙面。

④土建施工抹底灰时，盒口没有抹整齐，安装电器时未清除残存在箱、盒内的脏物和灰砂。

（3）防治

①安装箱、盒找标高时，可参照土建装修统一预放的水平线，一般由水平线以上500mm为竣工地平线。在混凝土墙、柱内安装箱、盒时，除参照钢筋上的标高点外，还应和土建施工人员联系定位，用经纬仪测定总标高，以确定室内各点地平线。

②安装现浇混凝土墙板内的箱、盒时，可在箱、盒背面另加设钢筋套圈，以稳定箱、盒位置，这样可使箱、盒能被模板紧紧地夹牢，不易位移。

③箱、盒上开孔，木制品必须用木钻，铁制品开孔必须用专用配电箱冲孔器开孔。

④穿线前，应先清除箱、盒内灰渣，再刷两道防锈漆。穿好导线后，用接线盒盖把盒子临时盖好，盖沿周边要小于绝缘台或插座板、开关板，但应大于盒子。待土建装修喷浆完成后，再拆去盒子盖，安装电器、灯具。这样保证盒内干净。

⑤接线箱、盒高度不一致，加装调接板后仍超过允许限度时，应剔凿箱、盒，将高度调到一致。

⑥接线箱、盒口边抹灰不齐，就用高强度水泥砂浆修补整齐。

（二）室内电线和线槽敷线

1．管内穿线

（1）现象

①导线背扣或死扣，损伤绝缘层。

②导线和箱、盒等处很脏。

③开关未断相线，且未接在螺口灯头的舌簧上。

（2）原因

①穿线前放线时，将整盘线往外抽拉，引起螺旋形圈集中，出现背扣。

②导线任意在地上拖拉而被弄脏。

③操作人员手脏，穿线时蹭摸墙面、棚顶，穿完线后，箱、附近被弄脏。

④由于相线和中性线使用同一颜色的导线，不易区别，而在断线、留头时没有严格做出记号，以致相线和中性线混淆不清，结果开关未断相线，也未接在螺口灯头的舌簧上。

（3）防治

①穿线之前应严格戴好护口，管口无螺纹的可戴塑料内护口。

②放线时应用放线车，将整盘导线放在线盘上，并在线轴上做好记号，自然转动线轴放出导线，就不会出现螺圈，可以防止背扣和电线拖动弄脏。

③为了保证相线、中性线不相混淆，可采用不同颜色的塑料线。最好一个单位工程，中性线统一用浅蓝色，或者在放线车的线轴上做出记号，以保证做到相线和中性线严格区分。

④穿线后发现漏戴护口，应全部补齐。

⑤相线未进开关与螺口灯头的舌簧接上，应返工重新接线试灯，做到完全一致。

⑥对穿线时弄脏的油漆和粉刷好的墙顶，小片的可用零号砂纸轻轻打磨一下，面积较大时，应由油漆工修补好。

2．管内穿线程序不符

（1）现象

先穿线后戴护口，有的漏戴护口，造成导线绝缘层被烧坏，运行时易发生事故。

（2）防治

①管内穿线应制定施工方案，施工时按程序运转到位。

②施工人员、质量检查员或监督人员，都应严格执行施工方案，上道工序检查达不到合格要求，严禁下道工序的施工。

③凡穿线后发现漏戴护口，应重新用仪表检查导线绝缘电阻，达到合格要求后，应全部补齐护口，否则先补护口后，重新换线和穿线。

3．管内穿线方法不当

（1）现象

穿线方法不当，使导线搭压弯结小弯或死弯（又称背扣或死扣），损坏绝缘层，严重时将会使导线损伤或断裂。

（2）防治

①提高电工操作水平，按电工标准要求进行培训，合格后上岗。

②穿线时应经技术交底，按标准工艺要求进行穿线。

③穿引线钢丝端头与导线端头的弯曲圆圈及其相互结扎连接方法，均应按要求进行及穿线控制。

4．导线连接

（1）现象

①剥除绝缘层时损伤线芯。

②焊接头时焊料不饱满，接头不牢固。

③铝导线连接采用缠接。

④铜、铝线连接时未做铜铝过渡处理。

⑤多股导线与设备、器具连接时未用接线端子。

⑥压头时不满圈，造成压接点松动。

（2）原因

①用电工刀刃直角切割导线绝缘层，切伤线芯。

②铝导线焊接时，未清除氧化膜。铜线连接时，清理表面不彻底，焊接不饱满，表面无光泽。

③铜、铝连接未采用过渡段，不符合质量要求。

④导线和设备、器具压接时，压头不紧，未加弹簧垫圈。

⑤铝导线连接未按施工验收规范的规定进行。

⑥对于各种导线的接头，没有严格进行接触电阻的测定。

（3）防治

①剥切导线的绝缘层时，应采用专用剥线钳。若采用电工刀剥切绝缘层时，刀刃禁忌直角切割，要以斜角剥切。

②铝导线的连接应使用熔焊、机械连接或压接法连接。一般 4mm² 以下铝导线，采用螺旋压接帽拧紧连接或采用安全型压接帽压接。6mm² 以上铝导线，用铝套管压接，或用气焊连接。

为使接头焊好，在多股导线并头焊接前须分别进行封头焊，并在两根导线靠近绝缘层部分缠以浸过水的石棉绳，以避免焊接时烧坏绝缘层，然后用钢丝将所要连接的导线绑扎在一起，进行焊接。

接头焊完后，要立即清除残存的焊药及残渣，可趁热用棉纱蘸清水洗净擦干，待冷却后再包缠绝缘层。

③铝导线与铜导线接头方法：

a.25mm² 单股铝线与多股铜芯软线接头，铜软线刷锡后缠绕在铝线上，缠 5 圈后将铝线弯曲 180°，用钳子夹紧，或将软铜线刷锡后，采用瓷接头压接。

b.25mm² 铝线与 25mm² 铜线连接，可采用端子板压接，或将铜线刷锡后再缠绕连接，也可采用螺旋压接帽压接。

c. 多股铝线与多股铜线连接时，可先将铜线刷锡用铝套管压接。

d. 多股铝线与设备、电器连接时，均应采用铜铝过渡端子压接，若确无铜铝过渡端子，可用铝接线端子代替，但与设备、电器接触处要垫一层锡箔纸，以减少电化腐蚀作用，而且压接螺栓必须加弹簧垫。不允许将多股铝导线自身缠圈压接。

e. 导线对接或导线与设备连接好后，应用双臂电桥测定连接点的接触电阻。接地电阻不应大于该段导线本身的电阻值。

5. 导线绝缘层不符合要求

（1）现象

①损伤芯线。

②减少导线有效截面和用电负荷，甚至发生事故。

（2）防治

①用刀刃切割绝缘层时，用刀方法要正确，应斜成 45° 剥削。

②用刀垂直剥削时，应做到既能切掉绝缘层，又不损伤芯线。

③用克丝钳剥削时，拿钳用力不要过大，并根据导线绝缘层直径正确选用钳口内外夹绝缘层的位置，均可防止损伤芯线。

④凡导线芯线被损伤，应将被削线段剪掉一段，按上述要求重新剥削和连接。

6. 铜导线连接后接头处焊接不符合规定

（1）现象

①焊料不饱满。

②接头处连接不牢固，并产生松脱。

③造成运行时接触不良，甚至熔断。

（2）防治

①铜导线的连接应在绝缘层剥削后，及时清理表面，马上进行焊接。

②施焊时加热温度及焊锡量都应适当。

③导线若先连接，不能及时施焊时，必须清除表面氧化铜，焊前涂足助焊剂，才能焊接牢固。

④铜导线接头发现不牢固时，应焊掉原焊金属，表面处理干净后，重新焊接。

7. 铝导线电阻焊接工艺不正确

（1）现象

①产生断股。

②根部未熔合。

③焊接处焊渣及焊药等未处理，造成氧化腐蚀。

（2）防治

①多股导线接头处应连接牢固，然后清理干净氧化膜后，再焊接。

②焊电阻时，正确掌握施焊电压和焊接熔合时间。

8. 接头处绝缘包扎不符合要求

（1）现象

①绝缘带包扎松散，不严密。

②中间接头和端部不牢固，出现"打小旗"等现象。

③易造成漏电和发生触电事故。

（2）防治

①包扎高压绝缘橡胶时，应拉长 2 倍，半叠压半包扎。

②包扎低压黑胶布时，应将起端（已包扎高压胶布）压在里面，终止端回缠2～3圈压在上边。

③凡接头绝缘包扎不符合要求者，应将原包扎层剥除，按上述要求重新包扎。

（三）钢索安装及配线

1．钢索安装

（1）现象

①钢索弛度太大。

②钢索中间吊架间距不符合要求。

③固定钢索的零件未做镀锌处理或涂刷防腐漆。

（2）防治

①钢索布线敷设导线及安装灯具后，钢索的弛度不应大于100mm，若达不到要求，应增加中间吊钩。

②为保证钢索张力不大于钢索允许应力，固定点的间距不应大于12mm，中间吊钩宜使用圆钢，圆钢直径不应大于8mm，吊架与钢索连接处吊钩的深度不应小于20mm，并应有防止钢索跳出的锁定装置。

③固定钢索的支架、吊钩在加工后应做镀锌处理或涂刷防腐漆。

2．钢索配线

（1）现象

①用铝线卡在钢索上固定护套线，线卡间距超过规定值。

②钢索吊装鼓形绝缘子布线的吊架间距太大。

③钢索吊装管布线的吊卡间距不符合要求。

（2）防治

①为了确保钢索吊装护套线固定牢靠，应均匀分布线卡间距，线卡距灯头盒的最大距离为100mm；线卡之间最大距离为200mm，线卡间距应均匀一致。

②在灯位处两端的扁钢吊架的距离不应大于100mm，其他各扁钢吊架的间距应均匀分布，最大间距不应大于1500mm。

③钢管上的吊卡距接线盒间的最大距离不应大于200mm，吊卡之间的间距不应大于1500mm；塑料管的吊卡距灯位接线盒间最大距离不应大于150mm，吊卡之间的距离不应大于1000mm。

（四）封闭式插接式母线安装

1．现象

（1）母线外壳及绝缘件不完整，有损坏现象。

（2）母线水平敷设不符合要求。

（3）插接分线箱与带孔母线槽不匹配，接触不良。

（4）母线组装和卡固位置不正确。

（5）母线支架安装不符合要求。

2．原因

（1）安装时对母线未严格验收检查。

（2）安装人员对安装规范不熟悉，未按要求进行施工。

（3）安装后未进行质量检查。

3．防治

（1）安装前应先检查外壳及绝缘件是否完整，有无损坏，并用 500V 兆欧表测量每段母线的绝缘电阻，其阻值不小于 20MΩ，相线与相线、相线与中性线之间的绝缘电阻必须大于 1.5MΩ。

（2）封闭式插接式母线水平敷设时，至地面的距离不应小于 2.2m，垂直敷设时，距地面 1.8m，以下部分应采用防止机械损伤措施。

（3）封闭式插接式母线应按分段图、相序、编号、方向和标志正确放置。

（4）封闭式插接式母线槽电流容量从始端至终端逐步变小，可使用变容量接头，顺序地对母线槽减容，以节约投资。变容量接头标准长度为 1.5m。

（5）当直线段敷设长度超过一定数值时，应设置伸缩节（即膨胀节母线槽）。母线水平跨越建筑物的伸缩缝或沉降缝处，也应采取适当措施。

（6）插接分线箱与带插孔母线槽匹配使用，并配有接地线。分线箱底边距地面 1.4 ~ 1.6m 为宜。

（7）母线的连接不应在穿过楼板或墙壁处进行。当母线穿过楼板垂直安装，安装其弹簧支架时，必须保证母线的接头中心高于楼板面 700mm。

（8）母线与母线连接时，两相邻段的母线及外壳应对准，母线与外壳间应同心，且误差不应超过 5mm，连接后不应使母线及外壳受到机械应力。

（9）严禁带电拆装母线，安装和拆卸分线盒时，应将负荷断开。

（10）接地线应牢固，防止松动，且严禁焊接。封闭式插接式母线外壳应与专用保护线连接。

（11）支架安装位置应正确，横平竖直，固定牢靠。成排安装时应排列整齐，间距均匀。

（12）封闭式插接式母线的组装和卡固位置应正确，固定牢靠，横平竖直。成排安装应排列整齐，间距均匀，便于检修。

第二节　室外线缆敷设施工

一、架空线缆施工

（一）架空线路施工一般要求

（1）混凝土电的埋设深度通常为杆高的 1/6。混凝土电杆卡盘的安装方向应沿线路方向左右交替。横担的方向应安装在靠负荷的一侧。凡是终点杆、转角杆、分支杆及导线张力不平衡地方的横担均应安装在张力的反方向。

（2）架空线在电杆上的排列次序如图 8-6 所示。即当面向负荷时，左起依次为 L1、N、L2、L3、PE。

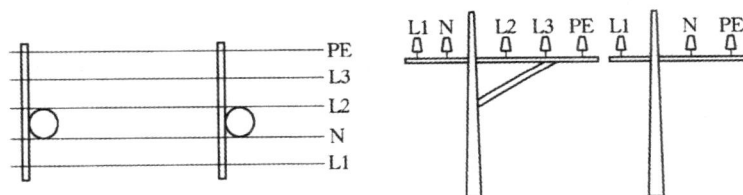

图8-6　架空线在电杆上排列次序

（3）架空线路所用的横担及所有金属配件一律采用镀锌产品，有些配件局部无法镀锌时要做防锈处理。

（4）架空线路为多棚线时（即多层架设），自上而下的顺序是：高压→动力→照明→路灯。

（5）在架空线路的连接方式有：①在同一个挡距内导线的接头最多只准有 1 个；②导线接头的位置应距绝缘子 0.5m 以上；③在同一个挡距内不得将不同截面、不同金属、不同绞向的导线相连接。

（6）在线路断线处改变导线的截面应采用并沟线夹、绑管压接或绑扎。从线路向下 T 接时，应采用并沟线夹连接。

（7）拉线和电杆的夹角不应小于 45°，如果受当地条件限制最少也不得小于 30°。

（8）钢筋混凝土电杆的拉线一般不装设拉紧绝缘子。但是如果拉线穿过导线时应安装拉紧绝缘子。安装位置距地 2.5m 以上。拉线在交通要道附近或在居民区人容易接触的地方应用涂有红白油漆的竹管等绝缘材料进行保护。

（9）10kV 高压线路一般不应跨越建筑物，如果不得已必须跨越时，配电线路与建筑物应保持安全距离如下：①导线最大弧垂时与建筑物的垂直距离不小于 3m；② 1kV 及以下线路与建筑物的垂直距离不小于 2.5m；③ 10kV 边线最大偏斜时与建筑物的水平距离不小于 1.5m；④ 1kV 及以下线路最大偏斜时与建筑物的水平距离不小于 1.0m。

（10）架空线路最低点与地面的最小允许距离，见表 8–21。

表8-21　架空线路最低点与地面的最小允许距离　　　　　单位：m

地区条件	电压	
	1.0kV 以下	1 ~ 10kV
交通要道	6	7
居民区	6	6.5
非居民区	5	5.5
铁轨（至轨顶）	7.5	7.5

（二）电杆的基础施工

1. 电杆定位

根据设计图纸标定的位置，结合现场情况，逐一确定每一根电杆的位置。电杆的定位，一般应使用经纬仪，如果线路较短，也可使用花杆（三点成一线）目测法校勘直线，并用皮尺丈量距离。10kV 及以下架空线直线杆顺线路方向的位移，不应超过设计挡距的 3%，直线杆横线路方向位移不应超过 50mm；转角杆、分支杆的横线路、顺线路方位的位移均不应超过 50mm。杆位确定后，应立即打入标志桩。

2. 基坑

（1）坑口尺寸

坑口的尺寸要大于坑底的尺寸，如图 8-7 所示。这是为了施工的方便，也是为了防止坑壁的塌方。坑口尺寸，可参考表 8-22 所列不同土质情况下的计算公式进行计算后来决定。

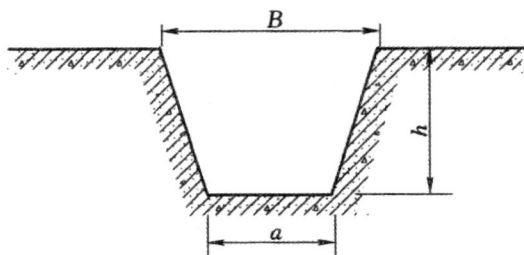

图8-7 杆坑及拉线坑尺寸示意

表8-22 坑口尺寸加大的公式

土质情况	坑壁坡度	坑口尺寸
一般粘土、砂质粘土	10%	B=a+0.1h×2
沙砾、松土	30%	B=a+0.31h×2
需用挡土板的松土	–	B=a+0.6
松石	15%	B=a+0.15h×2
坚石	–	B=a

注：a——坑底尺寸（m），a=6+0.4；6为杆根宽度（不带地中横木、卡盘或底盘的杆根）（m），或地中横木或卡盘长度（带地中横木或卡盘的杆根）（m），或底盘宽度（带地盘的杆根）（m）。

h——坑的深度（m）。

（2）挖坑

按照划好的坑口尺寸，按表8-22所列的坡度，进行挖掘杆坑。

挖出的土，应堆放在离坑边0.5m以外的地方，以免影响坑内的工作和今后的立杆施工。当挖到坑内出水时，应在坑的一角深挖一个小坑集水，并用水桶或水泵将水排出。当挖掘中遇到流沙或易塌方的松软土质时，一般应采取扩大坑口尺寸，并在挖至要求深度后，立即立杆及用围栏或板桩支撑坑壁。当坑较深，采用扩大坑口不易保证安全，或土方量过大时，则一般采用围栏或板桩来支撑坑壁，以防止坑壁的倒塌。

杆坑的梯形马道，应在放置电杆的一侧；拉线坑的梯形马道，也应在拉线侧，马道的坡度应与拉线角度一致，以使拉线底把在埋入坑内以后与拉线方向一致。

坑的深度应按设计图纸的规定，若图纸未予注明，则可按表8-23进行确定，一般为杆长的1/5 ~ 1/6。若电杆装设底盘时，则坑深应加上底盘的厚度。

表8-23　电杆埋设深度表

杆长 L/m	8	9	10	11	12	13	15
埋深 h/m	1.5	1.6	1.7	1.8	1.9	2.0	2.3

3．基础施工时应注意的事项

（1）施工时所用的工具，必须坚固，并应经常检查，以免发生意外。

（2）电杆基础坑深度的允许偏差为 +100mm、–50mm。同基基础坑在允许偏差范围内应按最深一坑找平。

双杆基础坑的根开的中心偏差不应超过 ±30mm，且两杆坑深应一致。

（3）电杆基坑底采用底盘时，底盘的圆槽面应与电杆中心线垂直，找正后应填土夯实至底盘表面。底盘安装允许偏差应使电杆组立后满足电杆允许偏差的规定。

电杆基础采用卡盘时，安装前应将其下部土壤分层回填夯实；安装位置、方向、深度应符合设计要求；深度允许偏差为 ±50mm，当无设计要求时，上平面距地面不应小于 500mm ；与电杆连接应紧密。

（4）在打板桩时，应该用木块垫在板桩头部，以免打裂板桩。在拆除板桩时，应由下而上，逐一拆除。在更换支撑时，应先装上新的，然后再拆下旧的。

（5）当坑深超过 1.5m 时，坑内的工作人员必须戴好安全帽。当坑底超过1.5m，而在坑内需要两人同时工作时，两人不可对面或靠得太近进行工作。

（6）坑边不可堆放重物和工具，以防塌方或掉落时伤人。

（7）在挖坑期间或坑已挖好但未立杆时，应在坑的四周设置围栏及标志，夜间应设置红色警戒灯，以防行人跌入坑内。

（三）组装电杆

电杆的组装，可以采取在地面上预组装和立杆后组装两种形式。一般均采用前者，因为这可以既省力，效率又高。

1．组装后电杆的形式

由于电杆在架线中所处的地位不同，所以组装后电杆的形式也不同。按常用的电杆来分，可分为直线杆、耐张杆、转角杆、终端杆、分支杆及跨越杆等六种形式。

2．横担

横担有铁横担、木横担与瓷横担三种，以铁横担使用最广泛，它一般用镀锌角钢制成。

横担的安装，根据导线布置的不同，安装位置也不同。在低压线路中，导线的布置都采用水平排列；在 3 ~ 10kV 高压线路中，导线的布置有三角形排列与水平排列两种（三角形排列，能提高线路的耐雷水平）。

直线杆及 15°以下的转角杆，宜采用单横担；跨越主要道路时，应采用单横担双绝缘子；15°~ 45°的转角杆，宜采用双横担双绝缘子；45°以上的转角杆，宜采用十字横担。

（1）横担安装的位置

①直绝杆横担，应装在负荷侧。

②终端杆、转角杆、分支杆以及导线张力不平衡处的横担，应装在张力的反向侧（拉线侧）。

③直线杆多层横担，应装在同一侧（平面架设在一个垂直面上，和线路成直角）。

横担安装应平正，横担端部上下歪斜不应大于 20mm；横担端部左右扭斜不应大于 20mm；

双杆的横担，横担与电杆连接处的高差，不应大于连接距离的 5/1000；左右扭斜，不应大于横担总长度的 1/100。

（2）支持铁拉板的安装

①高压线路的横担，应在两侧都安装铁拉板。

②低压线路的横担，可以在一侧安装铁拉板。二线、四线的横担，装设垫铁时，可以不装设铁拉板。在一侧安装铁拉板时，应装设在 L2、L3 相的一侧。

（3）横担的排列

①横担距杆顶的距离。导线作水平排列时（包括高压和低压），横担距杆顶的距离，一般为 200mm；导线作三角形排列时，横担距杆顶的距离，一般为 600mm。

②横担间的间距。在同一根电杆上架设多回路线路时，各层横担间的垂直距离，不应小于表 8-24 所列数据。

表 8-24　横担的间距　　　　　　　　　单位：mm

类别	直线杆	分支或转角杆
高压与高压	800	距上横担450/距下横担600
高压与低压	1200	1000
低压与低压	600	300

续表

类别	直线杆	分支或转角杆
高压与通讯线	2500	2500
低压与通讯线	1500	1500

3．绝缘子

绝缘子（瓷瓶）用以支持、固定导线以及使带电导线间、导线与大地间电气绝缘。

在 10kV 及以下的高压线路中，直线杆采用针式绝缘子（当采用铁横担时，针式绝缘子宜采用高一电压等级的绝缘子）或瓷横担；耐张杆宜采用一个悬式绝缘子和一个 10kV（6kV）蝴蝶式绝缘子或采用两个悬式绝缘子组成的绝缘子串。

在低压线路中，直线杆一般采用低压针式绝缘子或低压瓷横担；耐张杆应采用低压蝴蝶式绝缘子或一个悬式绝缘子。

绝缘子安装应该注意以下规定：

（1）安装应牢固，连接可靠，防止瓷裙积水。应清除表面污垢、附着物及不应有的涂料。

（2）悬式绝缘子的安装，应使其与电杆、导线金具连接处无卡压现象。耐张串上的弹簧销子、螺栓及穿钉应由上向下穿。悬垂串上的弹簧销子、螺栓及穿钉应向受电侧穿入。两边线应由内向外，中线应由左向右穿入。

（3）绝缘子裙边与带电部位的间隙，不应小于 50mm。

（4）瓷横担绝缘子的安装：

①当直立安装时，顶端顺线路歪斜不应大于 10mm。

②当水平安装时，顶端宜向上翘起 5°～15°；顶端顺线路歪斜不应大于 20mm。

③当安装在转角杆时，顶端竖直安装的瓷横担支架，应安装在转角的内角侧（瓷横担应装在支架的外角侧）。

④全瓷式瓷横担绝缘子的固定处应加装软垫。

4．金具（铁件）

线路金具用于连接导线、组装绝缘子、安装横担、安装拉线等。它包括架空线上使用的所有铁制或铜、铝制的金属部件。

5．电杆组装

（1）根据设计图纸的要求，仔细检查电杆的型号、规格与质量。钢筋混凝土电杆，存在下列质量问题或损坏程度者，均不得使用：

①裂纹宽度超过 1mm。②裂纹宽度虽未超过 1mm，但是整圈裂纹，而两整圈裂纹的距离又小于 500mm。③电杆的混凝土损伤脱落，且纵向主钢筋外露情况严重。

④电杆弯曲超过杆长的 1/200。

（2）根据设计图纸的要求，检查横担、绝缘子及金具的型号、规格与质量。

（3）核对电杆、横担、绝缘子及金具等是否能配套使用。

（4）安装横担。先将电杆顺线路方向放置在准备起立的杆坑边，然后确定各层横担安装的位置。再按横担的位置放置 M 形抱铁与横担，并用 U 形抱箍螺栓套入横担孔中，拧紧螺母，将横担逐一紧固在电杆的规定位置上。

（5）安放绝缘子。将一定型号、规格的绝缘子，通过串钉螺栓、螺母，紧固在横担上。这样，就完成了整个电杆的组装工作。

（四）立杆

立杆就是把已组装好的电杆，按照规定的位置与方向，将电杆立起并埋入杆坑。其主要步骤是：立杆、杆身调整、涂防腐油（对木杆）及回填土并夯实。

1. 立杆

根据杆型与所用工具的不同，立杆的方法也有多种，最常用的有三种：汽车起重机立杆、架杆立杆与固定式人字抱杆立杆。汽车起重机立杆既理想、安全、效率又高，有条件的地方，应尽量采用，目前，也是采用最多的方法。

立杆时，先将汽车起重机开到距坑道适当位置处，然后在电杆（从根部量起）1/2 ~ 1/3 处系一根起吊钢丝绳，再在杆顶向下 500mm 处临时系三根调整绳。起吊时，坑边要有两人负责监视电杆根部进坑，另有三人各拉一根调整绳，站成以坑为中心的三角形，并由一人负责指挥。当杆顶离地面 500mm 时，应对各处绑扎的绳扣进行一次检查，当确认绳扣牢固、可靠时，再继续起吊。

2. 杆身调整

（1）指挥者应站在相邻未立杆的杆坑线路方向上的辅助标桩处或其延长线上；面对线路向已立杆方向观测电杆，指挥调整，使它与已直立的电杆处在一条直线上。

（2）对转角杆，指挥者应站在与线路垂直方向或转角等分线的杆坑中心辅助标桩处，通过垂直观测电杆，指挥调整。

（3）转角杆与终端杆，应向张力的另一侧（即拉线侧）倾斜，倾斜距离约等于电杆直径。

（4）杆位调整，一般可用杠子拨；杆面调整，一般可用转角器或在电杆上用绳子绑扎一根木杠，以推磨方式转动电杆，使电杆立好后能正直，其位置偏差应符合下列规定：

①单电杆：

a.直线杆的横向位移不应大于 50mm。

b.直线杆的倾斜，10kV 及以下架空电力线路直线杆，杆梢的位移不应大于杆梢直径的 1/2。

c.转角杆的横向位移不应大于 50mm。

d.转角杆应向外角预偏，紧线后不应向内角倾斜。其向外角倾斜后的杆梢位移，不应大于杆梢直径。

②终端杆立好后，应向拉线侧预偏，其预偏值不应大于杆梢直径。紧线后不应向受力侧倾斜。

③双电杆。

a.直线杆的结构中心与中心桩间的横向位移不应大于 50mm。

b.转角杆的结构中心与中心桩间的横向、纵向位移不应大于 50mm。

c.迈步不应大于 30mm。根开不应超过 ±30mm。

3. 回填土

立杆并经调整好后，即可回填土。回填土时，应将土块打碎，并清除土中的树根、杂草，必要时可在土中掺一些块石。若坑内有积水，则应预先排除。若坑基处易被水冲刷，则应在电杆周围埋设立桩，并砌以石块，以防冲垮。

回填土时，对于 10kV 及以下的架空电力线路的基坑，应每回填土 500mm 夯实一次。对于松软土质，则应增加夯实次数或采取加固措施。夯实时，应在电杆的两侧交替进行，以防电杆的移位或倾斜。当回填土至坑深的 2/3 时，必要时安装卡盘。

回填土后的电杆基坑应设置防沉土层。土层上部不宜小于坑口面积；培土高度应超出地面 300mm。采用抱杆立杆留有的滑坡，也应回填土夯实并有防沉土层。

（五）拉线与撑杆的安装

1. 拉线

拉线的作用，是平衡电杆各方向的拉力，防止电杆的弯曲或倾倒。因此，在承受不平衡拉力的电杆（转角杆、终端杆、跨越杆等）上，均须装设拉线，以达到平衡的目的。

（1）拉线装置的要求

①拉线与电杆间的夹角心视电杆的受力情况而定，一般为 45°。若受地形限制，可适当减小，但不能小于 30°。

②拉线用镀锌铁丝或钢绞线制作。在 10kV 及其以下线路，一般用直径为 4mm 的镀锌铁丝制成，每条拉线不少于 3 股；或用截面积不小于 $25mm^2$ 的钢绞线。当承载力较大，每条拉线须超过 9 股铁丝时，则应改用镀锌钢绞线；拉线底把超过 9 股时，应改用圆钢拉线棒。

③由于下部拉线或拉线棒埋设于土中，容易被腐蚀，所以下部拉线应比上部拉线多 2 股铁丝，或选用截面积高一挡的钢绞线。若用拉线棒，则其截面积不小于 $16mm^2$，且必须镀锌，以防腐蚀。

④拉线在地面上、下各 300mm 的部分，应涂防腐油，再用浸过防腐油的麻皮条缠卷；最后用铁丝绑牢。

⑤在线路标高相差悬殊的地方，导线成仰角时，应使用拉线；成俯角时，应使用撑杆。

（2）拉线安装

①拉线结构及其长度计算

拉线的结构如图 8-8 所示。其整体由拉线抱箍、楔形线夹、钢绞线、UT 形线夹、拉线棒和拉线盘组成，其组装图见图 8-9。当在居民区和厂矿区，拉线从导线之间穿过时，则应装设拉线绝缘子，并应使在拉线断线时，拉线绝缘子距地面不应小于 2.5m。其目的是避免拉线上部碰触带电导线时，人员在地面上误触拉线而触电。

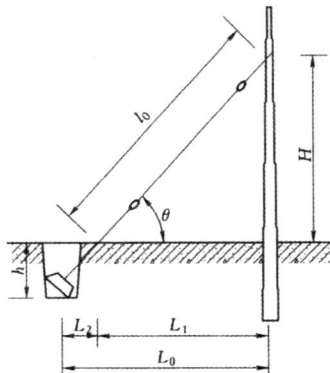

图 8-8　一般地形拉线示意图

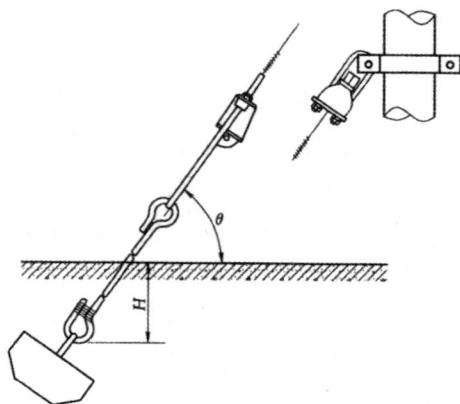

图8-9　单钢绞线普通拉线组装示意

拉线长度的计算，一般盖先计算拉线的计算长度，然后再计算拉线的预割长度，即钢绞线的下料长度。所谓拉线的计算长度，即是从电杆上拉线固定点至拉线棒出土处的直线长度，见图 8-8 上的 l_0。其值为：

$$l_0 = H / \sin\theta$$

算出拉线计算长度的目的是计算拉线组装所需钢绞线的长度，即拉线的预割长度。一般采用下式计算，即

钢绞线长度 = 拉线计算长度 - 拉线棒出土部分长度 - 两端连接金具的长度 + 两端金具出口尾部钢绞线折回长度

②拉线组装

a.埋设拉线盘。将拉线棒与拉线盘组装好，放入拉线坑内，将拉线棒方向对准已立好的电杆。此时拉线棒应与拉线盘成垂直，若不垂直，应向左或向右移正拉线盘，直至符合要求为止，再回填土夯实。埋设好后，应使拉线棒的拉环露出地面 500 ~ 700mm。

b. 做拉线上把。拉线上把装在电杆上，需用拉线抱箍及螺栓固定（也可在横担上焊接拉线环）。组装时，先用一只螺栓将拉线抱箍抱在电杆上，然后把预制好的上把拉线环放在两块抱箍的螺孔间，穿入螺栓拧上螺母固定。或使用 UT 形线夹代替拉线环，先将拉线穿入 UT 形线夹固定，再用螺栓将 UT 形线夹与拉线抱箍连接，如图 8-9 所示。

c.收紧拉线做中把。在下部拉线盘埋设好，拉线上把也做好后，便可收紧拉线做中把，使上部拉线和下部拉线棒连接起来，成为一个整体，以发挥拉线的

作用。

收紧拉线时，一般使用紧线钳。将紧线钳下部钢丝绳系在拉线棒上，紧线钳的钳头夹住拉线高处，收紧钢丝绳将拉线收紧。将拉线的下端穿过 UT 形线夹的楔形线夹内，将楔形线夹与已穿入拉线棒拉环的 U 形环连接，套上螺母，此时即可卸下紧线钳，利用可调 UT 形线夹调节拉线的松紧。拉线穿过楔形线夹折回尾线长度为 300 ~ 500mm，尾线回头与本线应扎牢。

（3）拉线装置安装要求

①拉线安装后，对地平面夹角与设计值的允许偏差，对 10kV 及以下架空电力线路不应大于 3°。特殊地段应符合设计要求。

②承力拉线应与线路方向的中心线对正；分角拉线应与线路分角线方向对正；防风拉线应与线路方向垂直。

③水平拉线跨越汽车通道时，拉线对路面边缘的垂直距离不应小于 5m，对路面中心的垂直距离不小于 6m。跨越电车行车线时，对路面中心的垂直距离不应小于 9m。

④拉线盘的埋设深度与方向，应符合设计要求。拉线棒与拉线盘应垂直，连接处应采用双螺母，其外露地面部分的长度应为 500 ~ 700mm。

⑤拉线坑应有斜坡，回填土时应将土块打碎后夯实。拉线坑也应设置防沉层。

⑥当采用 UT 形线夹或楔形线夹固定安装时，应在安装前将丝扣上涂润滑剂；线夹舌板与拉线接触应紧密，受力后无滑动现象，线夹凸肚应在尾线侧，线股不得受损伤；拉线的弯曲部分不应有明显松股，拉线断头处与拉线主线应固定可靠，线夹处露出的尾线长度应为 300 ~ 500mm，尾线回头后应与本线扎牢；当同一组拉线使用双线夹及连板时，其尾线端的方向应统一；UT 形线夹或花篮螺栓的螺杆应露扣，并应有不小于 1/2 螺杆丝扣长度可供调紧，调整后，UT 形线夹的双螺母应并紧，花篮螺栓应封固。

⑦当采用绑扎固定安装时，应在拉线两端设置心形环；钢绞线拉线，应采用直径不大于 3.2mm 的镀锌铁丝绑扎固定，绑扎应整齐、紧密，其最小缠绕长度应符合表 8-25 的规定。

表8-25　最小缠绕长度

钢绞线截面/mm²	最小缠绕长度（mm）				
	上段	中段有绝缘子的两端	与拉棒连接处		
			下端	花缠	上端
25	200	200	150	250	80
35	250	250	200	250	80
50	300	300	250	250	80

⑧采用拉线柱拉线时，其安装应符合下列规定：

a.拉线柱的埋设深度应根据设计要求而定。若无设计要求时，则采用坠线的，其埋深不应小于拉线柱长的1/6；采用无坠线的，则应按其受力情况确定。

b.拉线柱应向张力反方向倾斜10°～20°。坠线与拉线柱夹角不应小于30°。坠线上端固定点的位置距拉线柱顶端的距离应为250mm。

c.坠线采用镀锌铁丝绑扎固定时，最小缠绕长度应符合表8-25的规定。

⑨当一根电杆上装设多条拉线时，各条拉线的受力应一致。

⑩采用镀锌铁丝合股组成的拉线，其股数不应少于3股，镀锌铁丝的单股直径不应小于4mm，绞合应均匀，受力相等，不应出现"抽筋"现象。

合股组成的拉线，可采用直径不小于3.2mm的镀锌铁丝绑扎固定，绑扎应整齐紧密。其缠绕长度为：5股以下者，上端为200mm；中端有绝缘子的两端为200mm；下缠150mm，花缠250mm，上缠100mm。

合股拉线采用自身缠绕固定时，缠绕应整齐紧密。其缠绕长度为：3股线不应小于80mm，5股线不应小于150mm。

混凝土电杆的拉线，宜不装拉线绝缘子。若拉线从导线之间穿过，则应装设拉线绝缘子。在断拉线的情况下，拉线绝缘子距地面不应小于2.5mm。

2.撑杆

在受到地形环境的限制，无法装设拉线时，可采用撑杆（又称为顶杆）来代替拉线。撑杆安装在攻力的同一方向，其上端应在拉力的合力的作用点上。撑杆底部的埋深不得小于0.5m，且应有防沉措施。撑杆与主杆之间的夹角应根据设计要求而定（一般采取30°左右），其允许偏差为±5°。

为使撑杆与主杆的连接紧密、牢固，一般采取在撑杆与主杆的结合处，用两块联板（用60×60×5角钢制作）和四根螺栓（螺栓直径为16mm）予以固定。在联板与主杆及撑杆之间垫放四块M形抱铁。撑杆底部，应垫以底盘或石块，并与撑杆垂直。

（六）导线架设

架空线路的导线，一般采用铝绞线。当 10kV 及以下的高压线路挡距或交叉挡距较长、杆位高差较大时，宜采用钢芯铝绞线。在沿海地区，由于盐雾或有化学腐蚀气体的存在，宜采用防腐铝绞线、铜绞线。在街道狭窄和建筑物稠密的地区，应采用绝缘导线。

1. 放线

放线，就是将成卷的导线沿着电杆的两侧放开，为将导线架设到横担上做准备。

放线前，应清除沿线的障碍物。在展放导线的过程中，应对已展放的导线进行外观检查：导线不应发生磨伤、断股、扭曲、金钩与断头等现象。

对于线路较短、截面积较小的导线，可采用手工放线；截面积较大的导线，可将线轴安放在高低可调的放线架上，用人力或卷扬机牵引放线。当线路较长时，为避免导线与大地的摩擦，又为了减轻放线时的牵引拉力，可以在每个直线杆的横担上挂一个直径不小于导线直径 10 倍的滑轮，并带有开口，以便将导线放进滑轮槽内，方便放线。

2. 架线

架线又称为挂线，就是将展放在靠近电杆两侧地面上的导线架设到横担上。导线截面积较小时，可由地面人员用挑线竿将导线挑给杆上人员；导线截面积较大时，可由杆上人员用绳索提吊导线，以将导线架设到横担上或放入滑轮内。一般来说，放线与架线是同时配合进行的，即边放线边架线，使导线沿着滑轮向前移动。

3. 紧线

紧线是在每个耐张段内进行的。紧线时，应先在线路一端耐张杆上把导线牢固地绑扎在绝缘子上，然后用人力或机械力在另一端牵引拉紧。

紧线一般使用钳式紧线器进行。为防止紧线时产生横担扭转，一般可先收紧两根线（先紧两边线，后紧中线），或者三根主线同时收紧。

当导线截面较大、耐张段较长时，可采用卷扬机紧线。

紧线的标准是根据设计提出的导线弛度（即弧垂）的要求来决定的。所以，在紧线的过程中，必须配合对弧垂的观察与调整。首先选取一个观察挡（一般取中部），然后在观测直线挡两侧杆上导线的悬挂点，各向下量出观察弧垂值的尺寸距离，做出明显的颜色标志（如绑一条水平弧垂板）。由观察人员在电杆上，从一侧弧垂板瞄准对侧弧垂板，同时用信号（如手旗等）与紧线人员联络，指挥紧线的松或紧。当观察人员观察到收紧的导线正好与瞄准的直线相切时，即通知紧线人员停止弧垂的调整工作，因为此时的弧垂就是所要求的弧垂。

根据规定：10kV 及以下架空电力线路的导线紧好后，弧垂的误差不应超过设计弧垂的 ±5%。同挡内各相导线的弧垂宜一致，水平排列的导线弧垂相差不应大于 50mm。

但是，导线的弧垂是与所安装的导线的材质、耐张段的挡距、气温的变化等因素有关。同时，架设新导线时，导线会因受张力产生永久变形而形成所谓初伸长，使弧垂增大。所以，紧线时应使弧垂比设计要求的弧垂小。根据施工经验，紧线后的弧垂比设计要求的弧垂的减小量为：铝线为 20%；钢芯铝绞线为 12%；钢线为 7% ~ 8%。

此外，还应注意导线或避雷线紧好后，线上不应有树枝等杂物。

4. 绑线

紧线后，即可将导线绑扎在绝缘子上。绑扎完毕，即可松开紧线器。绑扎时的注意事项：

（1）导线在绝缘子上应绑扎得很紧，使导线不会滑动。但是又不宜过分地将导线绑扎得出现弯曲状，因为这样会损伤导线，同时还会因导线张力过大而破坏绑线。

（2）绝缘导线要使用带包皮的绑线，裸导线可用与导线材料相同的裸绑线，铝镁合金线应使用招线作绑线。

（3）用于低压绝缘子的铜导线的绑线，其直径不小于 1.2mm；用于高压绝缘子的绑线，其直径不小于 1.6mm。铜导线截面积为 35mm^2 及其以下时，绑扎长度为 150mm；截面积为 50 ~ 70mm^2 时，绑扎长度为 200mm。铝导线截面积为 50mm^2 及其以下时，绑扎长度为 150mm；截面积为 70 ~ 120mm^2 时，绑扎长度为 200mm。

（4）绑扎时，应注意防止损伤导线与绑线。绑扎铝线时，不可使用钳子的钳口，只可使用钳子的尖部。

（5）绑线在绝缘子颈槽内，应顺序排列，不得互相挤压在一起。铝带在包缠时，应紧密无空隙，但不可相互重叠。

5. 导线的连接

在架空线路中，在线路挡距内导线的连接常常是不可避免的。然而此处的导线接头是要承受导线拉力的，所以应该尽量避免接头。因为，导线的连接质量直接影响着导线的机械强度与电气性能。导线连接的方式依导线的材质与规格的不同而有所区别，目前，最常用的方法有两种：钳压法与绕接法。

（1）钳压接法

钳压接法适用于铝绞线、铜绞线与钢芯铝绞线。它是采用连接管将两根导线连接起来，其具体的操作方法与操作中注意事项如下：

①检查钳压接法的工具——压接钳是否完好、可靠、灵活。

②选择与准备连接的导线相应的压模与连接管。

③在压接钳上安装好压模。

④将导线的末端，用直径为 0.9 ~ 1.6mm 的金属线绑紧（以免松股）。然后用钢锯或大剪刀将导线锯或剪齐。

⑤清洗导线与连接管内壁，去除油垢与氧化膜，以保证连接的电气性能良好。一般采用汽油清洗（导线的清洗长度应取连接部分的 1.25 倍），然后在导线表面与连接管内壁涂上一层油膏。

⑥将欲连接的导线分别从连接管两端插入，并使线端露出管外 25 ~ 30mm。若是钢芯铝绞线，则应在插入一根导线后，中间插入一个铝垫片，然后再插入另一根导线，以使接触良好。

⑦将连接管放入压接钳的压模中，导线两侧保持平直，然后，按图 8-10 所示顺序（铜绞线、铝绞线从一端开始，依次向一端交错压接；钢芯铝绞线从中间开始，依次向两端交错压接）进行压接。压接的深度 D 与压口的数目 n，如表 8-26 所示。同时，连接管的最外边的压口，应位于导线的端部。

⑧压完后，取出压好的接头，用细齿锉刀锉去连接管管口与压坑边缘翘起的棱角，再用砂纸磨光，用浸蘸汽油的抹布擦净。

对压接与压接后质量的要求：

①压接时，每一个坑应一次压完，中途不可间断，并应压到规定深度。稍停后，才可松开压钳，进行下一个压口。

②连接管因压接而发生的弯曲度不应超过 1%，若弯曲度超过 3%，或压接后连接管出现裂纹，则必须切断后重新压接。

③连接管两端附近的导线不得有鼓包。若鼓包大于原直径的 50% 时，必须切断后重新压接。

④接头的抗拉强度不小于被连接导线本身的抗拉强度的 90%。接头处的电阻值不应大于相同长度导线的电阻值。

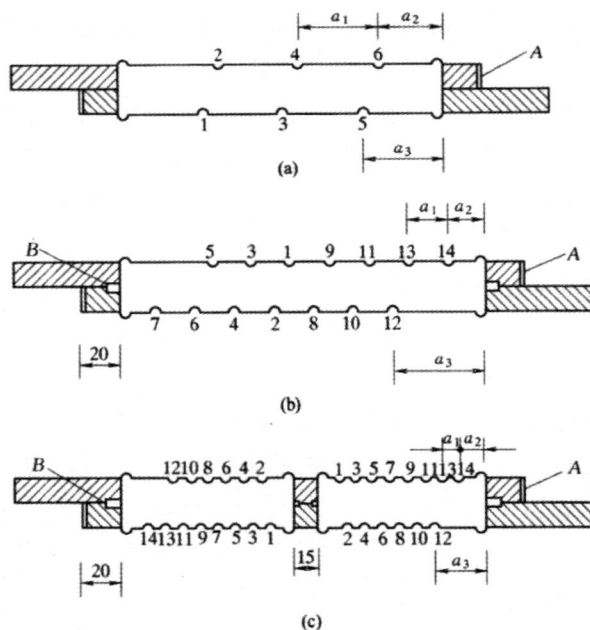

图 8-10　连接管的压接次序

（a）LJ-35 铝绞线；（b）LGJ-35 钢芯铝绞线；（c）LGJ-240 钢芯铝绞线

1，2，3…表示压接操作顺序；A—绑线；B—垫片

表 8-26　导线钳压接压口数及压接深度

绞线截面（mm²）		16	25	35	50	70	95	120	150	185	240
压口数 n	铝、铜	6	6	6	8	8	10	10	10	10	–
	钢芯铝	12	14	14	16	16	20	24	24	26	2X14
压后尺寸（mm）	铝	10.5	12.5	14.0	16.5	19.5	23.0	26.0	30.0	33.5	–
	铜	10.5	12.0	14.5	17.5	20.5	24.0	27.5	31.5	–	–
	钢芯铝	12.5	14.5	17.5	20.5	25.0	29.0	33.0	36.0	39.0	43.0

（2）绕接法

又称插接法或缠绕法，它适用于多股铜芯导线的直接接头。

（七）架空线路安装的其他要求

（1）高压线路的导线，应采用三角排列或水平排列；双回路线路同杆架设时，宜采用三角排列或垂直三角排列。因为三角排列的优点较多：它结构简单，便于施工和运行维护，电杆受力均匀，线间距离增大，提高了运行的安全性、可靠性；利于带电作业，利于对线路的防雷保护采取措施。

低压线路的导线，宜采用水平排列。

（2）架空线路的排列相序的规定是：

①高压线路。面向负荷从左至右，导线的排列相序为 L1、L2、L3。

②低压线路。面向负荷从左至右，导线的排列相序为 L1、N、L2、L3。电杆上的中性线应靠近电杆；沿建筑物架设的线路，中性线应靠近建筑物。中性线的位置不应高于同一回路的相线。

在同一地区内，中性线的排列应统一。

（3）架空线路导线的间距，不应小于表 8-27 所列的数值。

表 8-27　架空线路导线间的最小距离　　　　　　　　　　单位：m

电压 挡距	40 及以下	50	60	70	80	90	100
高压	0.60	0.65	0.70	0.75	0.85	0.90	1.00
低压	0.30	0.40	0.45	–	–	–	–

（4）同一电源的高、低压线路宜同杆架设。为使架空线路便于维修和提高供电的可靠性，所以要求直线杆横担数不宜超过四层（包括路灯线路）。

架设时，应该高压线路在上；同一电压等级的不同回路导线，应把弧垂较大的导线放置在下层；路灯照明回路放置在最下层。

（5）高、低压线回路杆或仅有高压线路时，可以在最下面架设通信电缆，通信电缆与高压线路的垂直间距不得小于 2.5m；仅有低压线路时，可以在最下面架设广播明线和通信电缆，其垂直间距不得小于 1.5m。

（6）向一级负荷供电的双电源线路，不可同杆架设。

（7）高、低压线路宜沿道路平行架设，电杆距路边可为 0.5 ~ 1m。

（8）高、低压线路架设在同一横担上的导线，其截面积差不宜大于三级。

（9）10kV 及以下架空电力线路，在同一挡距内，同一根导线上的接头，不应超过 1 个。导线接头位置与导线固定处的距离，应大于 0.5m，当有防振装置时，应在防振装置以外。不同金属、不同绞向、不同截面的导线，严禁在挡距内连接。

（10）1kV 以下的低压架空电力线路，若采用绝缘导线，展放时不应损伤导线的绝缘层，不应出现扭、弯等现象；导线固定应牢固可靠；导线在蝶式绝缘子上绑扎固定时，应符合前面所述的绑扎规定；接头应符合有关规定，且破口处应进行绝缘处理。

（11）高、低压线路的挡距，可采用表 8-28 所列数据。耐张段的长度不宜大于 2km。

表8-28　架空线路挡距　　　　　　　　　　　　单位：m

地区电区	高压	低压
城区	40 ~ 50	30 ~ 45
居住区	35 ~ 50	30 ~ 40
郊区	50 ~ 100	40 ~ 60

沿建、构筑物架设的低压线路，导线支持点之间的距离，不宜大于 15m。

（12）高压线路的过引线、引下线、接户线与邻相导线间的净空距离，不应小于 0.3m；低压线路不应小于 0.15m。

（13）高压线路的导线与拉线、电杆或构架间的净空距离，不应小于 0.2m；低压线路不应小于 0.1m。高压线路的引下线与低压线路的间距，不应小于 0.2m。

（八）接户线与进户线安装

（1）由高、低压线路至建筑物第一个支持点之间的一段架空线，称为接户线。由接户线至室内第一个配电设备的一段低压线路，称为进户线。一栋建筑物，在一般情况下对同一个电源只做一个接户线。当建筑物较长、容量较大或有特殊要求时，可根据当地供电部门的规定，增设接户线。

（2）低压接户线应采用绝缘导线，当计算电流小于 30A 且无三相用电设备时，宜采用单相接户线；大于 30A 时，宜采用三相接户线。

（3）低压接户线的接户点应接近供电线路，宜接近负荷中心，并便于维修和保证施工安全。

（4）低压接户线的挡距不宜大于 25m，挡距超过 25m 时，宜设接户杆（其挡距不应超过 40m）。高压接户线的挡距不宜大于 40m。

（5）低压接户线的最小截面：绝缘铜线为 4mm^2（当挡距超过 10m 时，应采用 6mm^2）；绝缘铝线为 6mm^2（当挡距超过 10m 时，应采用 10mm^2）。高压接户线的最小截面：铜绞线为 16mm^2；招绞线为 25mm^2。

（6）低压接户线的线间距离，不应小于 0.15m（当挡距超过 25m 时，不应小于 0.2m；若为沿墙敷设，且挡距不超过 6m 时，可不小于 0.1m）；高压接户线采用绝缘线时，线间距离不应小于 0.45m。

（7）低压接户线不应从高压引下线间穿过，以确保人身及设备的安全。同时，也严禁跨越铁路。此外，为保证供电安全，避免事故，对不同金属，不同规格的接户线，不允许在挡距内连接，对跨越通车街道的接户线，也不允许有接头。

（8）接户线在受电端的对地距离，高压接户线应不小于4m；低压接户线应不小于2.5m，若接户点离地低于2.5m时，应加装接户杆，以绝缘线穿管接户。低压进户线应穿管保护接至室内配电设备，保护钢管伸出墙外为0.15m，距支持物为0.25m，并应采取防水措施。低压接户线跨越街道时，其与路面中心的垂直距离：通车街道为不小于6m；通车困难的街道、人行道不小于3.5m；胡同（里）、弄、巷不小于3m。低压接户线至地面的距离：居民区为6m；非居民区为5m；交通困难地区为4m。高压进户线至地面的距离：居民区为6.5m；非居民区为5.5m；交通困难地区为4.5m。

（9）低压接户线在安装时，还应注意它与建筑物有关部位的距离：与接户线下方窗户的垂直距离不小于0.3m；与接户线上方窗户或阳台的垂直距离不小于0.8m；与窗户或阳台的水平距离，不小于0.75m；与墙壁、构架的距离不小于0.05m。

在现代化城市建设中，为了美观与安全，一般都采用电缆（架空或沿墙敷设）的接户方式。

（九）架空线路工程验收

架空线路的施工，与其他项目的施工一样，都必须进行隐蔽工程验收，中间验收与竣工验收三个阶段。

1. 隐蔽工程验收

对架空线路施工来讲，其隐蔽工程的内容大致有下列几项。

（1）基础施工

①杆坑的规格与要求。

②浇制的质量。

③预制基础的埋设。如底盘、卡盘、拉线盘的规格与安装位置。

（2）各种连接管的规格、要求

（3）接地装置的安装

2. 中间验收

中间验收是指当施工班组完成一个（或数个）分项目（如基础、杆塔、接地等的每一根或架线的每一挡）后进行的验收。对架空线施工来讲，大致有下列几项。

（1）电杆及拉线

检查内容包括：电杆的焊接质量；杆身高度及偏扭情况；横担的歪扭情况；各部分零件的规格；各部分连接的紧密程度；拉线的情况；回填土情况等。

（2）接地

检查内容是实测接地电阻值，看其是否符合设计的规定值。

（3）架线

检查内容包括：导线、绝缘子、金具的型号、规格是否符合设计图纸的规定；弧垂；跳线对各部分的电气距离；电杆在架线后的挠度；相位；导线连接的质量；线路与地面，建筑物等的距离等。

3．竣工验收

竣工验收是工程全部或其中部分工程已全部结束后进行的验收。其检查项目除中间验收所列项目外，还需补充一些没有进行但必须进行检查的项目。对架空线路的施工工程来讲，尚需补充以下一些竣工验收的内容。

（1）应增加的检查内容

①导线、避雷线、电杆、绝缘子、金具等的型号、规格，线路的路径以及线间距离等是否符合设计图纸的规定。

②障碍物的拆迁情况。

③跳线的连接情况。

④更改或遗留的项目情况。

（2）竣工试验

工程在竣工验收合格后，应进行下列电气试验：

①测定线路的绝缘电阻。

②测定线路的相位。

③冲击合闸二次。

若以上试验结果均合格、正常，则竣工检查基本结束。最后，应将与鉴定工程质量有关的原始施工记录以及有关文件移交给运行单位，这些记录与文件应该作为竣工验收的一部分。

（3）验收记录与文件

这些记录与文件包括如下内容：

最后审定的施工图纸或原设计的施工图及设计修改通知单；工程验收记录；

隐蔽工程检查记录；原材料和器材出厂合格证明书或试验记录；未按设计施工图进行施工的各项明细表及附图；施工缺陷的处理情况表；代用材料清单；工程试验记录（调整试验记录，接地电阻实测值记录）；交叉跨越距离记录及有关协议文件；有关的批准文件。

二、电缆施工

（一）电缆线路敷设前的准备工作

1. 电缆线路施工前对土建工程的要求

电缆线路的施工，必须要求与电缆线路安装有关的建筑工程的施工符合以下一些要求后方可进行。

（1）预埋件符合设计要求，安置牢固。

（2）电缆沟、隧道、竖井及人孔等处的地坪及抹面工作结束。

（3）电缆沟、隧道等处的施工临时设施、模板、建筑废料等清理干净，施工用道路畅通，盖板齐全。

（4）电缆沟排水畅通，电缆室的门窗安装完毕。

（5）电缆线路敷设后，不能再进行的建筑工程应结束。

2. 电缆管的加工与敷设

在电缆敷设的路径中，在某一区段上，可能要穿管进行安装。因此，在电缆敷设前，应该根据设计图纸的要求，根据施工现场的具体情况，将所需的电缆管逐个加工并进行敷设。

电缆管可根据设计图纸的要求，采用金属管、硬塑料管、混凝土管、陶土管、石棉水泥管等。电缆管的内径与电缆外径之比不得小于1.5。而混凝土管、陶土管、石棉水泥管，还要求其内径不得小于100mm。

电缆管的加工，应要求其管口无毛刺、无尖锐棱角，管口应加工成喇叭形，电缆管在进行弯制时，不可有裂缝和显著的凹瘪现象，其弯扁程度不得大于管子外径的10%；电缆管的弯曲半径不应小于所穿入电缆的最小允许弯曲半径。金属电缆管应在外表涂防腐漆或沥青。每根电缆管的弯头不应超过3个，直角弯不应超过2个。

电缆管明敷时，除要求安装牢固外，电缆管支持点的间距要求不超过3m。若是塑料电缆管，则其直线长度超过30m时应加装伸缩节。

敷设混凝土、陶土、石棉水泥等电缆管时，其埋设深度不应小于0.7m，在人行道下面敷设时不应小于0.5m。电缆管应有不小于0.1%的排水坡度。电缆管连接时的接缝应严密，不得有地下水和泥浆渗入。

当利用电缆的保护钢管作接地线时，应先焊好接地线。在管接头处，应先焊好跨接线。

3．电缆支架的制作与安装

在电缆敷设前，还应根据设计图纸的要求，加工制作必须的电缆支架并进行安装。

电缆支架的制作，一般采用角钢材料，按设计要求与现场实况进行加工，制作完毕后，必须进行防腐处理。制作中，电缆支架的层间允许的最小间距：控制电缆为 120mm；10kV 及以下的电力电缆为 150 ～ 200mm，而其中 6 ～ 10kV 交联聚乙烯绝缘电力电缆为 200 ～ 250mm。并且，10kV 及以下的电力电缆，其层间净距还必须满足不小于两倍电缆外径加 10mm。

电缆支架的安装，应牢固及横平竖直。各支架的同层横挡应在同一水平面上，其高低偏差不应大于 5mm。在有坡度的电缆沟内或建筑物上安装的电缆支架，应有与电缆沟或建筑物相同的坡度。

电缆支架最上层及最下层至沟顶、楼板或沟底、地面的距离，当无设计规定时，不应小于表 8-29 的数值。

表8-29　电缆支架最上层及最下层至沟顶、楼板或沟底、地面的距离　单位：m

敷设方式	电缆隧道及夹层	电缆沟	吊架	桥架
最上层至沟顶或楼板	300 ～ 350	150 ～ 200	150 ～ 200	350 ～ 400
最下层至沟底或地面	100 ～ 150	50 ～ 100	—	100 ～ 150

最后，应对安装好的电缆支架，在全长做良好的接地。

（二）电缆线路的敷设

1．电缆线路敷设前应对下列内容进行检查

（1）电缆通道畅通，排水良好。金属部分的防腐层完整。隧道内照明、通风符合要求。

（2）电缆的型号、规格符合设计规定。

（3）电缆外观无损伤，绝缘良好。

（4）电缆放线架放置稳妥，钢轴的强度与长度应与电缆盘的重量和宽度相配合。

（5）若在带电区域内敷设电缆，则应有可靠的安全措施给予保证。

（6）敷设前，应按设计图纸与现场实际路径计算每根电缆的长度，以便合理安排每盘电缆，尽量减少电缆的中间接头。

（7）在敷设前 24h 内，应检查敷设现场的温度不得低于表 8-30 的规定值，否则必须采取措施。

表 8-30　电缆允许敷设最低温度

电缆类型	电缆结构	允许敷设最低温度（℃）
油浸纸绝缘电力电缆	充油电缆	-10
	其他油纸电缆	0
橡皮绝缘电力电缆	橡皮或聚氯乙烯护套	-15
	裸铅套	-20
	铅护套钢带铠装	-7
塑料绝缘电力电缆		0
控制电缆	耐寒护套	-20
	橡皮绝缘聚氯乙烯护套	-15
	聚氯乙烯绝缘聚氯乙烯护套	-10

2. 电缆线路敷设中应遵守的一般规定

电缆线路敷设的方式有多种，但不论哪种敷设方式，都应遵守下列的一些共同规定。

（1）三相四线制系统，必须采用四芯电力电缆，不可采用三芯电缆加一根单芯电缆或以导线、电缆金属护套作中性线。

（2）并联使用的电力电缆，应采用相同型号、规格及长度的电缆。

（3）电力电缆在终端头与接头附近，均应留有一定的备用长度。

（4）电缆敷设时，不应损坏电缆沟、隧道、电缆井和人井的防水层。

（5）电缆敷设时，电缆应从盘的上端引出，不应使电缆在支架上及地面上被摩擦着拖拉。敷设时不可使铠装压扁、电缆绞拧、护层折裂等。

在复杂条件下用机械敷设电缆时，应进行施工组织设计，确定敷设方法、线盘架设位置、电缆牵引方向、校核牵引力与侧压力、配备敷设人员与机具等。用机械敷设电缆的最大牵引强度，应符合有关规定，如充油电缆总拉力不应超过27N。用机械敷设电缆的速度不应超过 15m/min，敷设路径愈复杂或额定电压愈高的电缆，施放速度应相应降低。

（6）电缆的最小弯曲半径，应符合表 8-31 的规定。

表 8-31　电缆最小弯曲半径

电缆型式		多芯	单芯
控制电缆		10D	–
橡皮绝缘电力电缆	无铅包、钢铠护套	10D	
	裸线包护套	15D	
	钢铠护套	20D	
聚氯乙烯绝缘电力电缆		10D	
交联聚氯乙烯绝缘电力电缆		15D	20D
油浸纸绝缘电力电缆	铅包	30D	
	铅包　有铠装	15D	20D
	无错装	20D	
自容式充油（铅包）电缆			20D

（7）电缆敷设时，应将电缆排列整齐，不宜交叉，并应按规定在一定间距上将其固定，同时还应及时装设标志牌。

电缆固定的位置，应该设置在：水平敷设的电缆，在电缆的首末两端及转弯处，电缆接头的两端处以及每隔 5～10m 处；垂直敷设或超过 45° 倾斜敷设的电缆，在每个支架上以及桥架上每隔 2m 处。单芯电缆的固定位置，应按设计图纸的要求决定。电缆固定时应该注意到：交流系统的单芯电缆或分相后的分相铅套电缆的固定夹具不可构成闭合磁路；裸铅（铝）套电缆的固定处应加装软衬垫进行保护；护层有绝缘要求的电缆，在固定处应加装绝缘衬垫。

电缆各支持点间的距离，不应大于表 8-32 中所列的数据。

表 8-32　电缆各个支持点间的距离　　　　　　　　　　单位：mm

电缆种类		敷设方法	
		水平	垂直
电力电缆	全塑型	400	1000
	除全塑型外的中低压电缆	800	1500
	35kV 及以上高压电缆	1500	2000
控制电缆		800	1000

电缆的标志牌应装设在：电缆终端头、接头、拐弯处、夹层内、隧道及竖井的两端、人井内等地方。标志牌的规格应统一，挂装要牢固，并能防腐。标志牌上应注明：线路编号，电缆的型号、规格及起讫地点，并联使用的电缆应有顺序号。标志牌的字迹应清晰且不易脱落。

（8）粘性油浸纸质绝缘最高点与最低点之间的最大位差，不应超过表8-33中的规定数值，否则应采用适应于高位差的电缆。

表8-33　粘性油浸纸绝缘铅包电力电缆的最大允许敷设位差

电压/kV	电缆护层结构	最大允许值敷设位差/m
1	无铠装	20
	铠装	25
6 ~ 10	铠装或无铠装	15
35	铠装或无铠装	5

（9）电缆进入电缆沟、隧道、竖井、建筑物、盘（柜）以及穿入管子时，出入口应封闭，管口应密封。

（10）油浸纸质绝缘电力电缆在切断后，应将端头立即铅封，塑料绝缘电缆应有可靠的防潮封端。

（11）电力电缆的接头：对并列敷设的电缆，应使其接头位置相互错开，其净距不应小于0.5m；对明敷电缆的接头，应用托板托置固定；对直埋电缆的接头，外面要有防止机械损伤的保护盒，保护盒位于冻土层内，盒内应浇注沥青。

3. 电缆线路的敷设

电缆线路敷设的方法有多种，如直接埋地敷设，在隧道、沟道内敷设，在管道内敷设，在排管内敷设，架空敷设，在海（水）底敷设，在桥梁上敷设等。这里只介绍基本、常用的几种敷设方法。

（1）直接埋地敷设

这种方法是按选定的路径挖掘地沟，然后将电缆埋设在地沟中。这种方法，适用于沿同一路径敷设的室外电缆根数在8根及以下且场地有条件的情况。该法施工简便，费用低廉，电缆散热好，但挖土工作量大，还可能受到土壤中酸碱物质的腐蚀等。

电缆直埋的施工方法较简单，大致顺序是：

①开挖电缆沟。按照设计图纸规定的电缆敷设路径，进行电缆沟的基础施工。

221

电缆沟的形状，基本上是一个梯形，对于一般土质，沟顶应比沟底 B 大200mm。

电缆沟的深度，应使电缆表面距地面的距离不小于 0.7m。穿越农田时，不小于 lm。在寒冷地区，电缆应埋设于冻土层以下。直埋深度超过 1.1m 时，可以不考虑上部压力的机械损伤，在引入建筑物、与地下建筑物交叉及绕过地下建筑物处可浅埋，但应采取保护措施（一般采用穿保护管的措施）。

电缆沟的宽度，取决于电缆的根数与散热的间距。表 8-34 列出了 10kV 及以下电力电缆与控制电缆敷设在同一电缆沟中时，电缆沟宽度与电缆根数的关系。

表8-34　电缆沟的宽度　　　　　　　　　　单位：mm

10kV 及以下电力电缆根数 控制电缆根数	0	1	2	3	4	5	6
0		350	380	510	640	770	900
1	350	450	580	710	840	970	1100
2	550	600	780	860	990	1120	1250
3	650	750	880	1010	1140	1270	1400
4	800	900	1030	1160	1290	1420	1550
5	950	1050	1180	1310	1440	1570	1800
6	1120	1200	1330	1460	1590	1720	1850

电缆沟的转弯处，应挖成圆弧形，以保证电缆弯曲半径所要求的尺寸。

电缆接头的两端以及引入建筑物、引上电杆处，均须挖有储放备用电缆的余留坑。

②埋设电缆保护管。在电缆与铁路、公路、城市街道、厂区道路等交叉处，引入或引出建筑物、隧道处，在穿越楼板、墙壁处，在电缆从电缆沟中引至电杆、沿墙表面、设备及室内行人容易接近的地方而距地高度在 2m 以下的一段以及其他可能受到机械损伤的地方，都必须在电缆外面加穿一定机械强度的保护管（或保护罩），这些保护管都应在电缆敷设前埋设完毕。

③必要时采取一定的隔热措施。当电缆敷设时，出现与热力管道交叉或平行敷设的情况，则应尽量远离热力管道。但是，若无法避开两者允许的最小间距时，则应对平行段或在交叉点前后 1m 范围内作隔热处理。其主要方法是将电缆尽量敷设在热力管道的下面，并将电缆穿石棉水泥管（或其他措施），将热力管道包扎玻璃棉瓦（或装设隔热板）等。

④在挖好的电缆沟中铺设一层 100mm 厚的细沙或软土。

⑤施放电缆。在施放电缆时，不论是采用人工敷设还是采用机械牵引敷设，都须先将电缆盘稳固地架设在放线架上。施放时应使电缆线盘运转自如。在电缆线盘的两侧，应有专人监视，以便在必要时可立即将旋转的电缆线盘煞住，中断施放。

电缆施放中，不应将电缆拉挺伸直，而应使其呈波状。一般使施放的电缆长度比沟长 1.5% ~ 2%，以便防止电缆在冬季停止使用时不致因长度缩短而承受过大的拉力。

⑥电缆施放完毕后，应在其上面再铺设一层 100mm 厚的细沙或软土，然后再铺盖一层用钢筋混凝土预制成的电缆保护板或砖块，其覆盖宽度应超过电缆两侧各 50mm。

此外，还应按规定在一定的位置上放置电缆标志牌，它一般明显地竖立在离地面 0.15m 的地面上，以便日后检修方便。

⑦回填土。应分层夯实，覆土要高出地面 150 ~ 200mm，以备松土沉陷。

直埋电缆在施工中，除应遵守电缆线路敷设中应遵守的一般规定外，还应注意以下各项：

a. 向一级负荷供电的同一路径的两路电源电缆，不可敷设在同一沟内。若无法分沟敷设时，则该两路电缆应采用绝缘和护套均为非延燃性材料的电缆，且应分别置于电缆沟的两侧。

b. 电缆的保护管，每一根只准穿一根电缆，而单芯电缆不允许采用钢管作为保护管。在与道路交叉时所须敷设的电缆保护管，其两端应伸出道路路基两边各 2m。在与城市街道交叉时所敷设的电缆保护管，其两端应伸出车道路面。

c. 电缆敷设在下列地段应留有适当的余量，以备重新封端用：过河两端留 3 ~ 5m；过桥两端留 0.3 ~ 0.5m；电缆终端留 1 ~ 1.5m。

d. 电缆之间、电缆与其他管道、道路、建筑物等之间的平行或交叉时的最小净距，应符合表 8-35 的规定。

表8-35　电缆之间，电缆与管道、道路、建筑物之间平行和交叉时的最小净距

项目		最小净距（m）	
		平行	交叉
电力电缆间及其与控制电缆间	10kV 及以下	0.10	0.50
	10kV 以上	0.25	0.50
控制电缆间		—	0.50

续表

项目		最小净距（m）	
		平行	交叉
不同使用部门的电缆间		0.50	0.50
热管道（管沟）及热力设备		2.00	0.50
油管道（管沟）		1.00	0.50
可燃气体及易燃液体管道（沟）		1.00	0.50
其他管道（管沟）		0.50	0.50
铁路路轨		3.00	1.00
电气化铁路路轨	交流	3.00	1.00
	直流	10.0	1.00
公路		1.50	1.00
城市街道路面		1.00	0.70
杆基础（边线）		1.00	—
建筑物基础（边线）		0.60	—
排水沟		1.00	0.50

在电缆直埋敷设中，严禁将电缆直接平行地敷设在管道的上方或下方。对于电力电缆间、控制电缆间以及它们相互之间不同使用部门的电缆间，当电缆采用穿管或用隔板隔开时，平行净距可降低为 0.1m；在交叉点前后 1m 范围内，电缆穿管或用隔板隔开时，其交叉净距可降为 0.25m。

电缆与建筑物平行敷设时，电缆应埋设在建筑物的散水坡外。电缆进入建筑物时，其所穿的保护管应超出建筑物散水坡 100mm。

电缆与热力管沟交叉时，若电缆穿石棉水泥管保护，则其长度应伸出热力管沟两侧各 2m；用隔热保护层时，应超出热力管沟和电缆两侧各 1m。

e. 电缆沿坡度敷设时，中间接头应保持水平。

f. 铠装电缆和铅（铝）包电缆的金属外皮两端，金属电缆终端头以及保护钢管，必须进行可靠接地，接地电阻不应大于 10Ω。

（2）在电缆沟或隧道内敷设

当电缆与地下管网交叉不多，地下水位较低，无高温介质和熔化金属液体流入电缆线路敷设的地区、同一路径的电缆根数为 18 根及以下时，可以采用电缆沟敷设。多于 18 根时，应该采用电缆隧道敷设。

电缆在电缆沟和电缆隧道内敷设时，其支架层间垂直距离和通道宽度不应小于表8-36所列数值。其支架或固定点间的距离不应大于表8-37所列数值。电缆支架的长度，在电缆沟内不宜大于0.35m；在隧道内不宜大于0.5m。

表8-36　支架间垂直距离和通道宽度的最小净距　　　单位：m

名称 敷设条件		电缆隧道 （净高1.90）	电缆沟	
			沟深0.60以下	沟深0.60以上
通道宽度	两侧设支架	1.00	0.30	0.50
	一侧设支架	0.90	0.30	0.45
支架层间 垂直距离	电力电缆	0.20	0.15	0.15
	控制电缆	0.12	0.10	0.10

表8-37　电缆支架间或固定点间的最大间距　　　单位：m

敷设方式 电缆种类	塑料护套、铝包、铅包钢带铠装		钢丝铠装
	电力电缆	控制电缆	
水平敷设	1.00	0.80	3.00
垂直敷设	1.50	1.00	6.00

电缆敷设在电缆沟或隧道的支架上时，应使各种电缆遵守下列的排列顺序：高压电力电缆应放在低压电力电缆的上层，电力电缆应放在控制电缆的上层；强电控制电缆应放在弱电控制电缆的上层。若电缆沟或隧道两侧均有支架时，1kV以下的电力电缆与控制电缆应与1kV以上的电力电缆分别敷设在不同侧的支架上。

电缆在支架上的敷设还应符合下列要求：控制电缆在支架上不宜超过1层，在桥架上不宜超过3层；交流三相电力电缆在支架上不宜超过1层，在桥架上不宜超过2层；交流单芯电力电缆，应布置在同侧支架上。

并列敷设的电力电缆，其水平净距为35mm，但不应小于电缆外径。

电缆与热力管道、热力设备之间的净距，平行时不应小于1m，交叉时不应小于0.5m。如果无法满足净距的要求，则应采取隔热保护措施。电缆也不宜平行敷设于热力设备和热力管道的上部。

敷设在电缆沟、隧道内带有麻护层的电缆，应将其麻护层剥除，并应对其铠装加以防腐。电缆敷设完毕后，应清除杂物，盖好盖板。

（3）在排管内敷设

电缆在排管内敷设的方式，适用于电缆数量不多（一般不超过12根），而道路交叉较多，路径拥挤，又不宜采用直埋或电缆沟敷设的地区。排管可采用混凝土管或石棉水泥管。排管孔的内径不应小于电缆外径的1.5倍，但电力电缆的管孔内径不应小于90mm，控制电缆的管孔内径不应小于75mm。

电缆在排管内敷设的施工中，应该先安装好电缆排管。安装时，应使排管有倾向人孔井侧不小于0.5%的排水坡度，并在人孔井内设集水坑，以便集中排水。排管的埋深为排管顶部距地面不小于0.7mm；在人行道下面，可不小于0.5m。排管沟的底部应垫平夯实，并应铺设不少于80mm厚的混凝土垫层。

在选用的排管中，还应注意留足必要的备用管孔数，一般不得少于1～2孔。

在敷设的路径上，还应在线路转角处、分支处设置电缆人孔井。在比较长的直线段上也应设置一定数量的电缆人孔井，以便于拉引电缆，人孔井间的距离不宜大于150m。电缆人孔井的净空高度不应小于1.8m，其上部人孔的直径不应小于0.7m。

（4）架空敷设

当地下情况复杂不宜采用直埋敷设，且用户密度较高，用户的位置与数量变动较大，今后可能需要调整与扩充，总体上又无隐蔽要求时的低压电力电缆，可以采用架空敷设的方式。但在覆冰严重的地区，不应采用这种方式。

电缆架空敷设中，其电杆的埋设方法与要求和架空线路中有关电杆的埋设方法与要求基本相同。

电缆架空敷设时，每条吊线上宜架设一根电缆。杆上有两层吊线时，上下两吊线的垂直距离不应小于0.3m。吊线应采用不小于7/D3mm的镀锌铁绞线或具有同等强度及直径的绞线，而吊线上的吊钩间距不应大于0.5m。

当架空电缆与架空线路同电杆敷设时，电缆应安置在架空线的下面，并且电缆与最下层的架空线的横担的垂直间距不应小于0.6m。

低压架空电力电缆与地面的最小净距，居民区为5.5m；非居民区为4.5m；交通困难地区为3.5m。

（5）在桥梁上敷设

在桥梁上的电缆，应敷设在人行道下设置的电缆沟中或由耐火材料制成的管道中。在人不易接触的地方，可以允许电缆裸露敷设，但应采取措施，避免太阳直接照射。对于悬吊架设的电缆，应使其与桥梁构架之间的净距不小于0.5m。

对于经常受到振动的桥梁，其上面敷设的电缆应有防振措施。在桥墩两端和伸缩缝处，电缆应留有一定的余量。

（三）电缆终端与接头

电缆终端和接头一般是在电缆敷设就位后于现场进行制作。由于电缆终端和接头的种类和形式较多，结构、材料不同，要求的操作技术也各有特点；由于当前新材料、新结构、新工艺的迅速发展，电缆终端和接头的技术也日益更新，所以《民用建筑电气设计规范》规定：电缆终端与接头的制作，应由经过培训的熟悉工艺的人员进行。在此只简要介绍电缆终端和接头制作的一般规定以及 1kV 电压等级的塑料电缆终端头的制作程序。

1. 电缆终端和接头制作的准备工作和一般规定

（1）电缆终端和接头制作前的准备工作

①熟悉安装工艺资料。

②检查电缆是否符合：绝缘良好，不受潮，附件规格与电缆一致，零部件齐全无损伤，绝缘材料不受潮，密封材料不失效。

③施工用机具应齐全、完好。消耗材料齐备。

（2）电缆终端和接头制作时的一般规定

①在现场制作电缆终端和接头时，应注意制作现场的环境条件（温度、湿度、尘埃等）。因为它直接影响着绝缘处理的效果。在室外制作 6kV 及以上电缆终端与接头时，其空气相对湿度宜为 70% 及以下。对塑料绝缘电力电缆，应防止尘埃、杂物落入绝缘内。并应严禁在雾中、雨中施工。

②电缆终端与接头应符合：形式、规格与电缆类型（如电压、芯数、截面、护层结构和环境要求等）一致；结构简单、紧凑，便于安装；材料、部件符合技术要求；主要性能符合现行国家标准的规定。

③采用的附加绝缘材料，除电气性能应满足要求外，还应与电缆本体的绝缘具有相容性。采用的线芯连接金具（连接管与接线端子），其内径应与电缆线芯紧密配合，截面宜为线芯截面的 1.2 ~ 1.5 倍。

④电力电缆的接地线，应采用铜绞线或镀锡铜编织线，其截面积为：电缆截面为 $120mm^2$ 及以下时，不应小于 $16mm^2$；电缆截面为 $150mm^2$ 及以上时，不应小于 $25mm^2$。

⑤电缆终端与电气装置的连接，应符合有关母线装置中的一些规定。

2. 1kV 塑料电缆终端头制作的工艺程序

（1）固定电缆末端。将电缆末端按实际需要留取一定余量的长度，并将其固定在设计图纸所规定的位置上。

（2）剥切电缆护套。在距护套切口 20mm 的铠装上用 φ2.1mm 的铜线作临时绑扎，然后沿绑扎线靠电缆末端一侧的钢带铠装处圆周环锯 1/2 铠装厚度，再剥除两层铠装。在铠装切口以上留出 5 ~ 10mm 的塑料带内护层，将其余内护套及黄麻填充物切除。

（3）焊接地线。拆除临时绑扎线，在钢带铠装焊接处除锈镀锡后，将接地线平贴在铠装上，然后用直径 φ2.1mm 的铜线将接地线箍扎 5 道，再用电烙铁将绑扎处用锡焊焊固。

（4）套上塑料手套。根据电缆截面，选择相应的塑料手套（又称分支手套）。套塑料手套时，先在手套筒体与电缆套接的外护层部位和手套指端部位的线芯绝缘外，分别包缠塑料胶粘带用作填充，然后再套上塑料手套。在筒体根部和指端外部，分别用塑料胶粘带绕包成橄榄形的防潮锥体，在防潮锥体的最外层，再用塑料胶粘带自下而上地叠绕包，以使手套密封。最后，用汽油清洗干净线芯的绝缘表面。

（5）安装接线端子。按照接线位置所需的长度，将电缆线芯末端切除，然后进行压（或焊）接线端子，再用塑料胶粘带绕包端部防潮锥。

（6）保护线芯的绝缘。为了保护线芯的绝缘，可采用塑料胶粘带从接线端子至手套指部以半叠包的方式先自上而下，再自下而上来回绕包两层。

（7）标注相位。用相色塑料胶粘带在手套指部防潮锥上端绕包一层，以示相位。其外层可绕一层透明的聚氯乙烯带，以作保护。

（8）做好绝缘测定和相位核对。

（9）将绕包好的三相线芯固定到接线位置上。但应注意，各线芯带电引上部分相与相、相对地的距离，户外终端头必须不小于 200mm，户内终端头必须不小于 75mm。

（10）将接地线妥善、可靠地接地。

（四）电缆工程交接验收

1. 验收检查

（1）电缆规格应符合规定，排列整齐，无机械损伤；标志牌应装设齐全、正确、清晰。

（2）电缆的固定、弯曲半径、有关距离和单芯电力电缆的金属护层的接线、相序排列等应符合要求。

（3）电缆终端、电缆接头及充油电缆的供油系统应安装牢固，不应有渗漏现象；充油电缆的油压及表计整定值应符合要求。

（4）接地应良好，充油电缆及护层保护器的接地电阻应符合设计要求。

（5）电缆终端的相色应正确，电缆支架等的金属部件防腐层应完好。

（6）电缆沟内应无杂物，盖板齐全，隧道内应无杂物，照明、通风、排水等设施应符合设计要求。

（7）直埋电缆路径标志，应与实际路径相符。路径标志应清晰、牢固、间距适当，并符合一般规定。

（8）水底电缆线路两岸，禁锚区内的标志和夜间照明装置应符合设计要求。

（9）防火措施应符合设计要求，施工质量应合格。

（10）隐蔽工程应在施工过程中进行中间验收，并作好签证。

2．资料和技术文件

（1）电缆线路路径的协议文件。

（2）设计资料图样、电缆清册、变更设计的证明文件和竣工图。

（3）直埋电缆输电线路的敷设位置图，比例宜为1∶500。地下管线密集的地段不应小于1∶100，在管线稀少、地形简单的地段可为1∶1000；平行敷设的电缆线路，宜合用一张图纸。图上必须标明各线路的相对位置，并有标明地下管线的剖面图。

（4）制造厂提供的产品说明书、试验记录、合格证件及安装图纸等技术文件。

（5）隐蔽工程的技术记录。

（6）电缆线路的原始记录：

①电缆的型号、规格及其实际敷设总长度及分段长度，电缆终端和接头的形式及安装日期。

②电缆终端和接头中填充的绝缘材料名称、型号。

（7）试验记录。

三、室外线缆施工质量通病与防治

（一）架空线路及杆上电气设备安装质量通病与防治

1．架空线路及杆上电气设备安装

（1）现象

①电杆有横向及纵向裂纹。

②杆位不成直线。

③钢筋混凝土电杆不做底盘。

④卡盘位置摆放错误。

⑤拉线装设位置不合适。

⑥钢绞线拉线漏套心形环。

⑦普通拉线角度不准。

⑧用料太多。

（2）原因

①钢筋混凝土电杆在运输中由于应力集中而产生横向裂缝，影响电杆的强度。

②目测杆位有误差，挖坑时未留余量，立杆程序不对，造成杆位不成直线。

③对钢筋混凝土电杆要加底盘的重要性认识不足。

④做卡盘未按线路走向正确位置摆放，距地面不是太浅就是太深。

⑤对拉线的角度、受力方向、位置缺乏理论知识，出现各种错误做法。制作拉线只凭经验估计，未进行精确计算。

（3）防治

①钢筋混凝土电杆远距离运输时要用拖挂车，现场运输时要用两辆平板小车架放在电杆上腰和下腰间。运输时必须把电杆捆牢在车上，严禁随意拖、拉、摔、滚。

②电杆架立测位时，应在距电杆中心的某一处设标志桩，以便挖坑后仍可测量目标。不要将标志桩钉在坑位中心。挖坑时，要将坑长的方向挖在线路的左侧或右侧。

③钢筋混凝土电杆应按设计要求在坑底放好底盘且找正。若设计无要求，可按当地土质情况具体确定。若当地土层耐压力大于 0.2MPa，直线杆可不装底盘。终端杆、转角杆在一般土层要考虑装底盘。当土层含有流沙，地下水位高时，直线杆也要装底盘。底盘可用预制块或现浇混凝土制作。

④卡盘一般情况下均可不用，仅在土层很不好或在较陡斜坡上立杆时，为减少电杆埋设才考虑使用。当装设卡盘时，卡盘应装在自地面起至电杆埋设深度的1/3 处，且符合下列要求：

a. 直线杆的卡盘应与线路平行，有顺序地在线路左、右侧交替埋设。

b. 承力杆的卡盘应埋设在承力侧。埋入地下的铁件，应涂沥青，以防腐蚀。

⑤当电杆承受到线路不平衡张力时，应装设拉线。使拉线的拉力和线路的张力保持平衡，电杆才能稳固地竖立。

⑥电杆拉线所采用的材料有镀锌钢丝和镀锌钢绞线两种。镀锌钢丝直径一般

为 Φ4mm，

施工时要绞合，制作比较麻烦，尤其是 9 股以上拉线，绞合不好就会产生多股受力不均现象。镀锌钢绞线施工方便，强度稳定，在有条件的地方应尽量采用。拉线截面积应根据所架设的导线进行选择。

⑦杆位不成直线应在打卡盘前，挖出部分填土在杆坑内校正。

⑧发现未做卡盘时，应把杆坑内的土挖 650mm 深，打直径为 lm、深为 0.15m 的 C15 号素混凝土卡盘。

⑨卡盘位置摆错的应进行纠正。

2. 横担安装

（1）现象

①角钢横担、金具零件防腐蚀做得不彻底。

②横担打眼有飞边、毛刺。

③横担安装位置不符合要求，横担与绝缘子不配套。

④终端杆横担变形。

⑤角钢横担与钢筋混凝土电杆之间不成直角、不平整。

（2）原因

①横担、金具零件未普遍采用镀锌防腐，刷防锈漆时未彻底除锈，影响涂料黏结。

②角铁横担用电、气焊切割开孔，造成烂边、飞刺。

③对横担安装位置的要求，线路用绝缘子和横担的种类、数量、标准不了解。

④终端杆横担未做加强型双横担，或横担规格过小刚度不够而变形。

⑤横担与电杆之间未装 M 形垫铁。

（3）防治

①所用角钢横担、金具零件应在加工成形后，全部镀锌防腐。在施工中局部磨掉的镀锌层，在竣工前应全部补刷防锈漆。

②角钢横担开眼孔必须在台钻上进行，或用"漏盘"砸（冲）眼孔，不允许用电、气焊切割。

③杆上横担安装的位置应符合下列要求：

a.直线杆的横担应安装在负荷侧。

b.转角杆、分支杆、终端杆以及受导线张力不平衡的地方，横担应安装在张力反方向侧。

231

c.多层横担均应安装在同一侧。

d.有弯曲的电杆、横担应安装在弯曲侧，并使电杆的弯曲部分与线路的方向一致。

④终端杆应做加强型双横担，以防止横担变形。角钢规格应根据架空导线截面积选择，包箍螺钉应画出大样图加工。

⑤在角钢横担与钢筋混凝土电杆之间加装 M 形垫铁，使角钢横担和水泥电杆紧密结合。

⑥终端杆应采用加强型双横担以防止横担变形。角钢规格应根据导线截面积选择。抱箍螺钉应根据钢筋混凝土电杆的拔梢锥度画出大样图加工。

3.导线架设与连接

（1）现象

①导线出现背口、死弯，多股导线松股、抽筋、扭伤。

②导线用钳接法连接时不紧密，钳接管有裂纹。

③裸导线绑扎处有伤痕。

④电杆挡距内导线弛度不一致。

（2）原因

①在放整盘导线时，未采用放线架或其他放线工具。由于放线办法不当，使导线出现背口、死弯等现象。

②在电杆的横担上放线拉线，使导线磨损、蹭伤，严重时会造成断股。

③导线接头未按规范要求制作，工艺不正确。

④绑扎裸铝线时未缠保护铝带。

⑤同一挡距内，架设不同截面积的导线，紧线方法不对，出现弛度不一致。

（3）防治

①放线一般采用拖放法，把线盘架设在放线架上或其他放线工具拖放导线。拖放导线前应沿线路清除障碍物，石砾地区应垫以隔离物，以免磨损导线。

②在放线段内的每根杆上挂一个开口放线滑轮（滑轮直径应不小于导线直径的 10 倍）。对于铝导线，应采用铝制滑轮或木滑轮，钢导线应用钢滑轮，也可用木滑轮，这样不会磨损导线。

③导线接头若在跳线处，可采用线夹连接，接头处的其他位置，采用钳接法连接。

④裸铝导线与绝缘子绑扎时，要缠 1mm×10mm 的小铝带，保护铝导线。同一挡距内不同规格的导线，先紧大号线，并使弛度一致。断股的铝导线不能做架

空线。

⑤导线出现背口、死弯、松股，换新导线。抽筋、扭伤严重者应更换新导线。

⑥架空线路弛度不一致，应重新紧线校正。

4．三相四线制供电线路零线断线

（1）现象

①中性线断线将造成负荷中性点位移，使三相供电电压严重不平衡，造成负荷大的一相电压降低，负荷小的一相电压升高。三相不平衡的程度越严重，负荷中性点位移量越大，相电压相差的数值越大。

②如果在中性线断线时又发生相线对地短路，中性点位移会更大。

③在低压接零保护中若发生中性线断线，一旦发生设备漏电，设备外壳将带有危及人身安全的相电压。

（2）防治

①要尽量平衡三相负荷，使中性线电流减小，一般中性线电流应不大于变压器额定电流的25%。

②中性线的截面积不得小于相线的50%，最好采用与相线相同的截面。

③铜铝连接时要采用铜铝过渡线夹，以免产生电化腐蚀。

④配电线路要做好重复接地，变压器及主干线、主要分支线、接户线入口等处都要将中性线重复接地。重复接地的接地电阻应不大于10Ω。

⑤中性线上不能装熔断器或开关，中性线应可靠连接。

5．架空送电线路电杆拉线带电

（1）原因

①架空送电线路电杆拉线带电经常发生在电杆拉线不装设隔电绝缘子且有下引接户线、变压器进出线或拉线穿越带电导体的线路中。由于下引接户线或带电导体常年受风吹等外力作用，造成绝缘层磨破，带电的接户线或导体与电杆拉线搭接，使拉线间断性地带有220V的对地电压。

②有时不仅拉线不装绝缘子，还将拉线和固定横担撑铁合用同一个包箍，一旦导线落在横担上或横担上绝缘子破裂击穿，就会造成拉线带电。

（2）防治

①电杆拉线应加装隔电绝缘子。

②穿越或接近导线的拉线必须装设与线路电压等级相同的拉线绝缘子。

③拉线绝缘子应装于最低导线以下，拉线绝缘子对地的垂直距离不得低于

2.5m。

④送电线路的接户线、过桥线应加装绝缘子固定。6 ~ 10kV 接户线对地距离不得小于 4m；低压接户线对地距离不得低于 2.5m，且采用绝缘导线。

6. 架空导线发生初伸长

（1）原因

①导线受拉后股与股之间靠得更紧，这样虽然线股长度没有变，但整个导线长度却有一个相应的伸长。

②由于铝的弹性限度很低，实际运行中的应力常常超过弹性限度，当导线第一次受拉时，其应力与应变关系并不完全一样，即受拉时，除去拉力后，变形不能完全恢复，留下了塑性变形。

（2）防治

为了避免导线的初伸长造成导线弧度增大，从而引起导线对地距离不够的缺陷。在架设新的导线时，一般采用减小弛度法进行补偿，其弛度减小的百分数为：铝绞线为 20%；钢芯铝绞线为 12%；铜线为 7% ~ 8%。

7. 跌落式熔断器熔体误熔断或熔体管误跌落

（1）原因

①熔体容量选得过小或下级的容量选得过大而发生越级熔断。

②熔断器装配不当造成熔体管误跌落。

③熔断器上部静触点压力过小。

④熔断器上盖（鸭帽）内抵舌烧坏或磨损，使熔体管由于没有被挡住而跌落。

⑤熔体本身质量不好，焊接处受温度和机械力作用而脱开。

⑥操作时未将熔体管合紧。

（2）防治

①熔体容量一般应根据所保护变压器的短路电流合理选用。小型变压器高压侧熔体额定电流容量的选用见表 8-38。对 400kV · A 以上的变压器，高压侧熔体的熔断电流可按变压器高压侧额定电流的 1.5 倍选用。下一级的容量一般应比上一级低 1 ~ 2 个等级。

表8-38　小型变压器高压侧熔体额定电流

变压器容量（kV.A）		50	63	80	100	125	160	200	250	315
熔体额定电流（A）	10kV	7.5	10	10	15	15	15	20	25	30
	6kV	15	20	20	20	25	30	40	50	60

②熔体管的长度应与熔断器固定接触部位的尺寸相配合，如果两者配合不当，一遇大风或受振动就容易误跌落。因此，在装配时应适当调整熔体管两端铜套的距离，使之与熔断器的固定接触部分的尺寸相配合，并使绝缘棒轻轻碰及熔断器的操作环，以检验装配是否牢固。

③调整弹簧压力或更换弹簧。

④更换熔断器。

⑤更换质量好的熔体。

⑥在合上熔体管后，一定要用绝缘棒端勾头轻轻拉动操作环晃动几下，以确保合闸牢靠。

8．断路器分、合闸速度不符合要求

（1）原因

①若分、合闸速度同时减慢，一般是运动部件装配不当或润滑不良，以致运动过程中出现卡阻现象。

②若合闸速度减慢或加快，一般是分闸弹簧、触点压缩弹簧、合闸缓冲弹簧等调整不当造成的。另外合闸电压（或液压、气压及液、气流量）对合闸速度也有影响。

③若分闸速度减慢或加快，一般是分闸弹簧、触点压缩弹簧、合闸缓冲弹簧等调整不当造成的。

（2）防治

①重新装配或加入润滑油脂。

②检查和调整分闸弹簧、触点压缩弹簧、合闸缓冲弹簧等。

③检查合闸电压，并进行调整。

9．油断路器操动机构合不上闸

（1）原因

①操动机构控制回路由于熔断器熔体熔断而无直流电源，使操动机构合不上闸。

②直流电源低于合闸线圈的额定电压，使合闸时虽然操动机构动作，却不能合闸。

③合闸线圈由于操作频繁、温度太高直至线圈烧坏。

④合闸线圈内铜套不圆、不光滑或铁心有毛刺而产生卡阻，使操动机构合不上闸。

⑤合闸线圈内铜套安装不正或变形，影响合闸线圈铁心的冲击行程。

⑥合闸线圈铁心顶杆太短，定位螺钉松动变位，引起操动机构合不上闸。

⑦辅助开关的触点接触不良，使操动机构合不上闸。

⑧操动机构安装不当，使机构卡住不能复位。

（2）防治

①检查并排除故障后，更换相同规格的熔体。

②调整直流电源电压，使其适合合闸线圈的使用电压。

③暂停操作，待线圈温度下降到65℃以下时再进行操作。

④将铜套进行修整或去除铁心毛刺，并进行调整以消除卡阻。

⑤重新安装，手动操作试验，并观察铁心中的冲击行程且进行调整。

⑥调整滚轮与支持架间的间隙为 1 ~ 1.5mm，调整时将顶杆往下压，然后在顶杆上打冲眼、钻孔，并用两个定位螺钉固定。

⑦调整辅助开关拐臂与连杆的角度，以及拉杆与连杆的长度，或更换锈蚀和损坏的触点。

⑧检查各轴及连板有无卡住现象。如双连板的机构的轴孔是否一致，轴销有无变形，连杆轴孔是否被开口销卡塞等，根据检查情况进行相应处理。

10. 油断路器操动机构不能分闸

（1）原因

①分闸线圈无直流电压或电压过低。

②辅助触点接触不良或触点未予切除。

③分闸铁心被铁心吸住；分闸铁心挂在其周围的凸缘上，使操动机构不能分闸；分闸线圈烧坏。

④分闸线圈内部铜套不圆、不光滑，铁心有毛刺而产生卡阻，使操动机构不能分闸。

⑤连板轴孔磨损，销孔太大使转动机构变位。

⑥轴销窜出，连杆断裂或开焊。

⑦定位螺钉松动变位，使传动机构卡住。

（2）防治

①检查直流电源电压，达到分闸线圈的使用电压。

②调整辅助开关或更换触点。

③将铁顶杆改为黄铜杆，但黄铜杆必须与铁心用销子紧固，避免松脱。

④将铁心周围凸缘的棱角搓圆，使铁心不致挂住。

⑤查出原因并更换线圈。

⑥对铜套进行修整，去除铁心毛刺，以消除卡阻。

⑦检查连板轴孔的公差是否符合规定要求，偏差超过 $300\mu m$ 的必须更换。

⑧手动打回冲击铁心使开关分开，然后检查连杆、轴销的衔铁部分，必要时进行更换或焊接。

⑨将受双连板击打的螺钉调换一个方向或加设锁紧螺母，避免螺钉松动变位。

11．断路器误跳闸

（1）原因

①油断路器本身的挂钩滑脱。

②误操作，误碰操动机构。

③操作回路中有关动合触点误动作或绝缘损坏导致接地，也可能造成断路器误动作。

（2）防治

①重新合闸试送，若挂钩搭不上，需检修挂钩。

②严格按操作规程操作，执行工作票制度。

③检查操作回路和回路的绝缘情况，并进行修复。

12．油断路器过热

（1）原因

①油断路器长期过负荷运行。

②触点表面氧化，使动、静触点接触不良，造成触点接触电阻过大。

③动触点插入静触点的深度不够，静触点的触指歪斜或压紧弹簧松弛及支持环裂开变形，使动触点或静触点接触不良，都会造成接触电阻增大。

④检修少油断路器时误将铁垫圈垫在引出导电杆上，会引起涡流发热。

（2）防治

①调整负荷，降低负荷电流，如果断路器达不到铭牌容量或设计选型偏小，应重新合理选型更换。

②可用细砂布研磨触点表面，除去氧化层，使触点接触良好。

③重新装配，调整动触点的插入深度，更换压紧弹簧和支持环，保证动、静触点接触良好。

④更换成铜垫圈。

13．油断路器分闸时间延长

（1）原因

①脱扣机构锁扣部分磨损、变形，使脱扣力增大。

②分闸弹簧变形。

③传动机构变形。

（2）防治

①检修锁扣部分，调整或更换不良部件。

②更换分闸弹簧。

③检修传动机构。

14．隔离开关不能分、合闸

（1）不能分闸

①原因

a．操动机构被冰冻结。

b．支持绝缘子及操动机构变形或位移。

②防治

a．若操动机构被冰冻结，应轻轻摇动几次，使冻结的冰松动后，才能进行拉闸操作。

b．如果故障发生在接触部位，不得强行拉闸，避免支持绝缘子损坏而引起严重事故。

（2）不能合闸

①原因

a．轴锁脱落、楔栓退出、铸铁裂断，使刀杆与操动机构脱节。

b．传动机构松动，使动、静触点接触不在一条直线上，造成隔离开关不能合闸。

②防治

a．停电进行整修或更换损坏零件；如不允许停电，可临时用绝缘棒进行操作，但必须尽快安排检修。

b．重新调整传动机构，使三相触点合闸时的同期性基本一致，避免动、静触点相互撞击。

15．隔离开关接触部分过热

（1）原因

①动、静触点接触面过小，电流集中通过后又分散，出现很大的斥力，减小

了弹簧的压力，使压紧弹簧或螺钉松动。

②操作时刀口合得不紧密，表面氧化接触电阻增大，引起接触部分过热。

③开关在拉合过程中产生电弧，烧伤动、静触点接触面。

④操作时用力不当，使接触位置不正，引起触点压力降低，使触点接触不良，导致接触部分过热。

⑤开关容量不足或长期过负荷引起触点过热。

⑥隔离开关在长期运行中由于受到外界空气的影响和电晕作用，在镀银触点上会形成一层黑色的硫化银附着物，使接触电阻增大，造成触点过热。

（2）防治

①紧固螺钉，调整交叉连杆长度，使动刀片插入静触点的深度不应小于刀片宽度的90%。

②可用0号砂纸打磨触点表面去掉氧化层，并在刀片、触点的接触面上涂敷导电膏，能有效地防止氧化，降低接触电阻。

③修整动、静触点的接触面或更换刀片。

④检查各连动机构的配合和调整交叉连杆长度，并进行试合闸，直到动、静触点接触压力和插入深度合适为止。

⑤更换大容量开关或减轻负荷。

⑥检修时不能用细砂纸打磨，避免损坏银层，可用氨水洗掉触点表面的硫化银，其方法是：拆下触点，先用汽油去油泥，并用锉刀修平触点上的伤痕，再将其置于25% ~ 28%浓度的氨水中浸泡约15min后取出，用尼龙刷子刷去硫化银层，最后用清水冲洗擦干，涂上一层中性凡士林即可继续使用。

（二）电缆敷设质量通病与防治

1. 电缆桥架安装与桥架内电缆敷设

（1）电缆桥架安装

①现象：

a. 桥架保管不善。

b. 桥架的敷设位置不合适。

c. 金属桥架不考虑膨胀变形。

d. 桥架过建筑物的伸缩缝或沉降缝处理不当。

e. 桥架穿越楼板或墙壁时，盖板处理不当。

②防治：

a. 在保存场所一定要分类码放，不得摔打，层间应有适当软垫物隔开，避免高压，以防变形和防腐层损坏，影响施工和桥架质量。在有腐蚀的环境，还应有防腐的措施，一旦发现有变形和腐蚀损坏，应及时处理后再存放。

b.桥架敷设应符合以下要求：

Ⅰ.梯形桥架或有孔托盘桥架水平敷设时的距地高度一般不宜低于2.5m，无孔托盘桥架距地高度可降低到2.2m。

Ⅱ.桥架垂直敷设时，在距地1.8m以下易触及部位，应加金属盖板保护，但敷设在电气专用房间（如配电室、电气竖井、技术层等）内时可不加金属盖板保护。

Ⅲ.桥架最上部距离楼板或顶棚及其他建筑的距离不应小于设计规定的0.3m。

Ⅳ.弱电电缆与电力电缆间不应小于0.5m，若有屏蔽盖板可减少到0.3m。

Ⅴ.几组电缆桥架在同一高度平行敷设时，其间距不宜小于0.6m。

c.在冬季安装桥架时，利用椭圆孔使桥架间留有2mm的间隙已足够克服线膨胀的影响，对铝制桥架应留6mm的间隙；若在夏季安装桥架，桥架间可不留间隙。

d.当桥架要跨越建筑物的伸缩缝时，连接板只固定一端的桥架，另一端不固定，此时连接板只起导向作用。对需要跨接的桥架，用软导线或铜辫子线把伸缩缝两端的桥架作电气连接。桥架穿越沉降缝时，桥架之间的机械连接断开，仅作电气跨接；弱电桥架可不必跨接。

e.有盖桥架穿越楼板时，楼板内的盖板和楼板外的盖板要分开，不能用同一块盖板。桥架穿越楼板时，楼板内桥架应加盖，且高出楼板（高出部分不宜大于100mm）。有盖桥架穿越墙壁时，盖板可不穿入墙壁，也可穿入墙壁，但要保证墙外的盖板能方便打开。在工程中墙内和墙外的盖板不能用同一块盖板，也不得将墙洞用水泥把桥架连盖封住，这样造成盖板无法拆卸。

（2）桥架内电缆敷设

①现象：

电缆托盘、金属线槽、插接式母线槽通过螺栓连接或电焊把金属壳体作为保护接地线，其接地电阻达不到要求，同时电焊破坏了保护层（镀层或漆层），使其防腐蚀性能降低。

②原因：

认为电缆托盘、金属线槽、插接式母线槽的外壳本身就是导体，只需要使其连通，即可替代保护接地线。但实际上电缆托盘、金属线槽、插接式母线槽各段之间的螺栓连接是不可靠的。其阻值往往达不到要求。且托盘和线槽的壳体只能作承载用，母线槽外壳仅作保护用。

③防治：

a.沿电缆托盘、金属线槽、插接式母线槽一般设置镀锌扁钢、镀锌圆钢或扁铜保护接地带。

b.增设保护接地线。

c.电缆托盘、金属线槽、插接式母线槽的外壳分别用编织铜带与保护接地干线进行电气连接。

d.五芯式插接式母线槽的保护芯线在始端与保护接地线做好电气连接。

2. 电缆在电缆沟和电缆竖井内敷设

（1）电缆沟内电缆敷设

①现象：

a.敷设电缆的沟内有水。

b.电缆沟内支（托）架安装歪斜、松动、接地扁铁截面不符合规定，扁铁的焊接不符合要求。

c.电缆进户处有水渗漏进室内。

②原因：

a.电缆沟内防水不佳或未做排水处理。

b.电缆沟内支（托）架未按工序要求确定放线固定点位置；安装固定支（托）架预埋或金属螺栓固定不牢；接地扁铁未按设计要求进行选择。

c.穿外墙套管与外墙防水处理不当，造成室内进水。

③防治：

a.电缆沟内支（托）架安装应在技术交底中强调先弹线找好固定点；预埋件固定坐标应准确；使用金属膨胀螺栓固定时，要求螺栓固定位置正确，与墙体垂直，固定牢靠；接地扁铁应正确选择截面，焊接安装应符合工艺要求。

b.电缆进户穿越外墙套管时，特别对低于 ±0.000m 地面深处，应用油麻和沥青处理好套管与电缆之间的缝隙，以及套管边缘渗漏水的问题。

c.电缆沟内进水的处理方法，应采用地漏或集水井向外排水。一般每隔 50m 设一个，积水坑的尺寸以 400mm×400mm 为宜。

（2）电缆竖井内电缆敷设

①现象：

a.竖井垂直敷设电缆固定支架间距过大。

b. 电缆未做下坠处理。

c. 穿越楼板孔洞未做防水处理。

②原因：

a. 支架安装时未进行弹线定位。

b. 施工不精心，电缆未做下坠处理。

③防治：

a. 根据电缆自重情况做好下坠处理，采用 Ω 形卡将电缆固定牢靠，防止下坠。

b. 采用防火枕或其他防火材料在敷设完毕后，及时将楼板孔洞封堵密实。

3. 电缆接线和线路绝缘测试

（1）电缆中间接头绝缘击穿

①原因：

a. 在电缆中间接头的施工中，各套管上的灰尘和杂质没有清理干净。

b. 中间接头中的各绝缘套管中及管与管之间有空气。

c. 中间接线盒热缩管在加热时受热不均匀，造成密封不严。

d. 电缆其他故障引起的过电压。

②防治：

a. 在中间接头的施工中，要用无水酒精将各套管上的灰尘及杂物清理干净，尽量不在天气不好的时间施工。

b. 在加热中间接线盒热缩管时要尽量使其受热均匀，要从一端缓缓地向另一端加热，驱使管中的空气排出。

c. 中间接头做好后，要在中间接头外护套管与电缆外护层的搭接处缠绕能承受 10kV 的自粘胶带，对中间接头可能产生的缝隙进行封闭。

d. 限制或消除在中性点不接地系统中，由于各种故障引起的过电压，如在中性点接消弧线圈等。

（2）电缆在钢管中被冻坏

①原因：

a. 在电缆敷设时，为了保证电缆，往往采用钢管作为电缆的防护外套。若钢管两端密封不严或密封失效，有可能在钢管内积水。

b. 当严寒的冬季到来时，积水成冰，体积膨胀，增大的体积只能向管口两端延伸，在冰块延伸的同时将拉动电缆产生位移。一旦位移量超过电缆的弹性变形，电缆就有可能被拉断。

②防治：

a.敷设钢管作为电缆的防护外套时要做好密封，应经常检查管口的密封情况。当发现密封裂纹时，要及时采取措施进行修补。

c.在钢管的最低点处钻 1～2 个小孔，使电缆中的积水能及时渗出而不至于长期积存。

（3）电缆头漏油

①原因：

a.电缆在运行中，由于载流而发热使电缆油膨胀。

b.当发生短路时，由于短路电流的冲击使电缆油产生冲击油压。

c.当电缆垂直安装时，由于高差的原因产生静油压。

d.如果电缆密封不良或存在薄弱环节，若有上述情况的发生将使电缆油沿着芯线或铅包内壁缝隙流淌到电缆外部来。

②防治：

a.为防止电缆头漏油应提高制作工艺水平，加强密封性。

b.一般采用环氧树脂电缆头，在运行中防止过载，在敷设时避免高差过大或垂直安装就可防止漏油。

（4）电缆终端盒爆炸起火

①原因：

a.电缆负荷或外界温度发生变化时，盒内的绝缘胶热胀冷缩，产生"呼吸"作用，内外空气交流，潮气侵入盒内，凝结在盒内壁上的空隙部分，使绝缘电阻下降而被击穿。

b.终端盒内的绝缘胶遇到电缆油就溶解，在盒的底部和电缆周围形成空隙，使绝缘电阻下降而被击穿。

c.线路上发生短路故障时，在很大的短路电流作用下，绝缘胶开裂，密封破坏，潮气侵入，也会使绝缘电阻下降而被击穿。

d.电缆两端的高差过大时，低的一端终端盒受到电缆油的压力，严重时密封破坏，使绝缘电阻下降而被击穿。

②防治：

a.制作、安装终端盒时，应严格按照工艺要求操作，确保施工质量和密封性能良好，防止潮气侵入。

b.对终端盒加强巡视检查，一旦发现盒内漏油，应立即进行修理，防止泄漏油引起爆炸事故。

第九章　建筑弱电工程施工

第一节　管线安装

一、室内敷设

室内线路的布线设计和施工应做到短捷、安全可靠，尽量减少与其他管线的交叉跨越，避开环境条件恶劣的场所，便于施工维护。对安全防范系统的传输线路要注意隐蔽保密。施工时需遵守下列规定：

（1）传输线路采用绝缘导线时，应采取穿金属管、硬质塑料管、半硬质塑料管或封闭式线槽保护方式布线，优选穿钢管或电线管。传输线路采用耐压不低于250V 的铜芯绝缘多股电线。

（2）布线使用的非金属管材、线槽及其附件采用不燃或阻燃性材料制成。

（3）报警线路应采取穿金属管保护，并宜暗敷在非燃烧体结构或吊顶里，其保护层厚度不应小于3cm；当必须明敷时，应在金属管上采取防火保护措施（一般可采用壁厚大于 25mm 的硅酸钙筒或石棉、玻璃纤维保护筒。但在使用耐热保护材料时，导线允许载流量将减少。对硅酸钙保护筒，电流减少系数为 0.7；对石棉或玻璃纤维保护筒，电流减少系数为 0.6）。

（4）穿管绝缘导线或电缆的总截面积不应超过管内截面积的40%。敷设于封闭处或线槽内的绝缘导线或电缆的总截面积不应大于线槽的净截面积的50%。

（5）不同系统、不同电压等级、不同电流类别的线路，不应穿在同一管内或线槽的同一槽孔内。

（6）弱电线路的电缆竖井宜与强电电缆的竖井分别设置，如受条件限制必须合用时，弱电和强电线路应分别布置在竖井两侧。

（7）管内或线槽的穿线，应在建筑抹灰及地面工程结束后进行，在穿线前，应将管内或线槽内的积水及杂物清除干净，管内无铁屑及毛刺，切断口应锉平，管口应刮光。

（8）导线在管内或线槽内，不应有接头或扭结，导线的接头，应在接线盒内焊接或用端子连接（小截面导线连接时可以绞接，绞接匝数应在5匝以上，然后搪锡，用绝缘胶带包扎）。

（9）敷设在多尘或潮湿场所管路的管口和管子连接处，均应进行密封处理（加橡胶垫等）。

（10）管路超过下列长度时，应在便于接线处装设接线盒：

①管子长度每超过45m，无弯曲时。

②管子长度每超过30m，有1个弯曲时。

③管子长度每超过20m，有2个弯曲时。

④管长长度每超过12m，有3个弯曲时。

（11）管子入盒时，盒外侧应套锁母，内侧应装护口。在吊顶内敷设时，盒内外侧均应套锁母。

（12）在吊顶敷设各类管路和线槽时，应采用单独的卡具吊装或用支撑物固定。

（13）线槽的直线段应每隔1.0～1.5m设置吊点或支点，在下列部位也应设置吊点或支点：

①线槽接头处。

②距接线盒0.2m处。

③线槽走向改变或转角处。

④吊装线槽的吊杆直径，不应小于6mm。

（14）管线经过建筑物变形缝（包括沉降缝、伸缩缝、抗振缝等）处，应采取补偿措施；导线跨越变形缝的两侧应固定，并留有适当余量。

（15）导线敷设后，应对每个回路的导线用500V兆欧表测量绝缘电阻，其对地绝缘电阻值不应小于20MΩ。探测器传输线路宜选用不同颜色的绝缘导线，同一工程中相同线路的绝缘导线颜色应一致，接线端子应有标号。

（16）分线箱（盒）暗设时，一般应预留墙洞。墙洞大小应按分线箱尺寸留有一定余量，即墙洞上、下边尺寸增加20～30mm，左、右边尺寸增加10～20mm。分线箱（盒）安装高度应满足底边距地0.5～1m。

（17）过路箱一般作暗配线时电缆管线的转接或接续用，箱内不应有其他管线穿过。

（18）安全防范工程中视频信号的传输，如果传输距离较短，宜用同轴电缆传输视频基带信号的视频传输方法。黑白电视基带信号在5MHz时的不平坦度、彩色电视基带信号在 5.5MHz 时的不平坦度大于 3dB 时，应采用电缆均衡器；在大于 6dB 时，应加电缆均衡放大器。

（19）系统的功能遥控信号采用多芯线直接传输的方法。微机控制的大系统，可将遥控信号进行数据编码，以一线多传的总线方式传输。而同轴电缆暗敷时，一般宜穿钢管；路径安排尽可能短些，配管不能急弯；弯管半径宜大点，通常为管径的 10 倍。

（20）建筑物内横向布放的暗管管径不宜大于 $\phi25$，天棚里或墙内水平、垂直敷设管路的管径不宜大于 $\phi40$。

二、室外敷设

室外电缆线路的路径选择应以现有地形、地貌、建筑设施为依据，并按以下原则确定：

（1）线路宜短直，安全稳定，施工、维修方便。

（2）线路宜避开易使电缆受机械或化学损伤的路段，减少与其他管线等障碍物的交叉。

（3）视频与射频信号的传输宜用特性阻抗为 75Ω 的同轴电缆，必要时也可选用光缆。

（4）具有可供利用的架空线路时，可同杆架空敷设，但同电力线（1kV 以下）的间距不应小于 1.5m，同广播线间距不应小于 1m，同通信线的间距不应小于 0.6m。

（5）架空电缆时，同轴电缆不能承受大的拉力，要用钢丝绳把同轴电缆吊起来，方法与电话电缆的施工方法相似。室外电线杆的埋设一般按间距 40m 考虑，杆长 6m，杆埋深 1m。室外电缆进入室内时，预埋钢管要进行防雨水处理。

（6）需要钢索布线时，钢索布线最大跨度不要超过 30m，如超过 30m 应在中间加支持点或采用地下敷设的方式。跨距大于 20m，用直径 4.6 ~ 6mm 的钢绞线，跨距 20m 以下时，可用 3 条直径 4mm 的锻锌铁丝绞合。

第二节　楼宇设备监控系统

一、基础内容

（一）现场设备安装

现场需要安装的设备有：传感器、执行器、被控设备等。

（1）传感器包括温度、湿度、压力、压差、流量、液位传感器等。施工时要与相关专业配合，如在管道、设备上开孔，在设备内安装。设备安装完成后要注意保护。

（2）执行器包括各种风门、阀门驱动器。执行器安装在管道阀门、风道风门处。通过执行器对风门、阀门的开度进行调节。

（3）被控设备为电动阀、电磁阀、电动风阀、水泵、风机等机电设备。被控设备或被控设备的控制配电箱、动力箱和现场直接数字控制器连接，实现设备状态的检测和启动 / 停止的控制。

（二）现场直接控制数字器（DDC）安装

DDC 通常安装在被控设（如冷冻站、热交换站、水栗房、空调机房等）。最好就近安装在被控设备附近。如水泵、空调机、新风机、通风机附近的墙上用膨胀螺栓安装。

（三）线路敷设

所有现场设备通过线缆与 DDC 相连，现场传感器输入信号与 DDC 之间的连接线缆可采用 2 芯或 3 芯，每芯截面积大于 $0.75mm^2$ 的 RVVP 或 RVV 屏蔽或非屏蔽铜芯聚氯乙烯绝缘、聚氯乙烯护套圆形连接软电缆。

DDC 与现场执行机构之间的连接线缆可采用 2 芯或 4 芯（如需供电），每芯截面积大于 $0.75mm^2$ 的 RVVP 或 RVV 屏蔽或非屏蔽铜芯聚氯乙烯绝缘、聚氯乙烯护套圆形连接软电缆。DDC 之间、DDC 与控制中心间通常用 2 芯 RVVP 或 3 类以上的非屏蔽双绞线连接。进出 DDC 线缆应采用金属管、金属线槽保护。

二、楼宇设备监控系统安装

（一）温度传感器安装

温度传感器用于测量室内、室外、风管、水管的温度。所以温度传感器包括风管、水管温度传感器，室内、室外温度传感器，千万不能用错。按传感器使用的敏感材料又分 1kΩ 镍薄膜、1kΩ 铂薄膜、1kΩ 和 100Ω 铂等效平均值及 20kΩ NTC 非线性热敏电阻等类型。

温度传感器输出按温度变化的电阻值变化或再由放大单元转换成与温度变化成比例的 0 ~ 10VDC 或 4 ~ 20mA 的输出信号。所以选择温度传感器需与 DDC 模拟输入通道的特性相匹配。

通常根据被测介质的性质、温度范围、传感器的安装长度、精度和价格选用适合于监控要求的温度传感器。

1. 室内/外温度传感器的安装

（1）室内温度传感器不应安装在阳光直射的地方，应远离室内冷/热源，如暖气片、空调机出风口。远离窗、门直接通风的位置。如无法避开则与之距离不应小于 2m。

（2）室内温度传感器安装要求美观，多个传感器安装距地高度应一致，高度差不应大于 1mm，同一区域内高度差不应大于 5mm。

（3）室外温度传感器安装应有遮阳罩，避免阳光直射，应有防风雨的防护罩，远离风口、过道。避免过高的风速对室外温度检测的影响。

（4）选用 RVV 或 RVVP2×1.0 线缆连接现场 DDC。

2. 水管温度传感器的安装

（1）水管温度传感器不宜在焊缝及其边缘上开孔和焊接安装。水管温度传感器的开孔与焊接应在工艺管道安装时同时进行。必须在工艺管道的防腐和试压前进行。

（2）水管温度传感器的感温段宜大于管道口径的 1/2，应安装在管道的顶部。安装在便于调试、维修的地方。

（3）水管温度传感器的安装不宜选择在阀门等阻力件附近和水流流束死角和振动较大的位置。

（4）选用 RVV 或 RVVP2×1.0 线缆连接现场 DDC。

3. 风管温度传感器的安装

（1）风管温度传感器应安装在风速平稳，能反映风温的位置。

（2）风管温度传感器的安装应在风管保温层完成后，安装在风管直管段或应避开风管死角的位置。

（3）风管温度传感器应安装在便于调试、维修的地方。

（4）选用 RVV 或 RVVP2×1.0 线缆连接现场 DDC。

温度传感器至 DDC 之间应尽量减少因接线电阻引起的误差，对于 1kΩ 铂温度传感器的接线总电阻应小于 1Ω。对于 NTC 非线性热敏电阻传感器的接线总电阻应小于 3Ω。

（二）湿度传感器的安装

湿度传感器用于测量室内、室外和风管的相对湿度。

湿度传感器在不同的相对湿度情况下有不同的精度，所以应根据不同的需要选用不同的湿度传感器。通常根据被测介质的湿度范围、场所、精度和价格进行选择，以满足 BAS 监控的要求。其输出信号通常为 4～20mA 或 0～10 V DC，应注意与 DDC 模拟输入通道的特性相匹配。

1．室内/外湿度传感器的安装

（1）室内湿度传感器不应安装在阳光直射的地方，应远离室内冷/热源，如暖气片、空调机出风口。远离窗、门直接通风的位置。如无法避开则与之距离不应小于 2m。

（2）室内湿度传感器安装要求美观，多个传感器安装距地高度应一致，高度差不应大于 1mm，同一区域内高度差不应大于 5mm。

（3）室外湿度传感器安装应有遮阳罩，避免阳光直射，应有防风雨的防护罩，远离风口、过道。避免过高的风速对室外湿度检测的影响。

（4）选用 RVV 或 RVVP3×1.0 线缆连接现场 DDC。

2．风管湿度传感器的安装

（1）风管湿度传感器应安装在风速平稳，能反映风温的位置。

（2）风管湿度传感器的安装应在风管保温层完成后，安装在风管直管段或应避开风管死角的位置。

（3）风管湿度传感器应安装在便于调试、维修的地方。

（4）选用 RVV 或 RVVP3×1.0 线缆连接现场 DDC。

（三）压差开关的安装

1．风压压差开关的安装

风压压差开关通常用来检测空调机过滤网堵塞、空调机风机运行状态。安装时应注意以下几点：

（1）风压压差开关安装时，应注意安装位置，宜将压差开关的受压薄膜处于垂直位置。如需要，可使用 L 形托架进行安装，托架可用铁板制成。

（2）风压压差开关安装时，应注意压力的高、低。过滤网前端接高压端、过滤网后端接低压端。空调机风机的出风口接高压端，空调机风机的进风口接低压端。

（3）风压压差开关应安装在便于调试、维修的地方。

（4）风压压差开关不应影响空调器本体的密封性。

（5）导线敷设可选用 DG20 电线管及接线盒，并用金属软管与压差开关连接。

（6）选用 RVV 或 RVVP2×1.0 线缆连接现场 DDC。

2. 水压压差开关的安装

水压压差开关通常用来检测管道水压差，如测量分、集水器之间的水压差，用其压力差来控制旁通阀的开度。安装时应注意以下几点：

（1）水压压差开关应安装在管道顶部，便于调试、维修的位置。

（2）水压压差开关不宜在焊缝及其边缘上开孔和焊接安装。水压压差开关的开孔与焊接应在工艺管道安装时同时进行。必须在工艺管道的防腐和试压前进行。

（3）水压压差开关宜选在管道直管部分，不宜选在管道弯头、阀门等阻力部件的附近，水流流束死角和振动较大的位置。水压压差开关安装应有缓冲弯管和截止阀，最好加装旁通阀。

（4）选用 RVV 或 RVVP3×1.0 线缆连接现场 DDC。

（四）压力传感器的安装

压力传感器通常用来测量室内、室外、风管、水管的空气或水的压力。安装时应注意以下几点：

（1）压力传感器应安装在便于调试、维修的位置。

（2）室内、室外压力传感器宜安装在远离风口、过道的地方。以免高速流动的空气影响测量精度。

（3）风管压力传感器应安装在风管的直管段，即应避开风管内通风死角和弯头。风管压力传感器的安装应在风管保温层完成之后。

（4）水管压力传感器不宜在焊缝及其边缘上开孔和焊接安装。水管压力传感器的开孔与焊接应在工艺管道安装时同时进行。安装必须在工艺管道的防腐和试压前进行。

（5）水管压力传感器宜选在管道直管部分，不宜选在管道弯头、阀门等阻力部件的附近以及水流流束死角和振动较大的位置。

（6）水管压力传感器应加接缓冲弯管和截止阀。

（7）选用 RVV 或 RVVP3×1.0 线缆连接现场 DDC。

（五）水流开关的安装

水流开关通常用来检测水管中的水流状态。安装时要注意以下几点：

（1）水流开关应安装在便于调试、维修的地方。

（2）水流开关应安装在水平管段上垂直安装，不应安装在垂直管段上。

（3）水流开关不宜在焊缝及其边缘上开孔和焊接安装。水流开关的开孔与焊接应与工艺管道安装同时进行。安装工作必须在工艺管道的防腐和试压前进行。

（4）水流开关安装应注意水流叶片与水流的方向。水流叶片的长度应大于管径的1/2。

（5）选用RVV或RVVP2×1.0线缆连接现场

（六）防霜冻开关的安装

防霜冻开关用来保护空调机盘管，防止意外冻坏。安装时应注意以下几点：

（1）防霜冻开关的感温铜管应由附件固定在空调箱内，不可折弯、不能压扁，尤其是感温铜管的根部。

（2）防霜冻开关的感温铜管应由附件固定空调机盘管前部。

（3）选用RVV或RVVP2×1.0线缆连接现场DDC。

（七）空气质量传感器的安装

空气质量传感器用来检测室内CO_2、CO或其他有害气体含量。以0～10V直流输出信号或者以继电器输出开/关信号。空气质量传感器安装在能真实反映被监测空间的空气质量状况的地方。安装时应注意以下几点：

（1）探测气体比空气密度小，空气质量传感器应安装在房间、风管的上部。

（2）探测气体比空气密度大，空气质量传感器应安装在房间、风管的下部。

（3）风管空气质量传感器安装应在风管保温层完成之后。

（4）风管空气质量传感器应安装在风管的直管段，应在避开风管内通风死角。

（5）空气质量传感器应安装在便于调试、维修的地方。

（6）选用RVV或RVVP3×1.0线缆连接现场DDC。

（八）流量传感器的安装

流量传感器用来测量系统流量，配合系统温度的变化，换算出系统的冷/热负荷。常用的流量传感器有电磁式和涡轮式两种。电磁式流量传感器是基于电磁感应定律的流量测量仪表；涡轮式流量传感器是基于涡轮转速的流量测量仪表。

1. 电磁式流量计的安装

（1）电磁式流量计应安装在无电磁场干扰的场所。

（2）电磁式流量计应安装在直管段，流量计的前端应有长度为10D的直管段，流量计的后端应有长度为5D的直管段。如传感器前后的管道中安装有阀门和弯头等影响流量平稳的设备，则直管段的长度还需相应增加。

（3）系统如有流量调节阀，电磁式流量计应安装在流量调节阀的前端。

（4）选用 RVV 或 RVVP3×1.0 线缆连接现场 DDC。

2．涡轮式流量计的安装

（1）涡轮式流量计应水平安装，流体的流动方向必须与流量计所示的流向标志一致。

（2）涡轮式流量计应安装在直管段，流量计的前端应有长度为 10D 的直管段，流量计的后端应有长度为 5D 的直管段。如传感器前后的管道中安装有阀门和弯头等影响流量平稳的设备，则直管段的长度还需相应增加。

（3）涡轮式流量变送器应安装在便于维修并避免管道振动的场所。

（4）选用 RVV 或 RVVP3×1.0 线缆连接现场 DDC。

（九）电量变送器的安装

电量变送器把电压、电流、频率、有功功率、无功功率、功率因数和有功电能等电量转换成 4 ~ 20mA 或 0 ~ 10V 输出。安装时要注意以下几点：

（1）被测回路加装电流互感器，互感器输出电流范围应符合电流变送器的电流输入范围。

（2）变送器接线时，应严防电压输入端短路和电流输入端开路。

（3）变送器的输出应与现场 DDC 输入通道的特性相匹配。

以上所述均为 BAS 输入设备的安装要点，下面来讨论的是 BAS 输出设备的安装要点。

（十）电动调节阀的安装

电动调节阀通常用来调节系统流量。电动调节阀通常由阀体和阀门驱动器组成。阀门驱动器以电动机为动力，依据现场 DDC 输出的 0 ~ 10V DC 电压或 4 ~ 20mA 电流控制阀门的开度。

阀门驱动器按输出方式可分直行程、角行程和多转式 3 种类型，分别同直线移动的调节阀、旋转的蝶阀、多转式调节阀配合工作。安装时应注意以下几点：

（1）电动调节阀应在工艺管道安装时同时进行。安装工作必须在工艺管道的防腐和试压前进行。

（2）电动调节阀应垂直安装于水平管道上，尤其对大口径电动阀不能有倾斜。

（3）电动调节阀一般安装在回水管上。

（4）电动调节阀阀体上的水流方向应与实际水流方向一致。

（5）电动调节阀旁应装有旁通阀和旁通管路。

（6）电动调节阀应有手动操作机构，手动操作机构应安装在便于操作的位置。

（7）电动调节阀阀位指示装置应安装在便于观察的位置。

（8）电动调节阀安装应留有检修空间。

（9）电动调节阀的行程、关阀的压力、阀前/后压力必须满足设计和产品说明书的要求。

（10）电动调节阀阀门驱动器的输入电压、工作电压应与DDC的输出相匹配。

（11）选用RVV或RVVP3×1.0线缆连接现场DDC。

（十一）电磁阀的安装

电磁阀是利用线圈通电后产生电磁吸力，提升活动铁心，带动阀塞运动，控制阀门开、关。电磁阀开/关控制无电机、变速器等机械转动部件，因此，它可靠性强，响应速度快。安装时应注意以下几点：

（1）电磁阀应在工艺管道安装时同时进行。安装工作必须在工艺管道的防腐和试压前进行。

（2）电磁阀应垂直安装于水平管道上，尤其对大口径电磁阀不能有倾斜。

（3）电磁阀一般安装在回水管上。

（4）电磁阀阀体上的水流方向应与实际水流方向一致。

（5）电磁阀旁应装有旁通阀和旁通管路。

（6）电磁阀应有手动操作机构，手动操作机构应安装在便于操作的位置。

（7）电磁阀位指示装置应安装在便于观察的位置。

（8）电磁阀安装应留有检修空间。

（9）电磁阀的行程、关阀的压力、阀前后压力必须满足设计和产品说明书的要求。

（10）电磁阀阀门驱动器的输入电压、工作电压应与DDC的输出相匹配。

（11）选用RVV或RVVP3×1.0线缆连接现场DDC。

（十二）电动风阀的安装

电动风阀用来调节控制系统风量、风压。电动风阀由风阀和风阀驱动器组成。风阀驱动器根据风阀的大小来选择。电动风阀提供辅助开关和反馈电位器，能实时显示风阀的开度。安装时应注意以下几点：

（1）动风阀与风阀驱动器连接的轴杆应伸出风阀阀体80mm以上，风阀驱动器与风阀轴的连接应牢固。

（2）风阀驱动器上的开闭箭头的方向应与风门开闭方向一致。

（3）风阀驱动器应与风阀轴垂直安装。风阀驱动器的输出力矩必须满足风阀转动的需要。

（4）风阀驱动器的工作电压、输入电压应与 DDC 的输出相匹配。

（5）选用 RVV 或 RVVP3×1.0 线缆连接现场 DDC。

（十三）风机盘管温控器、电动阀的安装

风机盘管温控器、电动阀用来控制现场的温度。

1．风机盘管电动阀的安装

（1）风机盘管电动阀阀体水流箭头方向应与水流实际方向一致。

（2）风机盘管电动阀应安装于风机盘管的回水管上。

（3）风机盘管电动阀与回水管连接应有软接头，以免风机盘管的振动传到系统管线上。

2．风机盘管温控器的安装

（1）温控开关与其他开关并列安装时，距地面高度应一致，高度差不应大于 1mm；与其他开关安装于同一室内时，高度差不应大于 5mm。

（2）温控开关外形尺寸与其他开关不一样时，以底边高度为准。

（3）温控开关输出电压应与风机盘管电动阀的工作电压相匹配。

（十四）现场控制器（DDC）的安装

DDC 通常安装在被控设备机房中（如冷冻站、热交换站、水泵房、空调机房等）。最好就近安装在被控设备附近。如水泵、空调机、新风机、通风机附近墙上用膨胀螺栓安装。安装时应注意以下几点：

（1）DDC 与被监控设备就近安装。

（2）DDC 距地 1500mm 安装。

（3）DDC 安装应远离强电磁干扰。

（4）DDC 的数字输出宜采用继电器隔离，不允许用 DDC 数字输出的无源触点直接控制强电回路。

（5）DDC 的输入、输出接线应有易于辨别的标记。

（6）DDC 安装应有良好接地。

（7）DDC 电源容量应满足传感器、驱动器的用电需要。

三、子系统通信接口

构成 BAS 的各设备子系统，如变配电系统、空调系统（包括变频式空调控制器、冷热源系统等）、电梯系统、照明系统、给排水系统、消防系统、安保系统等的硬件接口（如适配器卡等），通信线缆，信息传输及通信方式等必须相互匹配。它们的软、硬件产品的品牌、版本、型号、规格、产地和数量应符合设计及产品技术标准要求，并符合双方签订的技术协议要求。

通信接口应符合智能建筑统一规划的要求，就是各子系统的信息接口、协议等应符合国家标准。在订货时统一预留，各子系统的供应商应共同遵守，承诺技术协议，为集成创造条件。确定通信接口时应注意：

（1）智能建筑中设备子系统是针对不同专业要求开发的，信息交互界面和通信接口千差万别，种类繁多，协议各不相同，但为使 BAS 正常运行，必须做到信息交互、综合和共享。所以应该按现行标准执行并考虑将来标准的要求。

（2）本系统通信硬件接口应与其他子系统硬件接口、信息传输、通信方式相匹配：

①数据信息。各计算机设备之间数据传输速率及其格式。

②视频信号。包括电视和监视用摄像机信号。

③音频信号。包括电话与广播信号。

④控制与监视信号。即 AO、AI、DO、DI 及脉冲、逻辑信号等的量程、接点容量方面的匹配。

⑤其他专业受楼宇自控系统集成控制各类设计的主要技术，及提供设备的主要技术参数之间的匹配。

（3）检查、确认系统应用软件界面。

①各子系统之间应用软件界面。如 BMS 中 BAS 可以具备 FA，SA 的两次监控功能，则除了 BAS 与 FA，SA 之间具备硬件接口外，BAS 还具备两次监控的软件。

②系统设备和子系统的应用软件的接口界面软件，如各供应商（冷冻机，锅炉，供电设备）将其设备的遥控、遥测和运行信号通过硬件和标准接口的数据通信方式向外传输，则子系统应用软件必须有一套与此相适应的接口界面软件。

③新老界面。为保护原有设备不受损失，子系统应具备进行二次开发软件的功能。

（4）通信缆线铺设应符合设计要求及技术标准规定。

（5）系统通信验收检查。

①主机及其相应设备通电后，启动程序检查主机与本系统其他设备通信是否正常，确认系统内设备无故障。

②本系统与其他子系统采取通信方式连接，则按系统设计要求进行测试。例如，应有极强的环境适应性，在下列环境下均能正常工作：a. 电源干扰脉冲：上升沿 1μs，下降沿 50μs，脉冲幅度在 2.5kV；b. 地电位干扰：在频率低于 10MHz 下，地电位典型值达 1000V（峰峰值）；c. 雷击干扰：靠传输线任意一点的干扰电位脉冲上升沿 10μs；峰值 5000A，在 20μs 内下降到峰值的一半；d. 电磁干扰：10kHz ～ 30MHz 范围内，2V/m 的电磁场干扰，30MHz ～ 1GHz 范围内，5V/m 的电磁场干扰。

③通信的可靠性检查。应有较强的检错与纠错能力，挂在网络上的任一装置的任何部分的故障，都不应导致整个系统的故障。

④有极快的实时响应速度。响应时间必须限制在 0.01 ～ 0.5s 之内。高优先级的媒体，送取时间不能大于 10μs。

⑤检查电磁兼容问题。设备或系统在其电磁环境中能正常工作，且也不对该环境中任何事物构成不能承受的电磁干扰的能力。这必须在滤波、接地、屏蔽等方面加强检查，有效解决电磁兼容问题。

⑥应有过电压保护措施。计算机通信网络接口和数字逻辑控制的电子设备，对电源线的干扰与电压波动十分敏感。因为计算机内工作电压一般只有 5V，所以干扰串入电源，会造成严重后果。

四、BAS 的调试

BAS 的调试要根据设计全面了解整个系统的功能和性能指标。

BAS 的调试应在所有设备（楼宇机电设备、自控设备）安装完毕，楼宇机电设备试运行工作状况良好，而且满足各自系统的工艺要求的情况下进行。

（一）传感器、DDC、驱动器的检测

传感器、DDC 作为 BAS 的基础单元，其性能的好坏直接影响系统的性能。要确保系统稳定、可靠、高质量地运行，必须加强对传感器、DDC 性能检测。

1. 数字量传感器检测

常用数字量传感器有压差开关、防霜冻开关等。

（1）按设备和设计要求输入相应气压、水压，检查相应的压差传感器输出是否符合设备性能和设计要求。

（2）按设备和设计要求输入相应空气温度，检查防霜冻开关输出是否符合设备性能和设计要求。

2．模拟量传感器检测

常用模拟量传感器有温度传感器、湿度传感器、压力传感器、压差传感器及流量传感器等。

（1）按设备说明书要求输入相应温度空气，检查室内、风管空气温度传感器的输出是否满足设备性能和设计要求。

（2）按设备说明书要求输入相应温度的水，检查水管温度传感器的输出是否满足设备性能和设计要求。

（3）按设备说明书要求输入相应湿度的空气，检查湿度传感器的输出是否满足设备性能和设计要求。

（4）按设备说明书要求输入相应液体流量，检查流量传感器的输出是否满足设备性能和设计要求。

（5）按设备说明书要求输入相应电压、电流、频率、功率因数和电量，检查相应变送器的输出是否满足设备性能和设计要求。注意严防电压型传感器的电压输入端短路和电流型传感器的电流输入端开路。

上述检测可以在工程现场进行，也可以在实验室完成。

3．DDC 输入输出检测

（1）开关量输入检测（运行、故障状态）。模拟开关量输入，检测现场 DDC 输出并在上位机记录。检测开关量输入的次数、时间、地址是否准确。

（2）脉冲信号输入检测。按设备和设计要求模拟输入相应脉冲宽度、相应脉冲幅度、相应脉冲频率的开关量信号，检查现场 DDC 输出并在上位机记录。检查上位机记录与实际输入是否一致。

（3）现场 DDC 开关量输入检测。连接现场被控设备干触点，改变干触点状态，检查上位机显示、记录与实际输入是否一致。

（4）现场 DDC 开关量输出检测。在上位机用程序方式或手动方式设置数字量输出点，检查被设置 DDC 数字输出点的输出状态是否准确。检测接口电压、电流是否满足设备性能和设计要求。

（5）模拟量输入检测。按设备说明书要求输入相应的电压或电流（如 0～10V，0～20mA 等），检查 DDC 输出端的电压和电流是否符合设计要求。

（6）现场 DDC 模拟量输出检测。在系统中变化温度、湿度、压力、压差、流量，逐个检查 DDC 输出的电压和电流是否符合设计要求。

4．驱动器的检测

驱动器检测前，首先用手动方式检查驱动器工作是否正常，机械传动是否灵活，是否满行程可调。手动方式检查驱动器工作正常后，连接电动水阀、电动风阀、电动蒸气阀，手动方式通过驱动器的传动检查阀门运动状况是否符合设备性能和设计要求。

根据驱动器驱动的要求，输入相应的电压或电流，检测电动水阀、电动风阀、电动蒸汽阀的开度是否符合设备性能和设计要求。

在系统中改变温度、湿度、压力、压差、流量，逐个检查相应的电动水阀、电动风阀、电动蒸汽阀的开度是否符合设备性能和设计要求。

（二）机房冷热源设备的调试

机房冷热源设备的调试应在冷水机组，冷、热水泵，冷却水泵，冷却塔等设备都能正常工作的情况下进行。

（1）检查机房冷热源设备的所有检测点 DI、AI、DO、AO 是否符合设计点表的要求。

（2）检查所有检测点 DI、AI、DO、AO 接口设备是否符合 DDC 接口要求。

（3）检查所有检测点 DI、AI、DO、AO 的接线是否符合设计图纸的要求。

（4）检查所有传感器、执行器、水阀的安装、接线是否正确。

（5）手动启 / 停每一台冷、热水泵，冷却水泵，冷却塔风机，检查上位机显示、记录与实际工作状态是否一致。

（6）手动输入每一台冷、热水泵，冷却水泵，冷却塔风机故障信号，检查上位机显示、记录与实际工作状态是否一致。

（7）在上位机控制每台冷、热水泵，冷却水泵，冷却塔风机的启 / 停。检查上位机的控制是否有效。

（8）模拟一台冷、热水泵，冷却水泵，冷却塔风机故障，故障设备应停止运行，备用水泵、风机应能自动启动投入运行。

（9）关闭分水器输出部分阀门，降低系统负荷，检测分水器、集水器的压力差，检测旁通阀门的开度是否符合设计的要求。检测流量计的流量变化，检测冷、热机组的运行变化是否满足设计要求。

（10）模拟冷却水的回水温度变化，检测冷却塔风机的运行状态是否符合设计要求。

（11）检测机房冷热源设备是否按设计和工艺要求的顺序自动投入运行和自动关闭。

（三）新风机、空调机机组的调试

新风机、空调机机组的调试应在新风机、空调机机组单机运行正常的情况下进行。

（1）检查新风机、空调机机组的所有检测点 DI、AI、DO、AO 是否符合设计点表的要求。

（2）检查所有检测点 DI、AI、DO、AO 接口设备是否符合 DDC 接口要求。

（3）检查所有检测点 DI、AI、DO、AO 的接线是否符合设计图纸的要求。

（4）检查所有传感器、执行器、水阀、风阀的安装、接线是否正确。

（5）手动启 / 停新风机、空调机机组，检查上位机显示、记录与实际工作状态是否一致。

（6）手动输入新风机、空调机机组的故障信号，检查上位机显示、记录与实际工作状态是否一致。

（7）在上位机控制新风机、空调机机组的启 / 停。检查上位机的控制是否有效。

（8）模拟回风温、湿度变化（新风机无此项），检测电动水阀、电动加湿阀的开度变化是否符合设计要求。

（9）模拟回风温、湿度变化（新风机无此项），检测电动风阀的开度变化是否符合设计要求。

（10）模拟压差开关两端压力变化，上位机应有过滤网堵塞报警。

（11）模拟低温空气输入、防霜冻开关应有信号输出，上位机应有低温报警，并应有相关的联动控制。

（12）检测新风、空调机机组是否按设计和工艺要求的顺序自动投入运行和自动关闭。

（四）给排水系统的调试

给排水系统的调试应在所有的供水泵、排水泵、污水泵等设备都能正常工作的情况下进行。

（1）检查给排水系统的所有检测点 DI、AI、D、AO 是否符合设计点表的要求。

（2）检查所有检测点 DI、AI、DO、A 接口设备是否符合 DDC 接口要求。

（3）检查所有检测点 DI、AI、DO、AO 的接线是否符合设计图纸的要求。

（4）检查所有传感器、执行器的安装、接线是否正确。

（5）手动启 / 停系统的每一台水泵，检查上位机显示、记录与实际工作状态是否一致。

（6）手动输入系统每一台水泵的故障信号，检查上位机显示、记录与实际工作状态是否一致。

（7）用上位机控制每台水泵的启 / 停。检查上位机的控制是否有效。

（8）模拟一台水泵故障，停止运行，备用水泵能否自动启动投入运行。

（9）模拟供水管道出水压力，检测变频器输出是否符合设计要求。

（10）模拟水箱、污水池液位变化，检测水泵运行变化是否满足设计要求。

（五）变配电系统的调试

（1）检查变配电系统所有检测点 DI、AI 是否符合设计点表的要求。

（2）检查所有检测点 DI 接口是否符合 DDC 接口要求。

（3）检查所有检测点 AI 的量程（电压、电流）与变送器的量程范围是否相符，接线是否正确。

（4）比较上位机电压、电流、有功功率、功率因数、电能显示读数与现场仪表显示读数，检测是否符合设计要求。

（5）检查柴油发电机组的 DI、AI、DO 是否符合设计点表的要求。

（6）检查柴油发电机组所有检测点 DI、AI、DO 接口是否符合 DDC 接口要求。

（7）手动启 / 停柴油发电机组，检查上位机显示、记录与实际工作状态是否一致。

（8）手动输入柴油发电机组故障信号，检查上位机显示、记录与实际工作状态是否一致。

（9）在上位机控制柴油发电机组的启 / 停，检查上位机的控制是否有效。

（10）模拟主电路断电情况，在上位机监视柴油发电机组自启动的时间、开关设备动作、输出电压等指标是否符合设计要求。

（六）照明系统的调试

（1）检查照明系统的所有检测点 DI、DO 是否符合设计点表的要求。

（2）检查所有检测点 DI、DO 接口是否符合 DDC 接口要求。

（3）检查所有检测点 DI、DO 的接线是否符合设计图纸的要求。

（4）手动启 / 停照明系统的每一个被控回路，检查上位机显示、记录与实际工作状态是否一致。

（5）用上位机控制照明系统的每一个被控回路，检查上位机的控制是否有效。

（6）用上位机启动顺序、时间控制程序，检查每一个被控回路，是否符合设计要求。

（七）电梯系统的调试

（1）检查电梯系统的所有检测点 DI、DO 是否符合设计点表的要求。

（2）检查所有检测点 DI、DO 接口是否符合 DDC 接口要求。

（3）启/停、上/下运行电梯，检查上位机显示、记录与实际工作状态是否一致。

（4）用上位机控制电梯系统的每一部电梯启/停、上/下运行，检查上位机的控制是否有效。

（八）基本应用软件设定与确认

1. 确认 BAS 图与实际运行设备是否一致

（1）按系统设计要求确认 BAS 中主机、分站、网络控制器、网关等设备运行及故障状态等。

（2）按监控点表的要求确认 BAS 各子系统设备的传感器、阀门、执行器等运行状态、报警、控制方式等。

2. 确认 BAS 受控设备的平面图

（1）确认 BAS 受控设备的平面位置与实际位置一致。

（2）激活 BAS 受控设备的平面位置后，确认其监控点的状态、功能与监控点表的功能是否一致。

（3）确认在 CRT 主机侧对现场设备是否可进行手动控制操作。

系统软件调试应按各机电子系统逐个调试，应根据工艺要求进行调试。

（九）系统调试

1. 系统的接线检查

按系统设计图样要求，检查主机与网络控制器、网关设备、分站、系统外部设备（包括 UPS 电源、打印设备）、通信接口（包括与其他子系统）之间的连接、传输线型号规格是否正确，通信接口的通信协议、数据传输格式、数据速率等是否符合设计要求。

2. 系统通信检查

主机及其相应设备通电后，启动程序检查主机与本系统其他设备通信是否正常，确认系统内设备无故障。

3. 系统监控性能的测试

（1）在主机侧按监控点表和调试大纲的要求，对本系统的 DO、DI、AO、AI 进行抽样测试。

（2）系统若有热备份系统，则应确认其中一机处于人为故障状态下，确认其备份系统运行正常并检查运行参数不变，确认现场运行参数不丢失。

（3）系统联动功能的测试。

①本系统与其他子系统采取硬连接方式联动，则按设计要求全部或分类对各监控点进行测试，并确认其功能是否满足设计要求。

②本系统与其他子系统采取通信方式连接，则按系统集成的要求进行测试。

（4）系统功能测试按工程的调试大纲进行。

五、BAS工程验收

（一）BAS工程检测

对BAS进行检测的主要目的是对系统的实时性、可靠性、安全性、易操作性、易维护性、控制精度、安装质量等重要指标进行综合评价，不仅对存在的问题提出改进措施，使BAS能够正常运行，实现一定的节能效果，而且将普遍提高BAS的工程质量。

系统工程检测的基本准则如下：

（1）智能化系统的工程检测应由行业主管部门审定的机构实施，并只接受建设方（业主）或物业管理公司的委托。

（2）智能化系统的检测是工程检测，它不同于实验室检测，必须结合建筑设备现场实际情况制定检测方案。

（3）智能化系统工程检测的合格率以设计的设备功能点数为基数，检测不合格的点数超过1%（或0.5%）时，系统应判为不合格。

BAS的检测首先要根据工程设计文件和合同技术文件全面了解整个系统的功能和性能指标。被检测系统的业主与工程承包商需提供的主要文件有：系统选型论证、系统规模容量、控制工艺说明、系统功能说明及性能指标、BAS结构图、各子系统控制原理图、BAS设备布置与布线图、与BAS监控相关的动力配电箱电气原理图、现场设备安装图、分站与中央管理工作站/操作员站的监控过程程序流程图、中央监控室设备布置图、BAS供货合同及工程合同、BAS施工质量检查记录、相关的工程设计变更单、BAS投入运行后3个月的运行记录等。在此基础上，根据BAS的验收标准，制定出一套合理的BAS检测方案。如果工程资料不齐全，则应整改补充，否则不能予以检测。

BAS的检验采用现场检查及在线测试方式进行。测试结果按相关国家规范以及设备厂家的技术标准和用户功能要求进行评估。

（二）BAS 检测项目

BAS 每一工程具体的检验项目内容与要求，均以建筑设备工程（空调、通风、给排水、供配电、照明、电梯与自动扶梯等）设计的工艺要求、系统工程设计文件与订购合同技术文件为依据确定，如有变更，需提供相应的说明文件。

1．空调与通风系统功能检测

BAS 应对空调系统进行温、湿度自动控制，预定时间表自动启停，节能优化控制功能检测，应着重检测其测控点（温度、湿度、压差和压力等）与被控设备（风机、风阀、水泵、加湿器及电动阀门等）的随动性和实时性，检查运行工况，测定控制精度，并检测设备联锁控制的正确性。对试运行中出现故障的系统要重点测试。

按每类系统检测数量不低于 20% 进行抽检，当系统数量少于 5 个时则全部检测。被抽检系统全部合格时为检测合格。

检测方法为：在工作站或现场控制器模拟测控点数值或状态改变，或人为改变测控点状态时，记录被控设备动作情况和响应时间；在工作站或现场控制器改变时间设定表，记录被控设备启停情况；在工作站模拟空气环境工况的改变，记录设备运行状态变化，也可根据历史记录和试运行记录对节能优化控制做出判定。

BAS 对各类传感器、执行器和控制设备的运行参数、状态、故障的监测、记录与报警进行检测时，应通过工作站数据读取、历史数据读取、现场测量观察和人为设置故障相结合的方法进行，同类设备检测数量应不低于 20% 进行抽检，被检设备合格率为 100% 时为检测合格。

2．变配电系统功能检测

BAS 对变配电系统进行检测时，应利用工作站数据读取和现场测量的方法对电压、电流、有功功率、功率因数、用电量等各项参数的测量和记录进行准确性和真实性检查，显示电力负荷及上述各参数的动态图形能比较准确地反映参数变化情况，并对报警信号进行验证。

抽检数量应不低于 20%，被检参数合格率在 90% 以上时为检测合格。

对高低压配电柜的工作状态、故障状态，电力变压器的温度，应急发电机组的工作状态，储油罐的液位及蓄电池组工作状态进行检测时，应为全部检测，合格率为 100% 时为检测合格。

3．照明系统功能检测

BAS 对公共照明设备（公共区域、过道、园区）检测时，应以光照度、时间

263

表等为控制依据，模拟设置程序控制灯组的开关，检查控制动作的正确性和节能运行情况；并手动检查开关状态。

检测方式为抽检，抽检数量应不低于 20%，被检参数合格率 100% 时为检测合格。

4. 给排水系统功能检测

BAS 应对给水系统、排水系统和中水系统进行液位、压力等参数检测及水泵运行状态监测、记录、控制和报警检测，应通过工作站参数设置或人为改变现场测控点状态，来监视设备的运行状态。包括自动调整水泵转速、投运水泵切换情况及故障状态报警和保护情况是否满足设计要求。

检测方式为抽检，抽检数量应不低于 20%，被检参数合格率 100% 时为检测合格。

5. 热源和热交换系统功能检测

BAS 应对热源和热交换系统进行系统负荷调节、预定时间表自动启停和节能优化控制功能进行检测，通过工作站或现场控制器对热源和热交换系统的设备控制、供水温度、供回水平均温度或供回水恒压差自动控制情况进行测试。

通过工作站对热源和热交换设备运行参数、状态、故障等的监视、记录与报警情况进行检查，并检测设备的运行状态与参数控制情况。对热源和热交换系统能耗计量与统计进行核实，对节能效果进行确认。

检测方式为抽检，抽检数量应不低于 20%，被检参数合格率 100% 时为检测合格。

6. 冷冻和冷却水系统功能检测

BAS 应对冷水机组、冷冻冷却水系统进行系统负荷调节、预定时间表自动启停和节能优化控制功能进行检测。通过工作站对冷冻、冷却水系统设备控制和运行参数、状态、故障等的监视、记录与报警情况进行检查，并检查设备运行的联动情况。

对冷冻水系统能耗计量与统计进行核实。

检验方式为抽检，抽检数量应不低于 50%，被检参数合格率 100% 时为检验合格。

7. 电梯和自动扶梯系统功能检测

BAS 对建筑物内电梯和自动扶梯系统进行检测时，应通过工作站对系统的运行状态与故障进行监视，并与系统实际工作情况进行核实。当与电梯管理系统提供的通信接口进行数据传输时，应对电梯运行方式、运行状态和故障进行检测。

检验方式为抽检，抽检数量应不低于 50%，被检参数合格率 100% 时为检验合格。

8. 中央管理工作站与操作分站功能检测

BAS 对中央管理工作站与操作分站进行检测时，主要检测其监控和管理功能。检测时应以中央管理工作站为主，对操作分站主要检测其监控和管理权限以及数据与中央管理工作站的一致性。

检测中央管理工作站记录各种运行状态信息、测量数据信息、故障报警信息的实时性和准确性，对控制设备进行远程控制和管理。中央管理工作站的远程控制功能测试为每类系统被控设备 20% 抽检。测定远程控制的有效性、正确性和响应时间。

检测中央管理工作站数据的存储和统计（包括检测数据、运行数据）、历史数据趋势图显示、报警存储统计（包括各类参数报警、通信报警和设备报警）情况，中央管理工作站存储的历史数据时间应大于 3 个月。

检测中央管理工作站数据报表生成及打印功能，故障报警的打印功能。

检测中央管理工作站操作的方便性，人机界面应符合友好、汉化、图形化要求，图形切换流程清楚易懂，便于操作，对报警信息的处理应直观。

检测操作权限，确认系统操作的安全性。

以上功能全部满足设计要求时为检测合格。

9. BAS 与子系统（设备）间的数据通信接口功能检测

BAS 与带有通信接口的各子系统以数据通信的方式相连时，应在工作站观测子系统的运行参数（含工作状态参数和报警信息），并和实际状态核实，确保准确性和实时性，对可控功能的子系统应检测发命令时的系统响应状态。

数据通信接口要全部检测，检测合格率 100% 时为检测合格。

10. 现场设备安装质量检查

现场设备安装质量检查按《建筑电气安装工程施工质量验收规范》中有关章节和相关产品技术文件执行。

（1）传感器：每种类型传感器抽检 10%，传感器少于 10 只时全部检查。

（2）执行器：每种类型执行器抽检 10%，执行器少于 10 台时全部检查。

（3）控制柜：各类控制柜抽检 20%，少于 10 台时全部检查。

检查合格率达到 90% 时为检查合格。

11. 现场设备性能测试

（1）接入率及完好率测试。按照设计总数的 10% 进行抽检，少于 10 台时全部检测，合格率达到90%时为检测合格。

（2）模拟信号通道的检测精度测试。按照设计总数的10%进行抽测，少于10台时全部检测，合格率达到90%时为检测合格。

（3）控制设备性能测试。包括电动风阀、电动水阀、变频器等。主要测定控制设备的有效性、正确性和稳定性；测试核对电动调节阀和变频器在20%、50%、80%的行程处对控制指令的一致性、响应速度和控制效果；测试结果应满足合同技术文件及控制工艺对设备性能的要求。

检测为20%抽测，设备数量少于5个时全部测试，检测合格率达到90%时为检测合格。

12. 实时性能测试

巡检速度、开关信号的反应速度应满足合同技术文件与设备工艺性能指标的要求。抽检10%，少于10台时全部检测，合格率达到90%时为检测合格。

报警信号反应速度应满足合同技术文件与设备工艺性能指标的要求。抽检20%，少于10台时全部检测，合格率100%时为检测合格。

13. 维护功能检测

应用软件的在线编程和修改功能，在中央站或现场进行控制器或控制模块应用软件的在线编程、参数修改及下载，全部功能得到验证为合格，否则为不合格。

设备、网络通信故障的自检测和报警功能，自检测和报警必须指示出相应设备名称和位置，在现场人为设置设备故障和网络故障，在中央站观察检测和报警显示，输出结果正确的为合格，否则为不合格。

14. 可靠性测试

计算机在系统运行时，启动或停止现场设备时，不应出现数据错误或产生干扰而影响系统正常工作。人为启动或停止现场设备，观察中央站数据显示和系统工作情况，工作正常的为合格，否则为不合格。

切断系统电网电源，转为UPS供电时，系统数据不应丢失或出现数据混乱；电源转换时系统工作正常的为合格，否则为不合格。

15. 其他项目评测

（1）监控网络和数据库的标准化、开放性。

（2）系统的冗余配置。主要指控制网络、工作站、服务器、数据库和备用电源等。

（3）系统可扩充性。控制器I/O口的备用量应符合合同技术文件要求，机柜至少应留有 10% 的卡件安装空间和 10% 的备用接线端子。

（4）节能情况评价。空调设备的优化控制、冷热源能量自动调节、照明设备自动控制、风机变频调速、水泵台数与转速控制、VAV 变风量控制等。根据合同技术文件的要求，通过对系统数据库记录分析、现场控制效果测试和数据计算后做出是否满足设计要求的评价。

BAS 功能检测表见表 9-1，BAS 现场检测表见表 9-2。

表9-1　BAS功能检测表

项目	分项目	检测内容	抽查数量		合格率		检测结果
			规定值	实际值	规定值	实际值	
1.空调与通风系统	系统控制功能	温湿度自动控制	20%		100%		
		预定时间表自动启停	20%		100%		
		节能优化控制	20%		100%		
	系统巡检及报警功能	传感器	20%		100%		
		电动执行器	20%		100%		
		控制设备	20%		100%		
2.变配电系统	参数准确性和真实性	各项参数测量	20%		90%		
		故障报警验证	20%		90%		
	高低压配电柜	各项参数和工作状态	100%		100%		
		故障报警状态	100%		100%		
3.照明系统		公共照明设备	20%		100%		
4.给排水系统	给水系统	数据、状态监测设备控制 故障状态报警和保护	20%		100%		
	排水系统	状态监测 设备监测 故障报警	20%		100%		
5.热源和热交换系统		系统控制功能	20%		100%		
		运行参数及报警记录	20%		100%		
		能耗计量统计	20%		100%		

续表

项目	分项目	检测内容	抽查数量		合格率		检测结果
			规定值	实际值	规定值	实际值	
6.冷冻和冷却水系统		系统控制功能	50%		100%		
		运行参数及报警记录	50%		100%		
		能耗计量统计	50%		100%		
7.电梯和自动扶梯系统		运行状态检测	50%		100%		
		故障报警	50%		100%		
		通信接口	50%		100%		
8.中央管理工作站和操作分站		检测项目	设计要求及功能需求		实际检测结果		
		数据测量、故障报警、远动控制					
		数据存储统计、趋势图显示、报警存储显示					
		数据报表及打印故障报警编辑及打印					
		操作方便性					
		权限认证（包括操作分站）					
9.数据通信接口		运行状态检测					
		报警信息					
		控制功能					
功能检验结论							
现场检验结论							
系统检验结论							

表9-2 BAS现场检测表

项目	检测内容	抽查数量		合格率		检测结果
		规定值	实际值	规定值	实际值	
1.现场设备安装质量检查	传感器					
	执行器					
	控制柜					

续表

项目	检测内容		抽查数量		合格率		检测结果
			规定值	实际值	规定值	实际值	
2.控制系统和控制单元现场测试	接入率和完好率						
	模拟信号精度测试						
	控制设备性能测试						
	实时性能测试	巡检速度					
		报警信号					
	分项						
	维护功能检验	应用软件在线编程					
		故障检测					
	可靠性测试	抗干扰性					
		备用电源切换					
现场评测一般项目	评测内容						
	监控网络和数据库标准化						
	系统冗余配置						
	系统可扩充性						
	节能评价						
过程质量记录							
现场检测结论							

（三）工程验收

验收标准是业主、施工单位及监理公司包括智能化建筑验收机构共同遵守的标尺，是衡量智能化建筑建设质量的客观准绳。

1．系统验收的基本条件

（1）系统安装调试、试运行后的正常连续投运时间不少于3个月。

（2）按规范进行了系统检测，检测结论合格，对其中的不合格项已进行了整改，并有整改复验报告。

（3）各智能化子系统已进行了系统管理人员和操作人员的培训，并有培训记录，系统管理人员和操作人员已可以独立工作。

269

2. 文件和记录

应包括以下内容：

（1）工程合同技术文件。

（2）竣工图样。包括：

①设计说明。

②系统结构图。

③各子系统控制原理图。

④设备布置及管线平面图。

⑤控制系统配电箱电气原理图。

⑥相关监控设备电气端子接线图。

⑦中央控制室设备布置图。

⑧设备清单等。

（3）系统设备产品说明书。

（4）系统技术、操作和维护手册。

（5）设备及系统测试记录。包括：

①设备测试记录。

②系统功能检查及测试记录。

③系统联动功能测试记录。

④系统试运行记录等。

（6）其他文件。包括：

①系统设备出厂测试报告及进场验收记录。

②系统施工质量检查记录。

③相关工程质量事故报告表。

④工程设计变更表。

3. 系统验收管理办法

BAS 在通过工程验收后方可正式交付使用，未经工程竣工验收 BAS 不应投入正式运行。当验收不合格时，应由工程承接单位整修返工，直至自检合格后再组织验收。

BAS 子系统工程的验收可由监理、业主、施工单位联合验收，并将其纳入整个建筑智能化系统工程的整体验收，整体验收程序一般分为初验和复验。

第三节　有线电视、卫星电视线路安装

一、有线电视系统安装

有线电视系统是由信号源接收系统、前端系统、信号传输系统和分配系统组成。

（一）天线部分的安装

1. 天线设施安装的基本要求

（1）接收天线应按设计要求组装，在预定位置，结合收测和观看，确定天线的最优方位，然后固定平直、牢固。

（2）竖杆拉线地锚必须与建筑物连接牢固，不得将拉线固定在屋面透气管、水管等构件上，安装时应使各根拉线受力均匀。

（3）天线馈电端与阻抗匹配器、馈线、天线放大器的连接必须牢固，防水措施有效。

（4）天线安装间距的要求，见表9-3。

表9-3　天线安装间距

天线间的关系	间距	天线间的关系	间距
最底层天线与支承物顶面	≥1λ	两天线同杆左右安装	≥1λ
两天线前后安装	≥3λ	天线正前方净空	不影响电波接收
两天线同杆上下安装	≥0.5λ（不小于1m）		

注：λ为工作波长。

（5）对于 UHF 天线，不允许将竖杆插在各振子之间。

（6）天线架设点的选择要综合考虑场强、反射（重影）、背景干扰、架设便利、安全可靠诸因素。必须对要接收的电视频道进行实际图像观察。

（7）天线设拉线时，若只有一道拉线，拉线的位置在最低一层的天线下方0.3m 处，二道拉线时，上拉线不应穿过天线的主接收面。拉线采用多股钢绞线，直径大于等于 6mm，采用 7 股钢绞线，直径大于等于 8mm。在天线 1/2 工作波长以内应以绝缘子分段，段长为最近天线的 1/4 工作波长以下。钢丝绳和地锚的连接应用花篮螺栓，与立杆的夹角在 45°～60°之间。

（8）锚固环（或称地锚）用直径 12mm 的圆钢，受力点基础应能满足风荷和重荷的要求。天线竖杆（架）的基础（基座）的安装按生产厂提供的资料和要求设计。

（9）天线引下电缆和穿线应符合以下要求：

①射频电缆宜穿钢管，由屋面引向室内的钢管，一根管子一般只宜穿一根电缆，电缆不得沿天线拉线下行。

②弯管的弯曲半径应为管径的 10 倍以上。弯管的切口要装保护帽，切忌损伤电缆。

③管长超过 25m 需加接级盒，电缆在中间有接头时应使用接线盒，在室内使用接插件连接。

④若确难以满足上述要求时，须用双护套、屏蔽系数高的黑色电缆作引下电缆。在有人走动的屋顶，且电缆的走向为水平时，电缆要加金属管保护，管子要定位。电缆引下时，在墙角转弯处要有保护管、防止磨损的措施。电缆每米要有固定，进入室内时，要留有滴水弯。

2．接收天线位置的选择方法

接收天线位置选择的是否合适是至关重要的，因为它的输出电平的高低直接决定了系统载噪比。因此，除了选择场强大的位置外，应尽量将天线架高，通常架设在建筑群的最高处，同时还要避开周围建筑物的反射波、工业干扰等。天线应尽可能远离公路、街道和桥梁。选择最佳位置的简易而有效的办法是利用一副临时接收天线和一台彩色电视机，在预备安装天线的地方实地收看，寻找一个图像清晰、伴音洪亮的最佳位置。对接收频道较多的系统，有时难以找到一个能满足全部频道最佳接收的位置，这时，可以再选择一个接收位置，直到这些接收点能包含全部频道的最佳接收效果为止。

3．天线竖杆的安装

天线装置通常由天线竖杆、横杆、拉线和底座四部分组成。竖杆和横杆均可用来固定接收天线，若系统需用一个以上的天线装置时，则装置之间的水平距离要在 5m 以上。

天线竖杆的高度通常在 6～12m 之间，一般用直径在 φ40mm～φ80mm 的圆形钢管分段连接的方式组成。分段钢管的直径既可相等也可不等。相等直径的钢管段间的连接采用法兰盘式，不等直径的钢管段间可采用焊接方式。连接时直径小的钢管必须插入直径大的钢管 30mm 以上，才能焊接，以保证天线竖杆的强度。为了在竖杆上安装天线横杆或接收天线，以及对接收天线方向的调整、维修时的方便等，竖杆上应焊上脚蹬条，供攀登用。

竖杆可以直接固定在建筑物上，如楼房最高处的电梯间或水箱间的承重墙上。竖杆也可固定在专用的底座上，底座必须位于承重墙或承重梁上，并和建筑物的钢筋焊接在一起，使底座和建筑物成为一体。

为了抗风，特别是在风害较大的地区，还应用防风拉绳将天线竖杆固定，保证接收天线的位置不变，防风拉绳视竖杆的高度可设 1 ~ 2 层，拉绳与竖杆的夹角为 30° ~ 45°，通常一层为三根拉绳，拉绳之间夹角为 120°。

4. 接收天线的安装

系统适用的接收天线一般均为多单元引向天线，在安装时应对每副天线进行检查。待对每副天线都检查认可后，方可着手安装。安装应注意以下几点：

（1）几何尺寸较大的接收天线一般直接安装在天线竖杆上，最低层的接收天线离地面（或楼顶）的高度大于最低频道信号的一个波长。

（2）接收天线上、下层之间的间距应大于最低频道信号 1/2 个波长，同层左右之间的间距应大于最低频道信号的一个波长。

（3）一般来说，应将天线的最大接收方向对准该频道的发射天线，但考虑到周围环境的影响。应该通过实际收看效果来确定最终的指向。

（二）系统前端、机房设备的安装

1. 前端的安装

前端设备的安装主要是指放大器、混合器、衰减器、分配器、分支器及天线放大器电源等部件的安装。对中小型系统来讲，前端的设备并不多，一般均安装在前端箱内，前端箱的规格和结构与普通电工设备中的配电箱类似。假如楼房在施工前在墙体内已预留出前端箱的位置则称为暗装式。前端箱也可以设计成明装式，明装式箱体应是钢结构。前端箱大小除要能安装下前端所需的设备外，还应考虑到电源插座（以供有源部件使用）和照明灯。

在确定各部件的安装位置时，要考虑到各部件之间电缆连接的走向要合理。尽量避免互相交叉，特别不能为了走线的美观而像电工供电线路那样将电缆拐成死弯，导致信号质量的下降。

对于较复杂的前端（如采用邻频传输技术的前端），就不能采用上述前端箱的方式，而要采用控制台或标准机柜样式，以利于操作和维修。

2. 前端设备与控制台的安装要求

机架和控制台到位后，应进行垂直度调整。几个机架并排在一起，面板应在同一平面上与基准线平行。调整垂直应从一端开始顺序进行。

机架和控制台的安装要求竖直平稳，与地面间接角要垫实。

在机架和控制台定位调整完毕做好加固后，安装机架内机盘、部件和控制台的设备，固定用螺钉、垫片、弹簧垫片均应按要求装上。

3. 机房室内电缆的布放要求

（1）采用地槽时电缆由机架底部引入。布放地槽中的电缆时应将电缆顺着所盘方向理直，按电缆的排列顺序放入槽内，且电缆应顺直无扭绞，不需绑扎；进出槽口时，拐弯适度，符合最小曲率半径要求，拐弯处应成捆绑扎。

（2）采用架槽时，架槽每隔一定距离留有出线口，电缆由出线口从机架上方引入。电缆在槽架内布放时可不进行绑扎。但在引入机架时，应成捆绑扎，以使引入机架的线路整齐美观。

（3）采用电缆走道时，电缆由机架上方引入。走道上布放的电缆，应在每个梯铁上进行绑扎。上下道间的电缆，或电缆离开走道进入钢架内时，在距起弯点10mm处开始进行绑扎。根据数量的多少每隔100 ~ 200mm绑扎一次。

（4）采用活动地板时，电缆在活动地板下灵活布放，但仍应注意勿使电缆盘结。在引入机架处仍需成捆绑扎。

（5）各种电缆插头要做到接触良好、牢固、美观。

（6）机房内接地母线表面完整，应无明显锤痕以及残余焊剂渣，铜带母线平整、不歪斜、不弯曲。母线与机架或机顶的连接应牢固端正。

（7）引入、引出房屋的电缆，在入口处要加装防水罩。向上引的电缆，在入口处还应做成滴水弯，弯度不得小于电缆的最小弯曲半径。电缆沿墙上下引时，应设支持物，将电缆固定（绑扎）在支持物上，支持物的间隔距离视电缆的多少而定，一般不得大于1m。

（8）机房中如有光端机（发送机、接收机），光端机上的光缆应留约1m的余量。余缆盘成圈后妥善放置。

（三）干线传输部分的安装

干线电缆的安装方式有架空和地下管两种方式。采用架空方式时可以参照一般通信电缆的架设规范，尽可能利用已有电缆竖杆。为了减轻电缆自身承受的拉力，通常用一根铜丝拉绳或较粗的镀锌铁丝把电缆吊起来。如果干线中有电缆接头，则应将其装在防水箱内。若还有放大器、分配器或分支器，即使采用防水型的放大器、分配器或分支器，最好也把它们放在防水箱内。防水箱体应可靠接地，以保证安全。

若采用地下管线方式时，应尽量使用现有的管道（如地下通信线缆管道），决不允许挖沟后直接铺设干线电缆再用土埋的方式，这样易造成电缆的腐蚀和锈烂。但铠装电缆除外。

当电缆与其他线路共沟（隧道）敷设时，其间距应符合表9-4的规定。

表9-4　电缆与其他线路共沟时的最小间距

种类	最小间距（m）	种类	最小间距（m）
与220V交流电线路共沟	0.5	与通信电缆共沟	0.1

当电缆采用架空敷设方式，电缆与其他线路共杆架设时，两线间最小垂直距离应符合表9-5的规定。

表9-5　电缆与其他线路共杆架设的最小间距

种类	最小间距（m）	种类	最小间距（m）
1～10kV电力线同杆平行	2.5	有线广播线同杆平行	1
1kV以下电力线同杆平行	1.5	通信电缆同杆平行	0.6

电缆的标高在不同情况下应不低于表9-6的规定。

表9-6　架空电缆标高

种类	标高（m）	种类	标高（m）
室内走廊	2.5～3.0	跨越城市人行道	4.5
室外	3.0～4.5	跨越一般公路	5.5

贴墙敷设的电缆和有关障碍物交越距离应符合表9-7的规定。

表9-7　墙壁电缆、贴墙敷设电缆和有关障碍物交越距离

交越情况	平行间距（cm）	交叉间距（cm）
与避雷引下线	100	50
与带有绝缘层的低压电力线	50	30
与给水管	15	5
与燃气管	30	30
与热水管（包封）	30	30
与热力管（包封）	50	50

（四）分配网络的安装

分配网络的安装有明装和暗装两种方式。暗装是指分配网络的电缆按设计要求敷设预埋在墙体内的管道中，用户终端盒的位置也在墙体中预留。明装是指分配网络的电缆按设计要求的走向沿墙体外表敷设，用户终端盒突出安装在墙体外。对于新建的楼房应尽可能采用暗装方式，而对于已建成而又没有预留管道的楼房只能采用明装的方式。无论哪种方式，分配网络的大量工作是分支电缆的辐射盒（又称用户终端盒）的安装。

1. 电缆的敷设

暗装方式的分配网络的电缆是通过预埋在墙体内的穿线管和用户终端盒连接的，穿线管的管径（指内径）最小应是电缆外径的两倍（指穿线管内通过一根电缆的前提下）。在牵引电缆时，应先在电缆的外表面涂上适量的滑石粉以便于牵引。在牵引过程中，要将电缆的芯线和网套一起牵引，以保护电缆的电气性能和机械性能不受影响。假如空线管内不止一根电缆通过，则应在每根电缆的两端处注上标记，以便将来连接时作为识别标记。

墙体内的穿线管应尽量走直线，在需要拐弯的地方不能拐死弯，应拐慢弯，若必须拐 90° 弯时，则应通过接线盒来实现。以保证电缆的电气性能不变坏。

采用明装方式的分配网络的电缆通常由窗户、阳台或门框引入室内，再与用户终端盒相连接。因在明处，电缆布线要求横平竖直，讲究美观好看。但同样要强调一点，不能拐死弯。在电缆敷设过程中，可用带水泥钉的线卡将电缆固定住，常每隔 30 ~ 50cm 钉一个线卡。另外，也可将电缆敷设在塑料线槽内。

若电缆与电力线平行或交叉敷设时，其间距不得小于 0.3m。电缆与通信线平行或交叉敷设时，其间距不得小于 0.1m。

2. 用户终端盒的安装

用户终端盒是系统向用户提供信号的装置，通过电缆与电视机的天线输入端相连接，通常由单孔和双孔两种。无论是暗装还是明装，终端盒的面板是一样的。暗装盒的底座是埋在墙体内的，通常多采用铁制品，但近来塑料制品的采用越来越多。明装终端盒的底座都是塑料的，它通过塑料胀管用木螺钉固定在墙体上。在室内墙壁上安装的系统输出口终端盒，要做到牢固、接线牢靠、美观，接收机至终端盒的连接应采用 75Ω、屏蔽系数高的同轴电缆，长度不宜超过 3m。

3. 放大器、分配器和分支器的安装

对于暗装方式，每栋楼房的进线处设有一个埋入墙内的放大器箱，箱内用来安装均衡器、衰减器、分配器、放大器等部件。各分支电缆通过暗装的穿线管通向各用户终端。

对于明装方式可自制一个铁箱，外形应美观，尺寸以能容纳所需安装的部件为准。铁箱固定的位置以方便为主。若安装在露天或阳台上，则要采取必要的防雨措施。

4. 电缆与系统所用部件的连接

（1）电缆与用户终端盒的连接，暗装方式电缆与分支器、分配器的连接通常采用 Ω 形电缆卡连接法。连接时要注意屏蔽网不要和芯线短路。同时在剥去芯线绝缘套时不要对芯线造成划伤。

（2）电缆与滤波器、混合器、衰减器、均衡器、放大器的连接，明装方式中电缆与分配器、分支器的连接，通常通过 F 形电缆接头相连接。对于 SYKV–75–7 和 SYKB–75–9 型的电缆，由于其芯线较粗，所以应先用锉刀将芯线锉成针形后再装入 F 形电缆接头，才能和放大器或分支器、分配器的 F 形插座相连接。在与部件连接时，电缆长度应留有一定余量，使调试和维修时保证拆、装电缆接头方便。

（五）安装和施工中的防雷、接地及安全防护

（1）电缆电视系统工程的防雷接地安装，必须按照设计要求施工，新建工程接地装置的埋设宜配合土建施工同时进行，其隐蔽部分应在覆盖前及时会同有关单位做好施工检查验收。

（2）接闪器应与天线竖杆（如为分离或独立避雷针则应与接闪器支持杆）同时在地面组装。针长按设计要求确定，应不小于 2.5m，直径不小于 20mm。接闪器与竖杆的连接宜采用焊接，焊接搭接长度为圆钢直径的 10 倍。当采用法兰盘连接时，应另加横截面积不小于 48mm^2 的镀锌圆钢跨接（电焊连接）。

（3）避雷引下线宜采用 25mm×4mm 扁钢或 φ10mm 圆钢。引下线与天线竖杆应用电焊连接，焊接长度为扁钢宽度的 3 倍、圆钢直径的 10 倍。引下线与接地装置必须焊接牢固，所有焊接处均应涂以防锈漆。

（4）干线放大器的外壳和供电器的外壳都要就近接地。

（5）架空干线放大器的供电器的市电输入端的相线和中性线对地均需接入适合交流 220V 工作电压的压敏电阻。

（6）地下电缆预埋盒内的干线放大器安装应离开预埋盒壁不小于 40mm，机壳应良好接地，其接地装置（接地极）应距传输电缆 20m 以上，接地线应按与线路垂直的方向引入预埋盒。

（7）重雷区用户架空引入线在建筑物外墙上终结后，应接至接地盒，将信号

电缆的外屏蔽层在房屋入口处接地，接地盒的连接见图9-1所示，用户接地盒每栋楼装设一个。用户引入线户外连接接地盒至室内分配器、分支器直至用户输出口。

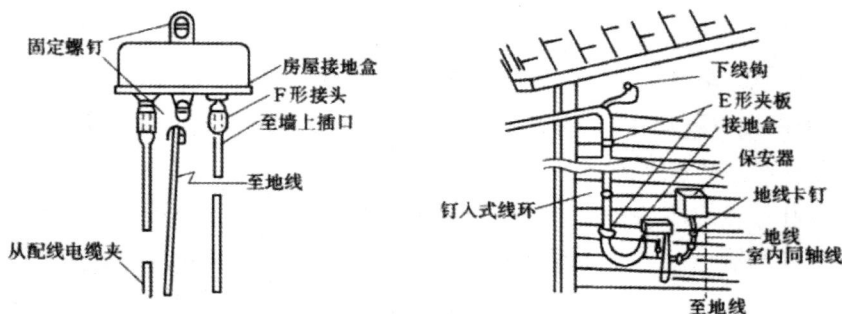

图9-1　接地盒连线示意图

二、卫星电视接收系统的安装

在安装接收天线以前应首先选择好天线的品种和规格，因为它对整个卫星电视接收系统的接收效果是至关重要的，选择接收天线的原则是根据所收星体在当地的功率密度和下行频率，若功率密度、下行频率高则可选用口径较小的抛物面天线。应尽量选用反射面表面喷有灰色吸热高频漆的天线，这既有利于热能的吸收，避免反射的热波烧毁高频头的可能，又有利于电磁波的反射。在选择好接收天线后，接下来是天线安装位置和天线指向的确定。

（一）天线安装位置的确定

在确定天线的位置时，应考虑如下三个方面：首先是天线到星体之间不应有障碍物存在，以免阻碍天线对卫星波束的接收；其次是防止地面微波的干扰，特别是接收工作在 C 波段的卫星，因为它的下行频率和地面微波通信使用的频率相近；最后天线应尽量靠近卫星接收机所在的机房，避免因传输距离过长而使信号衰减严重，通常连接电缆不应超过 30m。若天线离机房太远，则应在传输过程中使用放大器，使到达卫星接收机输入端的信号有一定的电平。

（二）天线指向的确定

天线指向由天线的方位角和仰角来确定，天线的方位角是指天线抛物面轴线与真北极的夹角。天线的仰角是指天线抛物面轴线与地球水平面形成的仰角。真北极可先通过指北针确定磁北极的所在方向，通过查表，查出该地的磁偏角，最后确定真北极的所在方向。然后，依据接收站所在地的经度、纬度和所收星体定点的经度来计算出天线应有的方位角和仰角。

（三）接收天线的安装

天线的安装应十分牢固、可靠，以防大风将天线吹离已调好的方向而影响收看效果。特别在沿海地区更应注意防风，以免大风将天线吹倒、跌落而造成损坏或伤害。首先应在选好的位置上，按照天线底座的尺寸挖好地基坑，埋入地脚螺栓并浇注混凝土以固定。待混凝土完全凝固后，将天线底座用螺母、垫片与地脚螺栓紧固，并将螺母拧紧。

接下来是吊装天线的抛物面，对于分瓣式天线，应先将抛物面拼装好，并经过校正整形后再进行吊装。然后，将抛物面固定在支撑体上。最后装好馈源的支撑架。为了使极轴天线的波束指向能跟踪卫星同步轨道，以便在换星接收过程中天线自动快速精确对准所选定的卫星，极轴卫星天线必须正确安装并进行校准。下面介绍天线安装的有关步骤。

（1）材料准备：

①高频头与接收机或天控一体机连接用的5类电视电缆线，按实际长度确定。

②推动杆与天控器或天控一体机连接用的至少2种不同颜色（以防止2组线接反而烧机）的四芯电线，按实际长度确定。

③英制F形接头若干（至少2个），以及电缆线和四芯线固定钉。

④接地铁丝等接地装置，按实际需求确定。

（2）天线安装说明：

①场地选择。天线应选择在朝南方向没有明显遮挡物，并有足够视野的空旷地面（或楼顶上）。地面应平整，并有牢靠的地基。

②天线立柱的固定。天线立柱是用一带星形底座的三脚支撑架起来的，地面上应根据星形三角底座上6个固定孔的位置，用水泥灌注相应6个M10螺栓，以便将底座牢靠地固定在地面上。

安装卫星天线首先应保证立柱的垂直度。为此可将倾角仪分别吸附在立柱的两个相互垂直的位置上，进行垂直度的校准；调整立柱的三根支撑，将其调至垂直。

③天线支座。环行托架是用来安装抛物面天线的，天线固定在支座上，支座则固定在立柱上。左侧有极轴角调节螺杆，右侧有补偿角调节螺杆。

④环行托架的安装。木托架（图9-2）的设计是比较独特的，它可根据所欲

接收的卫星大多数处于天线所在地的东边还是西边来适当地选择安装孔。

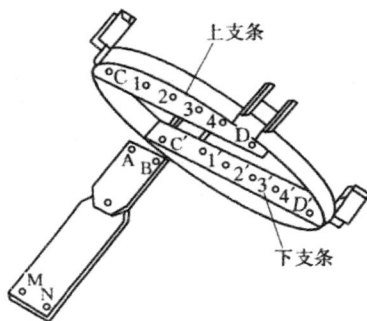

图9-2 卫星天线的环形托架示意图

a. 如多数卫星处在天线所在地的东侧，在这种情况下，要求天线朝东转动的角度大，朝西转动角度小。这时，应将极轴面上的孔 A 对准上支条孔 3，孔 B 对准孔 4，用螺栓固定好，而把电动推杆内管部的圆孔用螺栓与孔 C 连接，应注意的是这一螺栓不应拧得过紧，以免影响天线转动。

b. 与上相反。如需向西转动的角度大，则应将孔 A 对准孔 1，孔 B 对准孔 2，电动推杆内管的端部固定于孔 D。

关于下支条与补偿角螺杆固定角铁的连接，有图9-3所示的两种不同安装位置。b 对应上述（a）状态，即天线朝东转动角度大的情况，a 对应（b）状态，即朝西转动角度大的情况。最后将天线支座下面的立柱外套用四个螺钉固紧在立柱上。

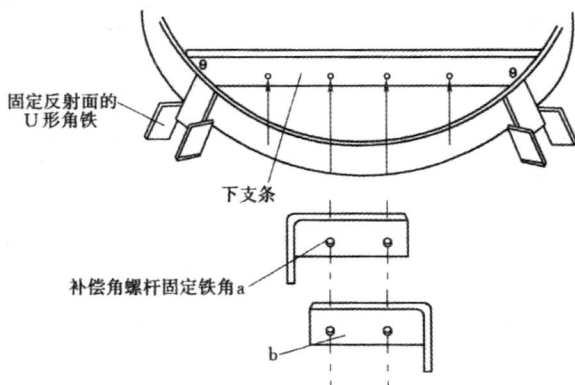

图9-4 角铁两种不同的安装示意图

　　⑤电动推杆的安装。电动推杆活动内管端部安装如上所述。当它安装于孔 C 时，电动推杆的固定外管则应安装在图 9-3 所示支座的孔 M 上，当活动端固定在孔 D 时，固定外管应安装在孔 N 上。

　　⑥多块反射面的拼装。抛物面天线是由多块金属网状反射面组成的，其拼装应在平坦的地面上进行，事先最好用硬纸板或其他材料覆盖其上，以保护其表面涂层。拼装时，分别将两块反射面拼装好，每块反射面两边的筋条上都有 3 个孔，用螺栓把靠外缘和中间的两个孔拧紧，螺栓头和螺母下面都应装上垫圈，靠近抛物面中心的那个孔先不要拧上螺栓，它是在反射面拼装好之后用来把整个抛物面天线固定在环状托架上的。

　　当反射面的两半拼装完成后，再用同样的方法将两半圆反射面拼装在一起。在拧紧螺钉时，要注意调整其圆度，同时不要拧得太紧，以防筋条变形。拼装完反射面后，将它竖立起来安装中心圆板，将前后圆板夹住反射面中心，用扁平头螺钉及两个垫圈穿过反射网，把它拧紧。

　　⑦馈源盘的安装。将反射面朝上安放在地面上，以便安装双极性高频头的馈源盘，这里采用四根支撑杆将馈源盘固定在抛物面的焦点处。支撑杆有圆孔的一端固定在抛物面圆周边沿的孔上，支撑杆的另一端具有长形槽孔，用来固定馈源盘，调整螺钉在长形槽孔的不同位置，可对馈源盘对抛物面的轴线进行横向调节。

　　⑧反射面与天线支座的安装。将反射面抬起，小心地安装在天线环形托架上，反射面筋条上的孔要与托架上突出的 U 形铁的孔对准，并用螺栓拧紧。

　　⑨双极性高频头安装。将双极性高频头安装于馈源盘中央的大圆孔中，高频头侧面的刻度"0.4"对准馈源盘凸缘边上，高频头的水平/垂直极化角度仍需使用卫星信号测定仪校正微调，并用凸缘上的制紧螺钉将高频头固定于馈源盘上。

　　当地面卫星接收天线安装完毕之后，就可着手安装高频头。安装时先将馈源和高频头用螺钉上紧，注意在连接过程中，应装入密封胶圈，以防雨水进入连接处。高频头的信号输出插座与同轴电缆连接后还应用防水胶带缠绕，以防漏水。最后，还应用一块较厚的塑胶布包一层，使防水更可靠。将带有高频头的馈源的波纹面位于天线抛物面的焦点上。对于后馈式天线则应将馈源的喇叭拆下，把馈源的主体从抛物面的背面向前安装。最后根据所接受卫星信号的极化方式，调整好馈源的角度。

三、高频头插入安装的步骤

（1）将高频头插入馈源盘中央的大圆孔中，如图9-5（a）所示。

（2）根据天线参数 F/D 值，将馈源盘凸缘端面对准高频头侧面的 F/D 相应的刻度上，如图9-5（b）所示。

（3）将高频头顶端面上的"0"刻度垂直于水平面，如图9-5（c）所示。

（4）将馈源凸缘侧面的制紧螺钉稍微拧紧。

（5）把高频头的 IF 输出电缆与接收机的 LNB 输入端口连接好。

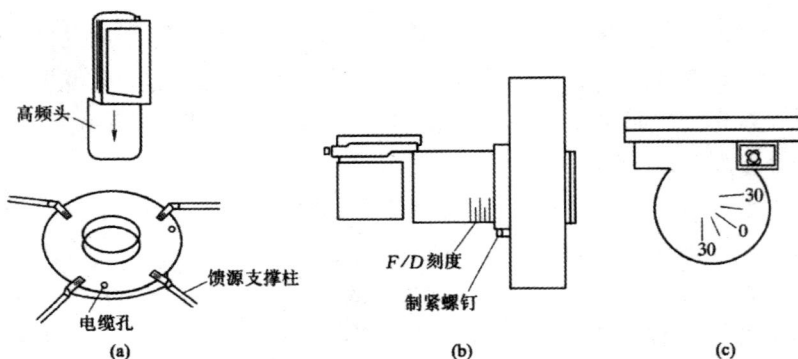

图9-5　高频头插入安装示意

四、高频头位置的调整

当接收天线波束已调整对准某颗卫星后，便可使用卫星信号测试仪调整高频头的位置，此时高频头的输出电缆改接至卫星信号测试仪的输入端，其步骤如下：

（1）检查馈源是否处于抛面天线的中心，焦点是否正常，否则可以稍微调整馈源支撑杆，使其对准（以信号最大为准）。

（2）检查高频头侧面的 F/D 刻度是否按照天线所给出的参数 F/D 对准，为此可稍加前后调整，使得卫星信号测试仪信号显示最大。

（3）卫星发射电视信号，只有在卫星所在经度的子午线上，其极化方向才是完全水平或垂直的，而其他地区接收时会稍有偏差。在实际接收时，应将高频头的方向稍微加以旋转，以保证其信号能够给处于最大的状态，这时高频头顶端"0"刻度可能不完全垂直于水平面。

第四节　电话通信系统安装

一、设备安装

（一）电话机安装

一般为维护、检修和更换电话机方便，电话机不直接与线路接在一起，而是通过接线盒与电话线路连接。电话机两条引线无极性区别，可任意连接。

新建建筑内电话线路多为暗敷，电话机接至墙壁式出线盒。这种接线盒有的需将电话机引线接入盒内接线柱上，有的则用括插头插座连接。墙壁出线盒的安装高度一般距地 300mm，若为墙壁式电话，出线盒安装高度可为 1.3m。

（二）分线箱（盒）在墙壁上安装

分线箱（盒）在墙上安装，分为明装和暗装两种。明装适用于线路明敷，暗装适用于线路暗敷。

（1）明装。分线箱在墙上明装与照明配电箱在墙上明装方法类同。要求安装牢固、端正，底部距地面一般不低于 1.5m。分线箱（盒）安装好后，应写上配线区编号、分线箱（盒）编号及其线序。编号应和图纸中编号一致，书写工整、清晰。

（2）暗装。暗装的分线箱、接头箱、过路箱都统称为壁龛。它是设置在墙内的木质或铁质的长方体形的箱子，以供电话电缆在上升管路及楼层管路内分支、接续、安装分线端子板用。分线箱是内部仅有端子板的壁龛。

壁龛安装与暗装照明配电箱、插座箱类似。安装位置和高度以工程设计为准，应便于检查维修。接入壁龛内的管子，一般情况下主线管和进出线管应敷设在箱的两对角线的位置上。各分支回路的出线管应布置在壁龛底部和顶部的中间位置上。

（三）交换机安装

程控交换机包括主机、配线架、话务台 3 个部分，它的安装应依据施工图进行。小型交换机一般不需固定在地面上，立放在平整的地板上即可，机柜四角有调整螺栓可以对其水平度和垂直度进行校正。大型的程控交换机和配线架一般设计有安装基础底座。基础底座可高出地面 100 ~ 200mm，成排安装几台机柜时，底座上应预埋基础槽钢。

配线架安装垂直件，将垂直件调整垂直后，再安装水平件和斜拉件。

话务台是由微型计算机组成的智能终端机，具有局线、分机状态显示灯以及分机通话号码显示器。话务台一般设置在电话值班机房，可以直接放置在专用平台上。台架安装应整齐，机台边缘成一直线，相邻机台应紧密靠拢，台面安装应保持水平，衔接处应看不出高低不平现象。

二、线缆敷设

楼内电话线缆和光缆的敷设可穿管、线槽等。敷设方法与其他室内线路类似，故在此不做过多叙述。

三、系统调试

系统调试程序和内容不同的程控交换机有所差异，但一般测试项目大致相同。

（一）线路检查

检查外部线路是否存在混接、短路、断路等现象，对线路中存在的故障进行排除。检查各分线箱、交接箱内电缆配线是否正确，接线是否符合要求。在接线时，有时不预先编制外部电话号码与主机内码对应表，而是随接线随记录，这些接线记录是给主机输入电话号码的关键依据，调试检查时应重点查对，做到准确无误。检查对接线与编号是否一致，编号应清晰明显。

（二）电源测试

测试交流稳压电源的一、二次电压；测量充电机一、二次电压；测量蓄电池单个电压，其各项电压值均应满足设计和设备本身技术要求。

（三）接地测试

测量系统接地电阻符合设计要求，各设备接地良好。

（四）交换机调试

（1）硬件测试。交换机通电前，应测量主电源电压，确认正常后，方可进行通电测试。测试内容如下：

①各种硬件设备必须按厂家提供的操作程序，逐级加上电源。

②设备通电后，检查所有变换器的输出电压均应符合规定。

③各种外围终端设备齐全、自测正常。

④各种告警装置应工作正常。

⑤时钟装置应工作正常，精度符合要求。

⑥装入测试程序，通过人机命令或自检，对设备进行测试检查，确认硬件系

统无故障。

（2）主机开通。

（3）系统设定流程图。经检测，系统的各显示、测量数值均为正常时，说明主机可以工作，电源完好，具备进行系统设定的条件。系统设定流程。

（4）系统初始化。有些交换机在使用前必须先进行系统初始化操作，否则系统不能正常工作。初始化操作后，系统即为原始设定状态，这时用户可根据需要再进行系统设定。如果系统设定出错，导致机器不能正常运行，也可以进行初始化操作。

（5）系统设定与显示。各项参数及工作状态可通过话务台设定，多数设定都必须先按下主机"SET ENABLE"程序锁定开关，才能由话务台进行系统设定，待全部参数设定完后，释放该开关。

（6）分机功能调试。调试分机的如下功能和参数：分机直拨分机，分机拨话务台、热线，分机拨外线，分机内线驻留，分机代接分机，分机代另一分机拨外线后转接，分机代接局线，分机保留转移，分机轮流和两路外线通话，分机插话，指定局线出局，勿打扰的设定和解除，跟随转移，分机记忆线转移，联号的设定，会议电话，定时叫醒的设定和解除，分机不拨号时限，自动回叫时间，铃声区别等。

（7）话务台功能调试。应对下列功能逐个进行调试：呼叫分机，呼叫外线，应答内线，应答内线，转接，重呼，保留，回叫应答，强拆，代接分机，话名台监听分机通话，话务台缩位拨号，夜间服务等。

（8）计费系统的设定与操作。设定计费范围以及计费输出的打印格式及内容。

（9）数据输入及修改。

（10）显示操作与打印。各种程控交换机所具有的基本功能是一样的，操作也基本相同，只是数据显示有些格式方面的差异，在进行调试之前，必须详细阅读所调试程控交换机的用户技术手册等调试资料。以便掌握正确的调试方法。

第十章　综合布线系统安装

第一节　线缆的敷设

布放线缆应当注意以下几点内容：

（1）布放线缆应有冗余。在二级交接间、设备间双绞电缆预留长度一般为3 ~ 6m，工作区为0.3 ~ 0.6m。有特殊要求的应按设计要求预留长度。

（2）线缆转弯时弯曲半径应符合下列规定：

①非屏蔽4对双绞电缆的弯曲半径应至少为电缆外径的4倍，在施工过程中应至少为8倍。

②屏蔽双绞电缆的弯曲半径应至少为电缆外径的6 ~ 10倍。

③干线双绞电缆的弯曲半径应至少为电缆外径的10倍。

④水平双绞电缆一般有总屏蔽（缆芯屏蔽）和线对屏蔽两种方式。干线双绞电缆只采用总屏蔽方式。屏蔽方式不同，电缆的结构也不一样。所以，在屏蔽电缆敷设时，弯曲半径应根据屏蔽方式在6 ~ 10倍于电缆外径中选用。

⑤光缆的弯曲半径要大于光缆自身直径的20倍。

（3）布放线缆，在牵引过程中吊挂线缆的支隔间距不应大于1.5m。

（4）拉线速度和拉力。拉线缆的速度，从理论上讲，线的直径越小，则拉的速度越快。但是，有经验的安装者采取慢速而又平稳的拉线，而不是快速的拉线。原因是：快速拉线会造成线的缠绕或被绊住。

拉力过大，线缆变形，会引起线缆传输性能下降。线缆最大允许拉力为：

1根4对双绞电缆，拉力为100N。

2根4对双绞电缆，拉力为150N。

3根4对双绞电缆，拉力为200N。

n根4对双绞电缆，拉力为（n×50+50）N。

不管多少根线对电缆，最大拉力不能超过400N，速度不宜超过15m/min。

为了端接线缆"对"，施工人员要剥去一段线缆的护套（外皮）。对于在110P 接线架上的高密度端接来说，为了易于弯曲和组装，也要剥去线缆的外皮。剥除线缆护套均不得刮伤绝缘层，应使用专用工具剥除。

不要单独地拉和弯曲线缆"对"，而应对剥去外皮的线缆"对"一起紧紧地拉伸和弯曲。去掉电缆的外皮长度够端接用即可。对于终接在连接件上的线对应尽量保持扭绞状态。非扭绞长度，3 类线必须小于 25mm；5 类线必须小于13mm，最大暴露双绞长度为 4 ～ 5cm，最大线间距为 14cm，如图 10–1 所示。

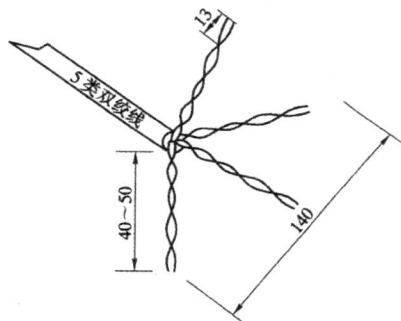

图 10–1　5 类双绞电缆开绞长度示意图

第二节　配线设备安装

一、机架安装要求

（1）机架安装完毕后，水平、垂直度应符合生产厂家规定。若无厂家规定时，垂直度偏差不应大于 3mm。

（2）机架上的各种零件不得脱落或碰坏。漆面若有脱落应予以补漆，各种标志应完整清晰。

（3）机架的安装应牢固，应按施工的防振要求进行加固。

（4）安装机架面板，架前应留有 0.6m 空间，机架背面离墙距离视其型号而定，以便于安装和维护。

（5）壁挂式机架底边距地面高度宜为 300 ～ 800mm。

二、配线架安装要求

（1）采用下走线方式时，架底位置应与电缆上线孔相对应。

（2）各直列垂直倾斜误差应不大于 3mm，底座水平误差每平方米应不大于 2mm。

（3）接线端子各种标记应齐全。

（4）交接箱或暗线箱宜暗设在墙体内。预留墙洞安装时，箱底高出地面宜为 500 ～ 1000mm。

安装机架、配线设备接地体应符合设计要求，并保持良好的电气连接。

第三节　信息插座端接

信息插座应牢固地安装在平坦的地方，其面应有盖板。安装在墙体上的插座，宜高出地面 300mm。若地面采用活动地板时，应加上活动地板内净高尺寸。

信息插座应有标签，以颜色、图形、文字表示所接终端设备的类型。

信息插座模块化的插针与电缆连接有两种方式：按照 T568B 标准布线的接线和按照 T568A（ISDN）标准接线。信息插座模块化插针与线对分配不同。在同一个工程中，最好只用一种连接方式。否则，就应标注清楚。

屏蔽双绞电缆的屏蔽层与连接件端接处的屏蔽罩需可靠接触。线缆屏蔽层应与连接件屏蔽罩 360° 圆周接触，接触长度不宜小于 10mm。

信息插座没有自身的阻抗。如果连接不好，可能要增加链路衰减及近端串扰。所以，安装和维护综合布线的人员，必须先进行严格培训，掌握安装技能。

信息插座在端接前应已装好，如图 10-2 所示。

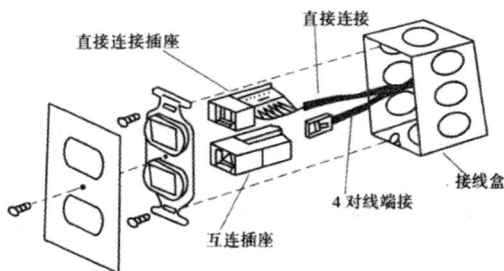

图 10-2　信息插座的装配示意图

第四节 光纤连接

一、光纤连接技术

（一）光纤拼接技术

它是将两段断开的光纤永久性地连接起来。这种拼接技术又有两种。一种是熔接技术，另外一种是机械拼接技术。

1. 光纤熔接技术

光纤熔接技术是用光纤熔接机进行高压放电使待接续光纤端头熔融，合成一段完整的光纤。这种方法接续损耗小（一般小于 0.1dB），而且可靠性高，是目前最普遍使用的方法。

2. 光纤机械拼接技术

机械拼接技术也是一种较为常用的拼接方法，它通过一根套管将两根光纤的纤芯校准，以确保连接部位的准确吻合。机械拼接有两项主要技术：①单股光纤的微截面处理技术；②抛光加箍技术。

（二）光纤端接技术

光纤端接与拼接不同，它是使用光纤连接器件对于需要进行多次插拔的光纤连接部位的接续，属活动性的光纤互连，常用于配线架的跨接线以及各种插头与应用设备、插座的连接等场合，对管理、维护、更改链路等方面非常有用。其典型衰减为 1dB/ 接头。

二、光纤的难接

（一）光纤端接方法

光纤端接比较简单，下面以 ST 光纤连接器为例，说明其端接方法。

1. 光纤连接器的端接

（1）光纤连接器的端接是将两条半固定的光纤通过其上的连接器与此模块嵌板上的耦合器互连起来。做法是将两条半固定光纤上的连接器从嵌板的两边插入其耦合器中。

（2）对于交叉连接模块来说，光纤连接器的端接是将一条半固定光纤上的连接器插入嵌板上耦合器的一端中，此耦合器的另一端中插入光纤跳线的连接器；然后，将光纤跳线另一端的连接器插入要交叉连接的耦合器的一端，该耦合器的另一端中插入要交叉连接的另一条半固定光纤的连接器。

交叉连接就是在两条半固定的光纤之间使用跳线作为中间链路，使管理员易于管理或维护线路。

2. ST 连接器端接的步骤

（1）清洁 ST 连接器。拿下 ST 连接器头上的黑色保护帽，用沾有试剂丙醇的棉签轻轻擦拭连接器头。

（2）清洁耦合器。摘下光纤耦合器两端的红色保护帽，用沾有试剂丙醇的杆状清洁器穿过耦合器孔擦拭耦合器内部以除去其中的碎片。

（3）使用罐装气，吹去耦合器内部的灰尘。

（4）将 ST 光纤连接器插到一个耦合器中。将光纤连接器头插入耦合器的一端，耦合器上的突起对准连接器槽口，插入后扭转连接器以使其锁定。如经测试发现光能量损耗较高，则需摘下连接器并用罐装气重新净化耦合器，然后再插入 ST 光纤连接器。在耦合器的两端插入 ST 光纤连接器，并确保两个连接器的端面在耦合器中接触。

注意：每次重新安装时，都要用罐装气吹去耦合器的灰尘，并用沾有试剂丙醇的棉花签擦净 ST 光纤连接器。

（5）重复以上步骤，直到所有的 ST 光纤连接器都插入耦合器为止。

注意：若一次来不及装上所有的 ST 光纤连接器，则连接器头上要盖上黑色保护帽，而耦合器空白端或未连接的一端（另一端已插上连接器头的情况）要盖上红色保护帽。

（二）光纤端接极性

每一条光纤传输通道包括两根光纤，一根接收信号，另一根发送信号，即光信号只能单向传输。如果收对收，发对发，光纤传输系统肯定不能工作。那么如何保证正确的极性就是在综合布线中所需要考虑的问题。ST 型通过繁冗的编号方式来保证光纤极性，SC 型为双工接头，在施工中对号入座就完全解决了极性这个问题。

综合布线采用的光纤连接器配有单工和双工光纤软线。

在水平光缆或干线光缆终接处的光缆侧，建议采用单工光纤连接器，在用户侧，采用双工光纤连接器，以保证光纤连接的极性正确。

用双工光纤连接器时，需用锁扣插座定义极性。

用单工光纤连接器时，对连接器应做上标记，表明它们的极性。

当用一个混合光纤连接器（BFOC/2.5-SC）代替两个单工耦合器时，需用锁扣插座定义极性。

（1）双工光纤连接器（SC）。双工光纤连接器与耦合器连接的配置，应有它们自己的锁扣插座。

（2）单工光纤连接器（BFOC/2.5）。单工光纤连接器与耦合器连接的配置，如图9-8所示。

（3）混合光纤连接器

单工、双工光纤连接器与耦合器混合互连的配置，如图10-3所示。

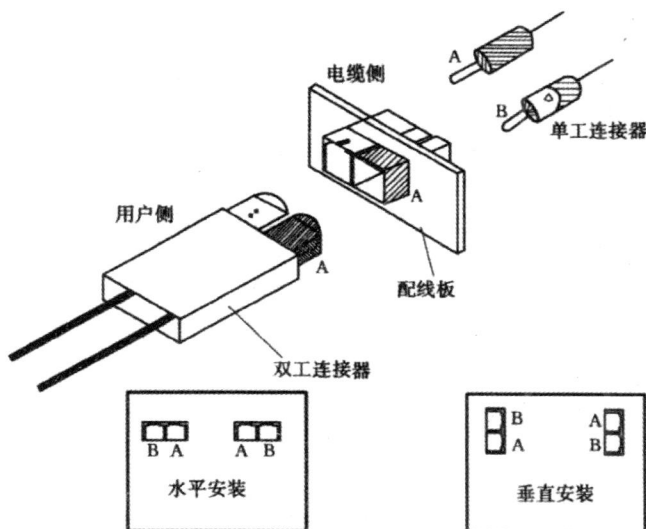

图10-3　混合光纤连接器的配置

第五节　综合布线工程验收

工程竣工验收包括整个工程质量和传输性能。工程质量以现场检查方式进行；传输性能必须用测试仪器进行测试。双绞电缆测试仪器，应分别满足 ANSI/TIA/EIATSB-67 基本链路和通道二级精确度测试仪器的要求，测试链路或通道应符合 ANSI/TIA/ELATSB-67 的要求。

光纤链路：水平子系统部分，可选一个工作波长，从一个方向测试光衰减；干线子系统部分，应选两个工作波长，从一个方向测试光衰减。

一、竣工验收测试

（1）电缆传输通道性能测试。用二级精度的测试仪器按10%的比例进行抽查测试，所测数据应符合电缆传输通道的性能要求。被抽样的信息点及干线线对数量应不少于100个（对）。

（2）光纤传输通道性能测试。用已校准的光纤测试仪器对光纤布线通道进行全部测试，所测数据应符合光纤传输通道的性能要求。

（3）接地电阻测量。接地电阻值应符合设计要求。

二、竣工技术文件

竣工技术文件要做到内容齐全、数据准确、外观整洁。

在验收过程中发现不合格的项目，应由验收部门查明原因，分清责任，提出解决办法。

三、工程移交

工程竣工后，应移交下列资料：

（1）修改后的竣工图。

（2）原材料出厂质量合格证明和抽查记录。

（3）工程测试报告。

（4）隐蔽工程验收检查记录。

（5）配线表。

第六节　综合布线系统施工中常见的问题

一、光纤衰减测试不合格

（一）原因

（1）布线系统水平电缆超过规定长度。

（2）现场环境温度过高。

（3）电缆与连接硬件接插部分卡接不良。

（4）连接硬件接插部分性能不良，或未达到五类产品技术指标。

（二）防治

（1）电缆长度一般不超过 90m，若超过此长度应采取相应措施。

（2）电缆远离高温地方，或采取有效的降温措施。

（3）电缆与连接硬件接插应保持接触良好。

（4）选用质量好的连接硬件，其技术指标要符合五类产品要求。

（5）一般采用光时域反射仪进行测试，若测试结果超过标准，出现异常或与出厂测试数值相差很大，应查找原因，可用光功率计测试，并加以比较，以便判断是测量误差还是光纤本身衰减过大。

二、光纤长度测试不合格

（一）原因

（1）测试仪表传播时延调整不准确。

（2）布线系统电缆超过规定。

（3）电缆断线。

（4）电缆短路。

（二）防治

（1）测试时应将仪表传播时延调整准确，以免误差太大。

（2）选用符合规定的电缆。

（3）要求对每根光纤进行测试对比，测试结果应一致。若在同一盘光缆中，发现光纤的长度差异较大，应从另一端进行复测或进行通光检查，以判定是否有断纤现象。若有断纤，应进行处理，待检查合格后，才允许使用。光缆检查测试完毕后，光缆端头应密封固定，恢复外包装以便保护。

（4）查明短路原因后，更换光缆。

（5）在选定的某一频率上信道和基本链路衰减量应符合表 10-1 和表 10-2 的要求，信道的衰减包括 10m（跳线、设备连接线之和）及各缆段、接插件的衰减量的总和。

表 10-1 信道衰减量

频率（MHz）	3类（dB）	5类（dB）
1.00	4.2	2.5
4.00	7.3	4.5
8.00	10.2	6.3

续表

频率（MHz）	3类（dB）	5类（dB）
10.00	11.5	7.0
16.00	14.9	9.2
20.00	—	10.3
25.00	—	11.4
31.25	—	12.8
62.50	—	18.5
100.00	—	24.0

表 10-2　基本链路衰减量

频率（MHz）	3类（dB）	5类（dB）
1.00	3.0	2.1
4.00	6.1	4.0
8.00	8.8	5.7
10.00	10.0	6.3
16.00	13.2	8.2
20.00	—	9.2
25.00	—	10.3
31.25	—	11.5
62.50	—	16.7
100.00	—	21.6

（6）查明短路原因后，更换光缆。

三、电缆近端串音衰减测试不合格

（一）原因

（1）电缆与连接硬件接插部分卡接不良。

（2）电缆线对扭绞不良。

（3）外部噪声源影响。

（4）连接硬件接插部分性能不良，或未达到五类产品技术指标。

（二）防治

（1）电缆与连接硬件接插应保持接触良好。

（2）电缆线对不得扭绞。

（3）测试最好在没有外界噪声的情况下进行，或远离噪声源。

（4）选用质量好的连接硬件，其技术指标要符合五类产品要求。

四、接线图测试不合格

（一）原因

（1）线对交叉错接。

（2）终端连接的线对非绞扭长度超过要求。

（3）线对串对连接。

（4）终端处或芯线断线。

（5）终端处或芯线短路。

（二）防治

（1）接线图的测试，主要测试水平电缆终接工作区 8 位模块式通用插座及支接间配线设备接插件接线端子间的安装连接正确或错误，具体如图 10-4 所示。

（2）终端连接的线对非扭绞长度一般不超过 130mm。

（3）查明终端处或芯线的断线或短路原因后，将断线接好或更换电缆。

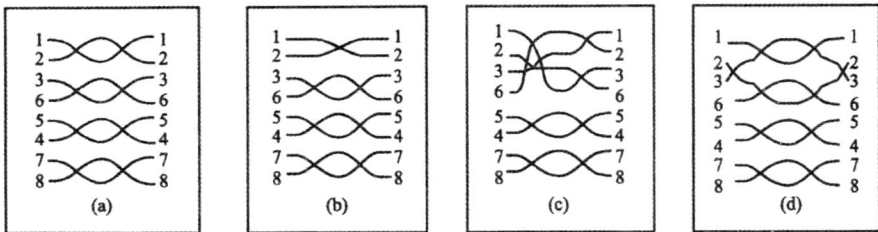

图10-4　接线图

（a）正确线路 ;（b）反向线对 ;（c）交叉线对 ;（d）串对

第十一章　施工现场临时用电

第一节　临时供电电源变压器容量的选择

一、电力变压器容量的选择

电力变压器是极其重要的电力施工安装设备之一，如果施工单位没有变压器，借用建设单位（甲方）的或是其他外供电源时，可参考以下方法确定容量。

（1）现借用的供电系统是 TN-S 方式供电系统时，照用即可。

（2）现借用的供电系统是 TN-C 方式供电系统时，在现场总配电箱处作一组重复接地，从中性线端子板分出一根保护线 PE，形成 TN-C-S 系统。

（3）现借用的供电系统是 TT 方式供电系统时，在现场总配电箱处设一组保护接地，同时从总箱内引出一根专用保护线 PE 至各用电点，PE 线可以用单芯电缆或用 40mm×40mm 扁钢。

通常用下式估算设备容量：

$$S_N = K_x \Sigma P_N / \cos\varphi \qquad (11-1)$$

式中：S_N——动力设备需要的总容量（kV·A）；

ΣP_N——电动机铭牌机械功率的总和（kW）；

$\cos\varphi$——各用电设备的平均功率因数；

K_x——需要因数，见表 11-1。

表 11-1　建筑施工用电设备的功率因数和需要系数 K_x

用电设备名称	用电设备数量	需要系数 K_x	功率因数	用电设备名称	用电设备数量	需要系数 K_x	功率因数
混凝土搅拌机，砂浆搅拌机	10以下 10~30 30以上	0.7 0.6 0.5	0.68 0.65 0.5	提升机，起重机，掘土机	10以下 10以上	0.3 0.2	0.7 0.65
				电焊机	10以下 10以上	0.45 0.35	0.45 0.4

续表

用电设备 名称	用电设 备数量	需要系 数K_x	功率 因数	用电设备 名称	用电设 备数量	需要系 数K_x	功率 因数
破碎机，筛、洗 石机，空气压缩 机，输送机	10以下 10～50 50以上	0.75 0.7 0.65	0.75 0.7 0.65	户外照明	－	1	1
				除仓库外的户内 照明	－	0.8	1
				仓库照明	－	0.35	1

二、供电配电室及自备电源的要求

（1）配电室应靠近电源，并应设在无灰尘、无蒸气、无腐蚀介质、无振动的地方。成列的配电屏（盘）和控制屏（台）两端应与重复接地线及保护中性线进行电气连接。配电室和控制室应能自然通风，并应采取防止雨雪和动物进入的措施。

（2）配电屏（盘）正面的操作通道宽度，单列布置不小于1.5m，双列布置不小于2m。配电屏（盘）后面的维护通道宽度不小于0.8m，个别有结构柱凸出部分通道不小于0.6m。配电屏（盘）侧面的维护通道宽度不小于1m。配电室的天棚距地面不低于3m。

当配电室内设置值班室或检修室时，该室距配电屏（盘）的水平距离大于1m，并采取屏障隔离。配电室的门向外开，并配锁。配电室的裸母线与地面垂直距离小于2.5m时，采取栅栏隔离，栅栏下面通行道的高度不小于1.9m。配电室的围栏上端与垂直上方带电部分的净距不小于0.75m。配电装置的上端距天棚不小于0.5m。

（3）配电室的建筑物和构筑物的耐火等级应不低于3级，室内应配置砂箱和绝缘灭火器。母线均应刷有色油漆，其涂色应符合表11-2的规定。

表11-2　母线涂色表

相别	颜色	垂直排列	水平排列	引下排列
L1 L2 L3 N	黄 绿 红 浅蓝	上 中 下	后 中 前	左 中 右

（4）配电屏（盘）应装设有功、无功电度表，并应分路装设电流、电压表。电流表与计费电度表不得共用一组电流互感器。配电屏（盘）应装设短路、过负

荷保护装置和漏电保护器。配电屏（盘）上的各种配电线路应统一编号，并标明用途标记。配电屏（盘）或配电线路维修时，应悬挂停电标志牌。停、送电必须由专人负责。

（5）电压为400/230V的自备发电机组，发电机组及其控制、配电、修理室等，在保证电气安全距离和满足防火要求的情况下可以分开或合并设置。发电机组的排烟管道必须伸出室外。发电机组及其控制配电室内严禁存放储油桶。发电机组电源应与外电线路电源联锁，严禁并列运行。

（6）发电机控制屏宜装设下列仪表：交流电压表、交流电流表、有功功率表、电度表、功率数表、频率表、直流电流表。

（7）发电机组应设置短路保护和过负荷保护。发电机并列运行时，必须在机组同期后再向负荷供电。

（8）配电室位置选择和环境条件要求。应便于配电电源引入和技术管理，确保配电装置免受污染、腐蚀、变形和防止误动作。配电室应适应施工现场实际情况，保证电气设备散热条件，防止因雨雪和动物侵害所造成的电气短路事故。

第二节　施工配电箱及开关箱

一、电气装置的选择

配电箱、开关箱内的电器必须可靠完好，不准使用破损、不合格的电器。总配电箱应装设电压表、总电流表、总电度表。总配电箱应装设总隔离开关、总熔断器和分路熔簖器（或总自动断路器和分断路器）以及漏电保护器。若漏电保护器同时具备过负荷和短路保护功能，则可不设分路熔断器或分路自动断路器。总自动断路器的额定电流值、动作电流值应与分路自动断路器的额定值、动作整定值相适应。

分配电箱应装设总隔离开关和分路隔离开关以及总熔断器和分路熔断器（或总自动断路器和分路自动断路器）。总自动断路器的额定值、动作整定值应与分路自动断路器的额定值、动作整定值相适应。

每台用电设备应有各自专用的开关箱，必须实行一机一闸制度，严禁用同一个断路器直接控制2台及以上的用电设备（含插座）。开关箱内的断路器必须能在任何情况下都可使用用电设备实行电源隔离。开关箱中必须装设漏电保护器（36V及以下的用电设备如果工作环境干燥，可免装漏电保护器）。漏电保护应装设在配电箱中隔离开关的负荷侧和开关箱中隔离开关的负荷侧。开关箱内的漏电保护器的额定漏电动作电流应不大于 30mA，额定漏电动作时间应小于 0.1s。

使用于潮湿和有腐蚀介质场所的漏电保护器应采用防溅型产品。其额定漏电动作电流应不大于 15mA，额定漏电动作时间应小于 0.1s。总配电箱和开关箱中两级漏电保护器的额定漏电动作电流和额定漏电动作时间应合理配合，使之具有分级分段保护的功能。对放置已久重新使用或连续使用 1 个月的漏电保护器，应认真检查其特性，发现问题及时修理或更换。

手动开关电器只允许用于直接控制的照明电路和容量不大于 5.5kW 的动力电路。容量大于 5.5kW 的动力电路应采用自动断路器或降压启动控制。各种断路器的额定值应与其控制的用电设备额定值相适应。

配电箱、开关箱中的导线的进、出线口应设在箱体下底面，严禁设在箱体其他部位。进、出线应加护套分路成束，不得与箱体进、出口直接接触。移动式配电箱和开关箱的进、出线必须采用橡皮绝缘电缆。

二、使用与维护

配电箱均应标明其名称、用途，并做出分路标记。配电箱门均应配锁，配电箱和开关箱应有专人负责。所有配电箱、开关箱应每月检查和维修一次。检查、维修人员必须是专业电工。检查、维修时必须按规定穿戴绝缘服，必须使用电工绝缘工具。

对配电箱、开关箱进行检查维修时，必须将其前一级相应电源开关断电，并悬挂停电标志牌，严禁带电作业。所有配电箱、开关箱在使用中必须按照下述操作顺序。

送电顺序：总配电箱—分配电箱—开关箱。

停电顺序：开关箱—分配电箱—总配电箱（出现电气故障的紧急情况例外）。

施工现场停止作业 1h 以上时，应将动力开关箱断电上锁。开关箱操作人员必须依据有关规程或规范进行操作。配电箱、开关箱内不得放置任何杂物，并应经常保持整洁。配电箱、开关箱内不得挂接其他临时用电设备。熔断器的熔体更换时，严禁用不符合原规格的熔体代替。配电箱、开关箱内的进出线不得承受外力，严禁与金属尖锐断口和强腐蚀介质接触。

配电箱、盘安装质量标准见表 11-3。

表 11-3　配电箱、盘安装质量标准

操作项目	质量要求
配电箱（盘）的安装	电度表板（盘）明装时距地 1.8 ~ 2.2m； 配电箱暗装时，底口距地不应低于 1.4m，明装不低于 1.8m，特殊情况不低于 1.2m； 电度表板（盘）箱的木板厚不应小于 20mm，金属板厚度不小于 2mm，绝缘板厚度不应小于 8mm； 木箱门的宽度超过 0.5m 时应做双扇门； 木材要求干燥、不劈、不裂、不腐
铁箱盘接地、木铁制配电箱防腐	箱体应刷防腐漆，铁箱进行保护接地，墙内暗装时箱体外壁刷沥青，明装时箱体内外均刷油漆

第三节　施工配电线路

一、架空线路

架空线路必须敷设在专用电杆上，严禁架设在树木、脚手架上。架空线路导线截面的选择应符合下列要求：导线中的负荷电流不大于其允许载流量；线路末端电压偏移不大于额定电压的 5%；单相线路的中性线截面与相线截面相同，三相四线制的工作中性线和保护中性线截面不小于相线截面的 50%；为满足机械强度的要求，绝缘铝线截面不小于 $16mm^2$，绝缘铜线截面不小于 $10mm^2$。跨越铁路、公路、河流、电力线路挡距内的架空绝缘铝线最小截面不小于 $25mm^2$，绝缘铜线截面不小于 $16mm^2$。

电杆拉线的金具必须镀锌，尤其是各种线夹，在施工中压线要坚固而且不伤及拉线。

架空线路相序排列应符合下列规定。在同一横担上架设时，导线的相序排列是：面向负荷从左起为 L1、N、L2、L3、PE。动力线、照明线在 2 个横担上分别架设时，上层横担动力相序排列是面向负荷从左起为 L1、L2、L3；下层横担导线照明负载排列是面向负荷从左起为 L1、N、L2、L3、PE；即下层横担最右边为保护中性线。

应限制施工现场架空线接头数，1 个挡距内每一层架空线接头数不得超过该层导线条数的 50%，且 1 根导线只允许 1 个接头。严禁在跨越铁路、公路、河流、电力线路的架空线挡距内有接头。

临时供电架空线路的挡距不得大于 35m，线间距离不得小于 0.3m，横担间最小垂直距离不得小于表 11-4 所列数值；铁横担应按表 11-5 选用；木横担截面应为 80mm×8mm；横担长度应符合表 11-6 的规定。

表 11-4　横担间的最小垂直距离　　　　　　　　　单位：m

排列方式	直线杆	分支或转角杆
高压与低压	1.2	1.0
低压与低压	0.6	0.3

表 11-5　铁横担角钢型号选用表　　　　　　　　　单位：m

导线截面/mm²	低压直线杆角钢横担	低压承力杆角钢横担	
		二线及三线	四线及以上
16，25，35，50	∟50×5	2×∟50×5	2×∟63×5
70，95，120	∟63×5	2×∟63×5	2×∟70×5

表 11-6　横担长度选用表　　　　　　　　　单位：m

横担长度		
二线	三、四线	五线
0.7	1.5	1.8

架空线路与临近线路或设施的距离应符合表 11-7 的规定。

表 11-7　架空线路与临近线路或设施的距离　　　　　　　　　单位：m

项目	临近线路或设施类别					
最小空间距离	过引线、接下线与邻线	架空线与拉线电杆外缘		树梢摆动最大时		
	0.13	0.05		0.5		
最小垂直距离	同杆架设下方的广播线路、通信线路	最大弧垂与地面距离			最大弧垂与暂设工程顶端	与临近线路交叉
		施工现场	机动车道	铁路轨道		<1.5kV	1～10kV
	0.1	4.0	6.0	7.5	2.5	1.2	2.5
最小水平距离	电杆至马路路基边缘	电杆至铁路轨道边缘		边线与建筑物突出部分		
	1.0	杆高+3.0		1.0		

架空线路宜采用混凝土杆或木杆，混凝土杆不得有露筋、环向裂纹和扭曲，木杆不得腐朽，其梢径应不小于130mm。电杆埋设深度宜为杆长的1/10加0.6m。在土质松软处应加大埋设深度或采用卡盘等加固措施。

直线杆和15°以下的转角杆，可采用单横担，但跨越机动车道时应采用单横担双绝缘子；15°～45°的转角杆应采用双横担双绝缘子；45°以上的转角杆应采用十字横担。架空线路绝缘子应按下列原则选择：直线杆采用针式绝缘子；耐张杆采用蝶式绝缘子。

拉线宜采用镀锌铁线，其截面不得小于3根φ4。拉线与电杆的夹角应在45°～30°之间。拉线的埋深不得小于1m。钢筋混凝土杆上的拉线应在高于地面2.5m处装设拉紧绝缘子。因受地形环境限制不能装设拉线时，可采用撑杆代替拉线，撑杆埋深不得小于0.8m，其底部应垫底盘或大石块。撑杆与主杆的夹角宜为30°。

接户线在挡距内不得有接头，进线处离地高度不得小于2.5m。接户线最小截面应符合表11-8规定。接户线之间及与临近线路的距离应符合表11-9规定。

表11-8　接户线最小截面

接户线架设方式	接户线长度（m）	接户线截面（mm²）	
		钢线	铝线
架空敷设	10～25	4.0	6.0
	≤10	2.5	4.0
沿墙敷设	10～25	4.0	6.0
	≤10	2.5	4.0

表11-9　接户线间及与临近线路距离

架设方式	挡距（m）	线间距离（mm）
架空敷设	≤25	150
	>25	200
沿墙敷设	≤6	100
	>6	150
架空接户线与广播线、电话线交叉		接户线在上600下300
架空或沿墙敷设的接户线零线和相线交叉		100

配电线路采用熔断器作为短路保护时，熔体额定电流应不大于电缆或穿管绝缘导线允许载流量的2.5倍，或明敷绝缘导线允许载流量的1.5倍。配电线路采

用自动开关作为短路保护时，其过电流脱扣器脱扣电流整定值，应小于线路末端单相短路电流，并应能承受短路时过负荷电流。

经常过负荷的线路、易燃易爆物邻近的线路、照明线路，必须有过负荷保护。装设过负荷保护的配电线路，其绝缘导线允许载流量应不小于熔断器熔体额定电流或自动空气开关长延时过流脱扣器脱扣电流整定值的 1.25 倍。

二、电缆线路

电缆干线应采用埋地或架空敷设，严禁沿地面明敷，并应避免机械损伤和介质腐蚀。电缆类型应根据敷设方式、环境条件选择，电缆截面应根据允许载流量和允许电压损失确定。

电缆在室外直接埋地敷设的深度应不小于 0.6m，并应在电缆上下各均匀铺设不小于 50mm 厚的细砂，然后覆盖混凝土板或砖等硬质保护层。电缆穿越建筑物、构筑物、道路、易受机械损伤的场所及引出地面从 2m 高度至地下 0.2m 处，必须加设防护套管。

电缆线路与其附近热力管道的平行间距不得小于 2m、交叉间距不得小于 1m。埋地敷设电缆的接头应设在地面上的接线盒内，接线盒应能防水、防尘、防机械损伤并应远离易燃、易爆、易腐蚀场所。

橡皮电缆架空敷设时，应沿墙壁或电杆设置，并用绝缘子固定，严禁使用金属裸线作为绑线。固定点间距应保证橡皮电缆能承受自重所带来的荷重。橡皮电缆的最大弧垂距地面不得小于 2.5m。

电缆垂直敷设的位置应充分利用在建工地的竖井、垂直孔洞等，并应靠近负荷中心，固定点每楼层不得少于 1 处。电缆水平敷设宜沿墙或门口固定，最大弧垂距地不得小于 1.8m。

考虑到施工现场电缆埋地时间较短，负荷容量较小，可适当降低埋设要求。在电缆线路与热力管道交叉时，采取加大交叉间距的措施代替热力管道的隔热措施。埋地敷设电缆接头的周围环境应防止环境污染和腐蚀。

第四节　临时供电配电线路接地与防雷

一、等电位体连接

电动建筑机械的防雷接地和重复接地使用同一接地体，不仅有利于机械的接零保护，而且避免施工现场测量冲击接地电阻值的难度。在高土壤电阻率地区，电气设备只允许接地时，可利用等电位的原理设置绝缘台，以保证操作人员的安全。

保护中性线应单独敷设，并与重复接地线相连接。保护中性线的截面，应不小于工作中性线的截面，同时必须满足机械强度要求。保护中性线架空敷设的间距大于 12m 时，保护中性线必须选择不小于 $10mm^2$ 的绝缘铜线或不小于 $16mm^2$ 的绝缘铝线。

与电气设备相连接的保护中性线应为截面积不小于 $2.5mm^2$ 的绝缘多股铜线。保护中性线统一标志为绿/黄双色线。任何情况下不准使用绿/黄双色线作为负荷线。

正常情况下，下列电气设备不带电的外露导电部分应进行保护接零。如电机、变压器、电器、照明器具、手持电动工具的金属外壳；电气设备传动装置的金属部件；配电屏与控制屏的金属框架；室内、外配电装置的金属框架及靠近带电部分的金属围栏和金属门；电力线路的金属保护管、敷线的钢索、起重机轨道、滑升模板金属操作平台；安装在电力线路杆（塔）上的开关、电容器等电气装置的金属外壳及支架。

正常情况下，下列电气设备不带电的外露可导电部分，可不进行保护接零：在木质、沥青等不良导电地坪的干燥房间内，交流电压 380V 及其以下的电气设置金属外壳（当维修人员可能同时触及电气设备金属外壳和接地金属物件时除外）；安装在配电屏、控制屏金属框架上的电气测量仪表、电流互感器、继电器和其他电器外壳。

二、接地与接地电阻

电力变压器或发电机的工作接地电阻通常不大于 4Ω。单台容量不超过 $100kV\cdot A$ 或使用同一接地装置并联运行且总容量不超过 $100kV\cdot A$ 的变压器或发电机的工作接地电阻值不得大于 10Ω。

保护中性线除必须在配电室或总配电箱处重复接地外，还必须在配电线路的中间处和末端处重复接地。保护中性线每一重复接地装置的接地电阻值应不大于 10Ω。在工作接地电阻允许达到 10Ω 的电力系统中，所有重复接地的并联电阻值应不大于 10Ω。这是防止接地装置的接地线因腐蚀等原因不能实现可靠的电气连接所做的规定。

三、临时供电的防雷保护

在土壤电阻率低于 $200\Omega\cdot m$ 处的电杆可不另设防雷接地装置。配电室的进出线处应将绝

缘子铁脚与配电室的接地装置连接。施工现场内的起重机、井字架及龙门架等机械设备，若在相邻建筑物的防雷装置的保护范围以外，如表 11-10 规定的范围内，则应安装防雷装置。

表 11-10　施工现场机械设备防雷规定

地区平均雷暴日（d）	机械设备高度（m）	地区平均雷暴日（d）	机械设备高度（m）
≤ 15	≥ 50	40 ~ 90	≥ 20
15 ~ 40	≥ 32	≥ 90	≥ 12

若最高机械设备上的避雷针，其保护范围按 60° 计算能够保护其他设备，且最后退出现场，则其他设备可不设防雷装置。

施工现场内所有的防雷装置的冲击电阻不得大于 30Ω。各机械设备防雷引下线可利用该设备的金属结构体，但应保证电气连接。机械设备上的避雷针长度应为 1 ~ 2m。安装避雷针的机械设备所用动力、控制、照明、信号及通信等线路，应采用钢管敷设。并将钢管与该机械设备的金属结构体进行电气连接。

四、接地装置

（一）人工接地体

人工接地体分垂直和水平安装两种。

1. 垂直接地体

垂直接地体一般采用长度不小于 2.5m 的 50mm×50mm 的角钢、直径 50mm 钢管或 Φ20mm 圆钢。圆钢或钢管的端部应锯成斜口或锻造成锥形，角钢的一端呈 120mm 尖头形状，尖点在角钢的角脊线上，两斜边对称。

在接地沟内接地极应沿沟的中心垂直线打入。接地体顶面埋设深度应符合设计规定。当无规定时，不宜小于 0.6m，间距不小于接地体长度的 2 倍，如图 11-1 所示。当受地方限制时，一般应小于接地体的长度。

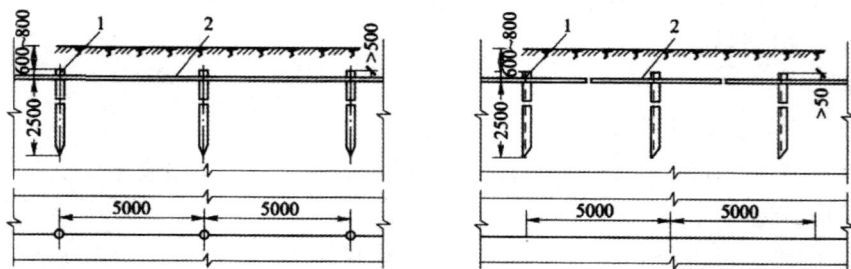

（a）钢管接地体　　　　　　　　（b）角钢接地体

图 11-1　垂直接地体安装

1—接地体；2—接地线

接地线应防止发生机械损伤和化学腐蚀。敷设在腐蚀性较强的场所或土壤电阻率大于 10Ω·m 的潮湿土壤中接地装置应适当加大截面积或热镀锌。

2．水平接地体

敷设在建筑物四周闭合环状的水平接地体，可埋设在建筑物散水及灰土基础以外的基础槽外，常用 40mm×4mm 镀锌扁钢，最小截面积不应小于 100mm²，厚度不应小于 4mm。将扁钢垂直敷设在地沟内，顶部埋设深度距地面不应小于 0.6m，多根平行敷设时水平间距不小于 5m。水平接地体的敷设如图 11-2 所示。

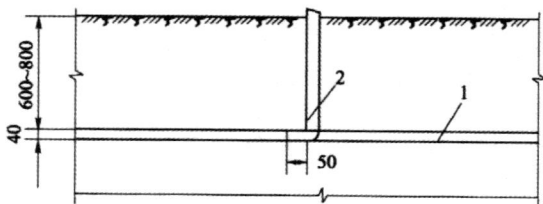

图 11-2　水平接地体安装

1—接地体；2—接地线

3．铜板接地体

铜板接地体一般使用 900mm×900mm×1.5mm 的铜板，铜板接地体的安装如图 11-3 所示。

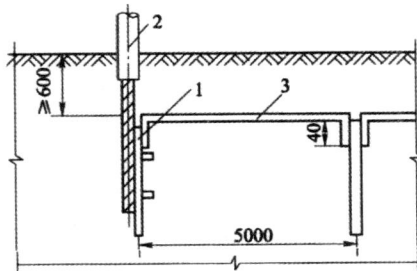

图 11-3 铜板接地体安装

1—铜板接地体；2—铜接地线；3—铜连接线

铜板与接地线的连接一般是在接地铜板上打孔，用单股 Φ1.5mm ～ Φ2.5mm 铜线将铜接地线（绞线）绑扎在铜板上，在铜绞线两侧焊接，或采用将铜接地绞线分开拉直，搪锡后分四处用单段 Φ1.5mm ～ Φ2.5mm 铜线绑扎在铜板上，逐根与铜板锡焊。也可以将铜接地绞线端部、端子与铜接地板的接触面处搪锡，用 Φ5mm×6mm 的铜铆钉将端子与铜板铆紧，在接线端子周围进行锡焊，或使用 25mm×1.5mm 的铜板进行铜焊固定连接。

4．接地模块

接地模块顶面埋深不应小于 0.6m，接地模块间距不应小于模块长度的 3 ～ 5 倍。接地模块埋设基坑一般为模块外形尺寸的 1.2 ～ 1.4 倍，且在开挖深度内详细记录地层情况。

接地模块应垂直或水平就位，不应倾斜设置并保持与原土层接触良好；接地模块应集中引线，用干线包围接地模块并联焊接成一个环路。干线的材质与接地模块焊接的焊接点的材质相同，铜质的采用热浸镀锌扁钢，引出线不应少于两处。

接地体敷设完后土沟的回填土内不应有石块和建筑垃圾等，外取的土壤不得有较强的腐蚀性，在回填土时应分层夯实。

（二）接地母线

从引下线断接卡子或换线处至接体和连接垂首接地体之间的连接线称为接地母缓，一般应使用 40mm×4mm 的镀锌扁钢。

扁钢调直后垂直放置于地沟内，依次在距接地体顶端大于 50mm 处与接地体焊接。扁钢与钢管（或角钢）接地极焊接时，将接地扁钢弯成弧形（或三角形）与接地钢管（或角钢）焊接；也可将扁钢在焊接过程中弯成弧形（或三角形）；还可先用扁钢另外煨制好弧形（或三角形）卡子，在扁钢与接地体相互接触部位表面两侧焊接后，再用卡子与接地体及扁钢进行焊接，如图 11-4 所示。

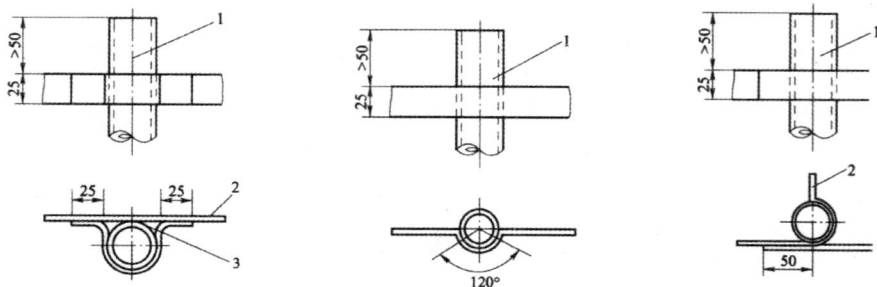

（a）钢管接地体

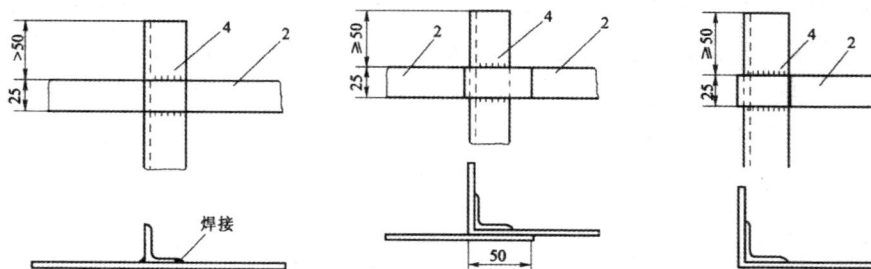

（b）角钢接地体

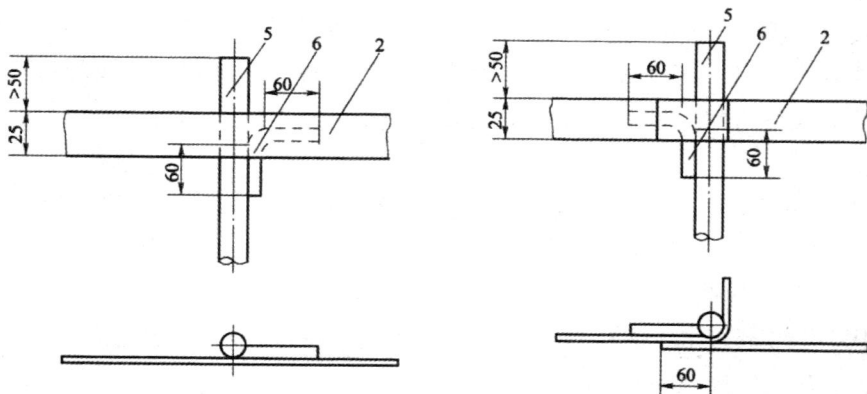

（c）圆钢接地体

图 11-4　扁钢连接线与接地体连接做法

1—钢管接地体；2—连接线；3—弧形卡子；4—角钢接地体；

5—圆钢接地体；6—Φ10mm 长 160mm 的连接体

在接地母线使用圆钢时，圆钢母线与圆钢接地体的连接做法，如图 11-5 所示。

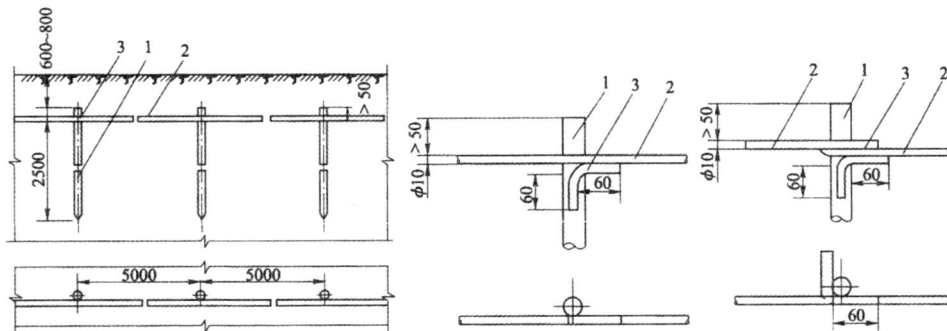

图 11-5　圆钢连接线与圆钢接地体连接做法
1—圆钢接地体；2—圆钢连接线；3—Φ10mm 长 160mm 的连接体

接地母线之间的连接应采用搭接焊接。扁钢与扁钢连接的搭接焊接长度不应小于扁钢宽度的 2 倍，应最少在三个棱边进行焊接。圆钢与圆钢塔接焊不应小于圆钢直径的 6 倍，并应采取两面焊。圆钢与扁钢连接，搭接长度不应小于圆钢直径的 6 倍，应在两面焊。各种不同形式的接地母线的连接做法如图 11-6 所示。

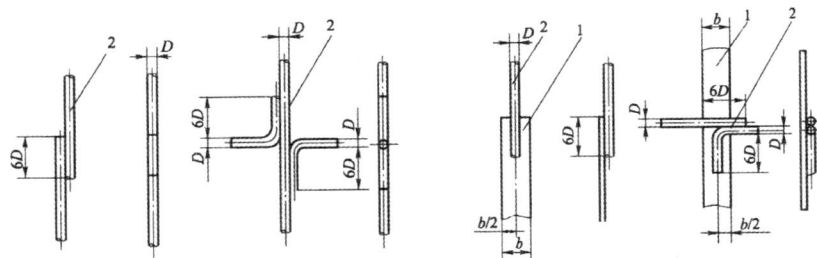

（a）圆钢与圆钢连接　　　　　（b）圆钢与扁钢连接
图 11-6　接地母线的连接
1—扁钢；2—圆钢；6—扁钢宽度；D—圆钢直径

除接地之外，从地表下 0.6m 引至地面外的垂直接地母线的引出线的垂直部分和接地装置焊接部位应做防腐处理。在做防腐处理前，表面必须除锈并去掉焊接处残留的焊药。

（三）建筑物基础接地装置的安装

利用钢筋混凝土基础内的钢筋作为接地装置时，敷设在钢筋混凝土中的单根钢筋或圆钢，直径不应小于10mm。被利用作为防雷装置的混凝土构件钢筋的截面积总和不应小于一根直径10mm钢筋的截面积。

利用建筑物基础内的钢筋作为接地装置时，应在与防雷引下线相对应的室外埋深0.8～1m，由被利用作为引下线的钢筋上焊出一根 Φ12mm 或 40mm×4mm 镀锌扁钢，伸向室外距外墙皮的距离不宜小于1m，以便补打人工接地体。

1. 条形基础内人工接地体的安装

条形基础内应采用不应小于 Φ12mm 的圆钢或 40mm×4mm 的扁钢做人工接地体，如图 11-7 所示。人工接地体在基础内敷设，使用圆钢支持器、扁钢支持器和混凝土支持器固定，如图 11-8 所示。条形基础内人工接地体安装方式，如图 11-9 所示。

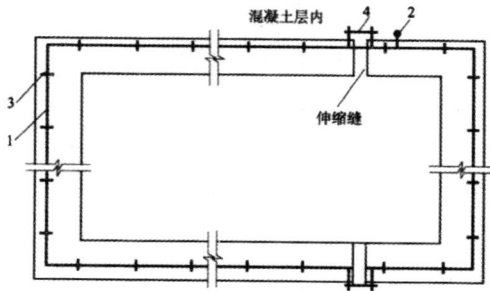

图11-7　条形基础人工接地体安装平面示意图

1—人工接地体；2—引下线；3—支持器；4—伸缩缝处跨接板

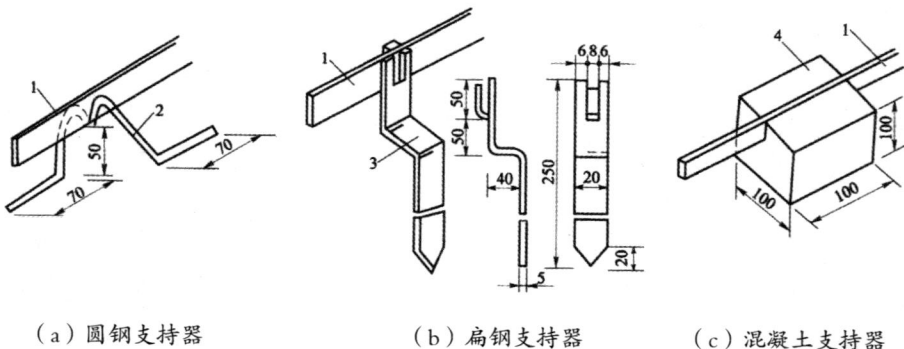

（a）圆钢支持器　　　　　（b）扁钢支持器　　　　　（c）混凝土支持器
图11-8　人工接地体支持器

1—人工接地体；2—Φ4mm圆钢支持器；3—20mm×5mm扁钢支持器；4—C20混凝土支持器

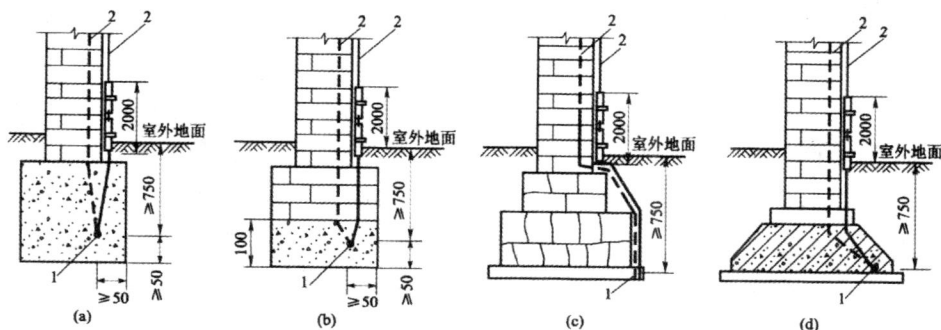

（a）素混凝土基础；（b）砖基础下方的专设混凝土层内；
（c）毛石混凝土基础；（d）钢筋混凝土基础

图 11-9　条形基础内人工接地体安装

1—接地体；2—引下线

条形基础内的人工接地体，在通过建筑物变形缝处时，应在室外或室内装设弓形跨接板。弓形跨接板的弯曲半径为 100mm。弓形跨接板及换接件的外露部分应刷樟丹油一道，面漆二道。其做法如图 11-10 所示。当采用扁钢接地体时，直接将扁钢接地体弯曲。

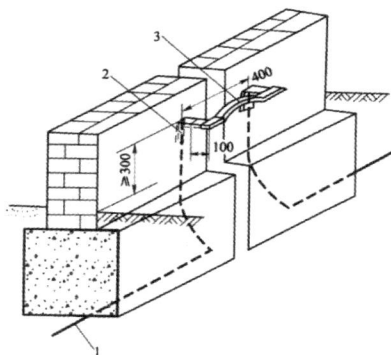

图 11-10　基础内人工接地体通过变形缝处的做法

1—圆钢人工接地体；2—25mm×4mm 换接件；3—25mm×4mm 长 500mm 的弓形跨接板

2. 钢筋混凝土桩基础接地体的安装

桩基础接地体如图 11-11 所示。在作为防雷引下线的柱子（或者剪力墙内钢筋做引下线）位置处，将桩基础的抛头钢筋与承台梁主筋焊接（参见图 11-12），并与上面作为引下线的柱（或剪力墙）中钢筋焊接。在每一组桩基多于 4 根时，

311

只需连接其四角桩基的钢筋作为防雷接地体。

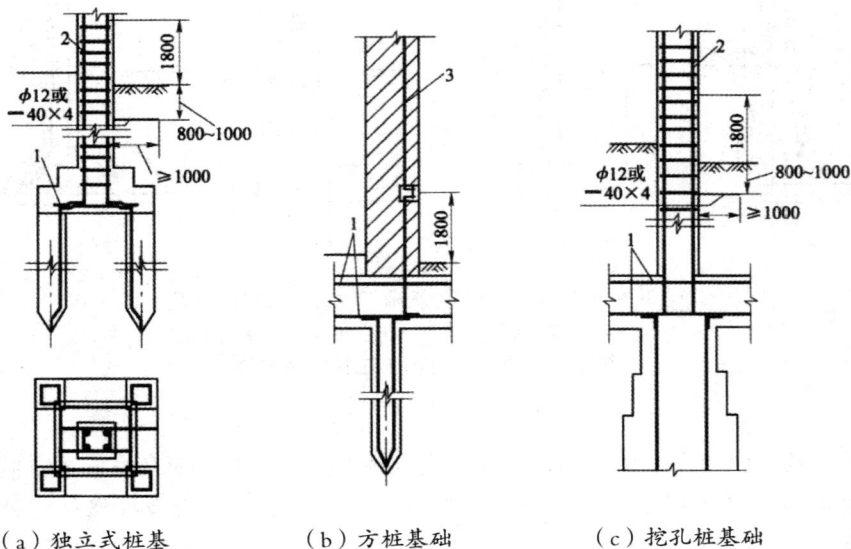

（a）独立式桩基　　　（b）方桩基础　　　（c）挖孔桩基础

图 11-11　钢筋混凝土桩基础接地体安装

1—承台架钢筋；2—柱主筋；3—独立引下线

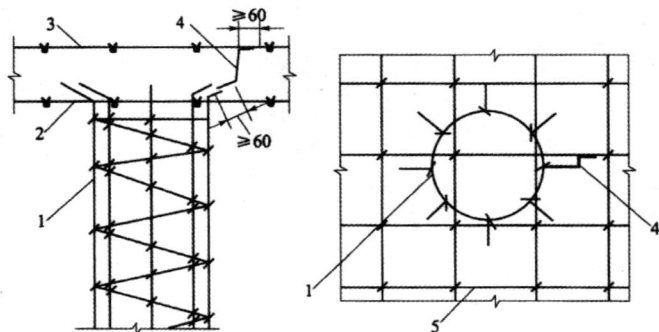

图 11-12　桩基钢筋与承台钢筋的连接

1—桩基钢筋；2—承台下层钢筋；3—承台上层钢筋；4—连接导体；5—承台钢筋

3. 独立柱基础、箱型基础接地体的安装

钢筋混凝土独立基础及钢筋混凝土箱形基础作为接地体时，应将用作防雷引下线的现浇钢筋混凝土柱内的符合要求的主筋，与基础底层钢筋网进行焊接连接，如图 11-13 所示。

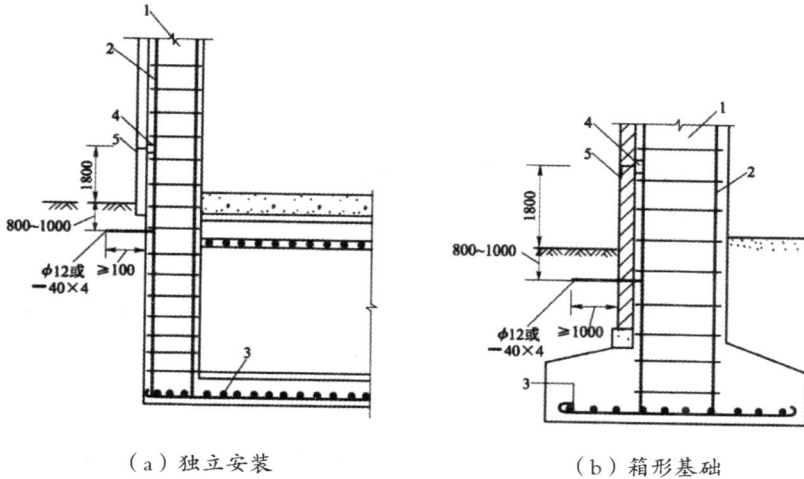

（a）独立安装　　　　　（b）箱形基础

图 11-13　独立基础与箱形基础接地体安装

1—现浇混凝土柱；2—柱主筋；3—基础底层钢筋网；4—预埋连接线；5—引出连接板

若钢筋混凝土独立基有防水油毡及沥青包裹时，应通过预埋件和引下线，跨越防水油毡及沥青层，将柱内的引下线钢筋与垫层内的钢筋和接地桩柱相焊接，如图 11-14 所示。利用垫层钢筋和接地桩柱作为接地装置。

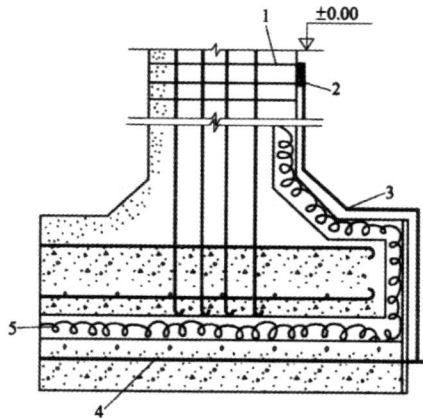

图 11-14　设有防潮层的基础接地体的安装

1—柱主筋；2—连接主筋与引下线的预埋铁件；3—Φ12mm 圆钢引下线；
4—混凝土垫层内钢筋；5—油毡防水层

4. 钢筋混凝土板式基础接地体的安装

利用无防水层地板的钢筋混凝土板式基础作为接地体，利用作为防雷引下线

313

的柱主筋与底板的钢筋进行焊接连接，如图 11–15 所示。

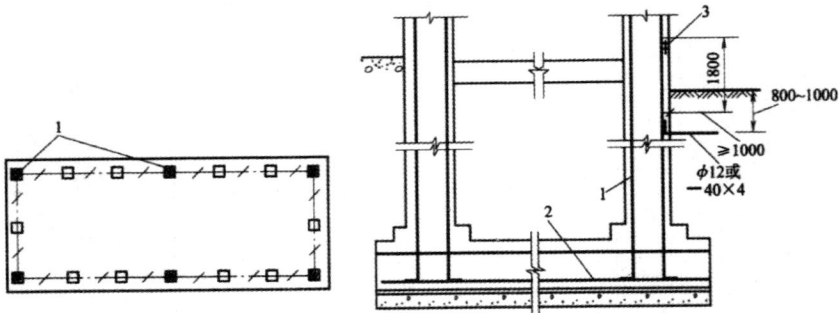

（a）平面图　　　　　　　（b）基础安装

图 11–15　钢筋混凝土板式（无防水底板）基础接地体的安装

1—柱主筋；2—底板钢筋；3—预埋连接板

在进行钢筋混凝土板式基础接地体安装时，若遇板式基础有防水层，应将符合规格和数量的可以用来作为防雷引下线的柱内主筋，在室外自然地面以下的适当位置处，利用预埋连接板与外引的 Φ2mm 或 40mm×40mm 的镀锌圆钢或扁钢相焊接作为连接线，同有防水层的钢筋混凝土板式基础的接地装置连接，如图 11–16 所示。

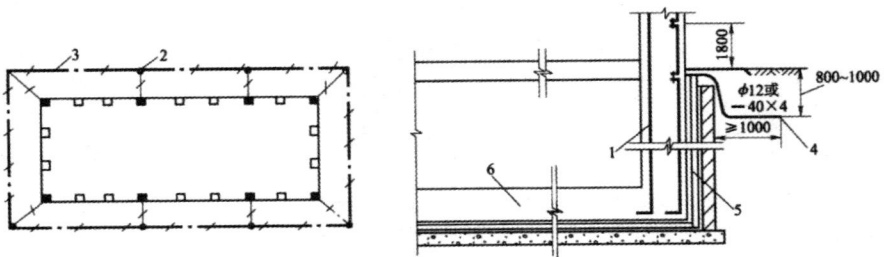

图 11–16　钢筋混凝土板式（有防水层）基础接地体安装图

1—柱主筋；2—接地体；3—连接线；4—引至接地体；5—防水层；6—基础地板

5. 钢筋混凝土杯形基础预制柱接地体的安装

仅有水平钢筋网的杯形基础接地体如图 11–17 所示。连接导体引出位置是在杯口一角的附近，与预制混凝土柱上的预埋连接板位置相对应。连接导体和水平钢筋网均应与柱上预埋件焊接。在杯形基础上立柱后，将连接导体与柱内预埋的规格为 63mm×5mm、长 100mm 的连接板焊接后，与土壤接触的外露部分用 1:3

水泥砂浆保护，保护层厚度不应小于 50mm。

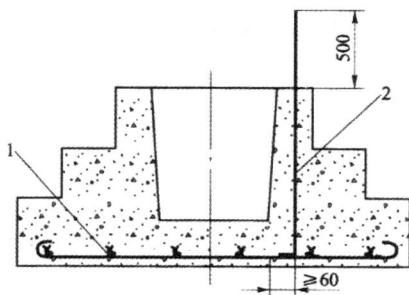

图 11-17　仅有水平钢筋网的杯形基础接地体的安装

1—杯形基础水平钢筋网；2—连接导体 Φ12mm 钢筋或圆钢

　　有垂直和水平钢筋网的杯形基础接地体的做法如图 11-18 所示。与连接导体相连接的垂直钢筋应与水平钢筋焊接。如不能直接焊接时，应采用一段直径不小于 10mm 的钢筋或圆钢跨接焊。当四根垂直主筋都能接触到水平钢筋网时，应将四根垂直主筋均与水平钢筋网绑扎连接。连接导体外露部分用 1:3 水泥砂浆保护，保护层厚度不应小于 50mm。

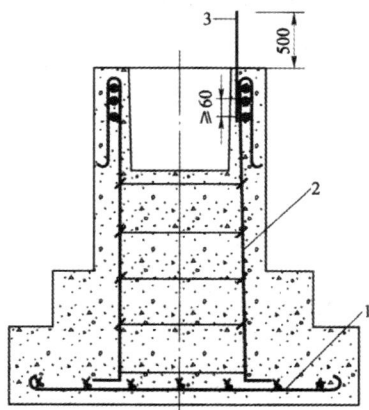

图 11-18　有垂直和水平钢筋网的基础接地体的安装

1—杯形基础水平钢筋网；2—垂直钢筋网；3—连接导体 Φ12mm 钢筋或圆钢

6. 钢柱钢筋混凝土基础接地体安装

　　仅有水平钢筋网的钢柱钢筋混凝土基础接地体如图 11-19 所示。每个钢筋基础中应有一个地脚螺栓通过连接导体（≥ Φ12mm 的钢筋或圆钢）与水平钢筋网进行焊接连接。地脚螺栓与连接导体及连接导体与水平钢筋网的搭接焊接长度不应小于 60mm，并在钢柱就位后，将地脚螺栓及螺母和钢柱焊为一体。当无法利用钢柱的地脚螺栓时，应按钢筋混凝土杯形基础接地体的施工方法施工。将连接导体引至钢柱就位的边线外，并在钢柱就位后，焊到钢柱的底板上。

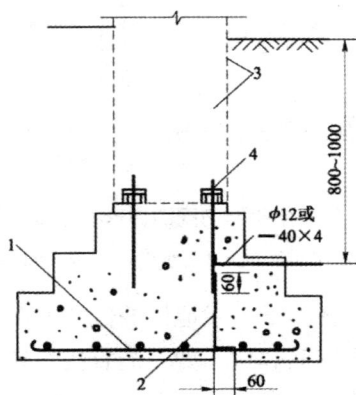

图 11-19　仅有水平钢筋网的钢柱钢筋混凝土基础接地体的安装

1—水平钢筋网；2—连接导体（≥Φ12mm 钢筋或圆钢）；3—钢柱；4—地脚螺栓

有垂直和水平钢筋网的钢柱钢筋混凝土基础接地体如图 11-20 所示。

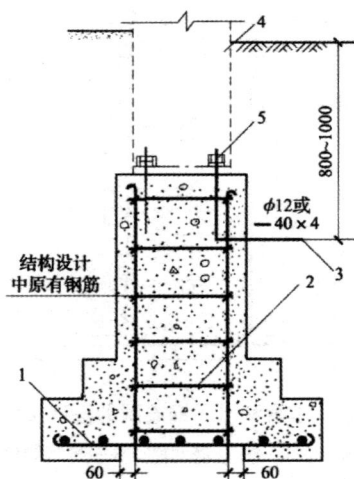

图 11-20　有垂直和水平钢筋网的钢柱钢筋混凝土基础接地体的安装

1—水平钢筋网；2—垂直钢筋网；3—连接导体（≥Φ12mm 钢筋或圆钢）；

4—钢柱；5—地脚螺栓

有垂直和水平钢筋网的基础，垂直和水平钢筋的连接时应将与地脚螺栓相连接的一根垂直钢筋焊接到水平钢筋网上。当不能直接焊接时，采用 ≥ Φ12mm 的钢筋或圆钢跨接焊接。如果四根垂直主筋能接触到水平钢筋网时，可将垂直的四根钢筋与水平钢筋网进行绑扎连接。当钢柱钢筋混凝土基础底部有桩基时，宜将每一桩基的一根主筋同承台钢筋焊接。

（四）室内接地线的敷设

1. 保护套管的埋设

接地干线在室内沿墙壁敷设时，有时要穿过墙体或楼板，在土建墙体及楼面施工时，采取预埋保护套管或预留出接地干线保护套管的孔。

保护套管应用 1mm 厚钢板制作，长度应比墙体或楼板的厚度长 40mm，宽度应比接地干线扁钢大 10mm，厚度为 15mm，在墙体拐角处套管距墙体表面应为 15 ~ 20mm。设置预留孔时用比套管尺寸略大的木方预埋在墙壁或楼板内。当混凝土初凝时活动木方，以便待混凝土凝固后易于抽出。穿过外墙的保护套管应向外倾斜，内外高低差应为 10mm。穿过楼（地）面板的套管的纵向缝隙应焊接。

2. 接地线的敷设

接地线应水平或垂直敷设，亦可与建筑物倾斜结构平行敷设在直线段上。接地线沿建筑物墙壁水平敷设时，离地面距离为 250 ~ 300mm；接地线与建筑物墙壁间的间隙宜为 10 ~ 15mm。明敷接地线应便于检查，敷设位置不应妨碍设备的拆卸与检修。在水平直线部分支持件间的距离宜为 0.5 ~ 1.5m，垂直部分宜为 1.5 ~ 3m，转弯部分宜为 0.3 ~ 0.5m。接地干线不应有高低起伏及弯曲现象，水平度及垂直度允许偏差为 0.2%，全长不应超过 10mm。

对接地肩钢应事先调直、打眼、煨弯加工后，将扁钢沿墙吊起，在支持件一端将扁钢固定住。接地线距墙面间隙应为 10 ~ 15mm，过墙时穿过保护套管。接地干线在连接处应进行焊接，末端预留或连接应符合设计规定。接地干线的敷设如图 11-21 所示。接地干线还应与建筑结构中的预留钢筋连接。

接地干线在经过建筑物的伸缩（或沉降）缝时，若采用焊接固定，应将接地干线在通过伸缩（或沉降）缝的一段做成弧形，或用 Φ12mm 圆钢弯出弧形与扁钢焊接，也可在接地线断开处用裸铜软绞线连接如图 11-22 所示。

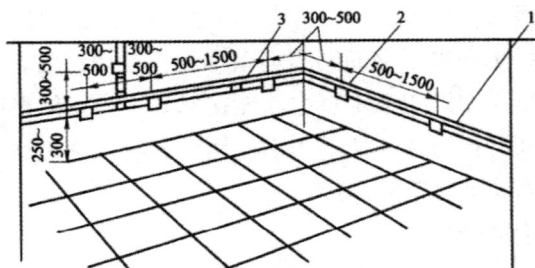

图 11-21　室内接地干线的做法

1—接地干线；2—支持件；3—接地端子

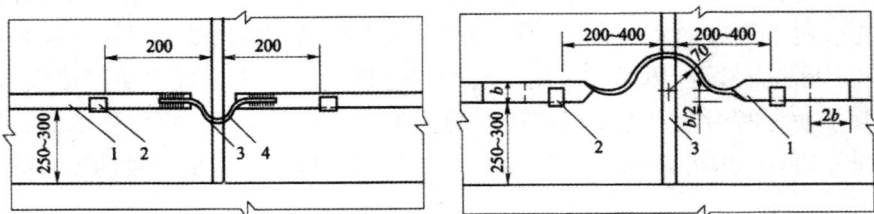

（a）圆钢跨接线　　　　　　　　（b）扁钢跨接线

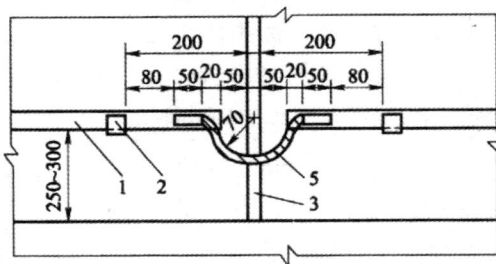

（c）裸铜软绞线跨接线

图 11-22　接地干线在伸缩、沉降缝处的做法

1—接地线；2—支持件；3—变形缝；4—圆钢；5—50mm² 裸铜软绞线；6—扁钢宽度

接地干线在室内水平或垂直敷设时，在转角处需弯曲时应弯曲 90°，弯曲半径不应小于扁钢宽度的两倍。接地干线在过门时，可在门上明敷通过，也可在门下室内地面内暗敷设，如图 11-23 所示。

（a）在地面内敷设　　　　（b）在门上方敷设（做法一）

（c）在门上方敷设（做法二）

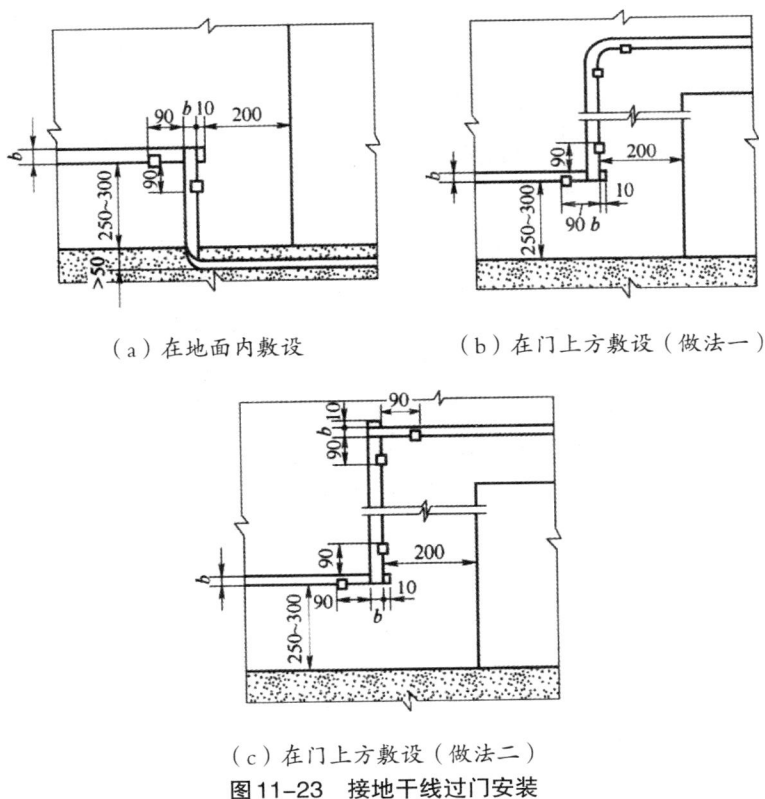

图 11-23　接地干线过门安装

　　接地干线应在两个以上不同点与接地网相连接。自然接地体应在两个以上不同点与接地干线或接地网相连接。为便于检测，室内接地干线与室外接地线应使用螺栓连接。接地线穿过楼板或外墙时，套管管口处应用沥青丝麻或建筑密封膏堵死。接地干线与接地网的连接如图 11-24 所示。

　　由接地干线引向室内需要接地的设备的接地分支线，可以在混凝土地面内暗敷设。接地线的一端在电气设备处，另一端在距离最近的接地干线上，两端都应露出混凝土地面。当地面内有钢筋时，可将接地线的中间部位焊在钢筋上固定。所有电气设备都需要单独地敷设接地分支线。室内接地分支线的做法，如图 11-25 所示。

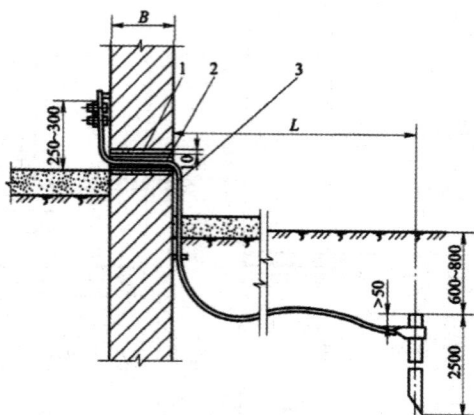

图 11-24　接地干线与室外接地网的连接

1—套管；2—沥青丝麻；3—卡子；L—工程实际尺寸；B—墙厚度

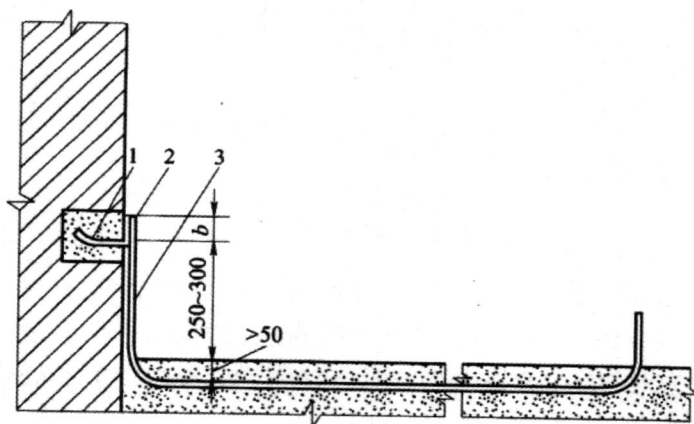

图 11-25　接地分支线的接法示意图

1—固定钩；2—接地干线；3—接地支线；b—地线宽度

3．接地线与管道连接

接地线与给水管和其他输送非可燃液体或非爆炸气体的金属管道连接时，应在靠近建筑物的进口处焊接。若接地线与管道间的连接不能焊接时，应用卡箍连接，卡箍的内表面应搪锡。将管道的连接处表面刮拭干净，安装完毕后涂沥青。管道上的水表、法兰、阀门等处应用裸铜线将其跨接。接地线与管道的连接如图 11-26 所示。

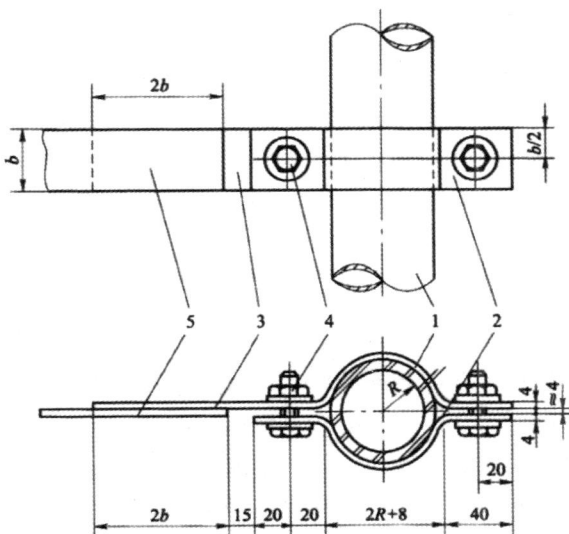

图 11-26 金属管道与接地线连接示意图

1—金属管道；2—短卡箍（长度为 πR+82）；3—长卡箍（长度为 πR+2b+97）；
4—M10×30mm 镀锌螺栓；5—接地线；6—接地线宽度

4. 接地线与设备的连接

电气设备与接地线的连接一般采用焊接和螺栓连接两种方式。需要移动的设备，宜采用螺栓连接；不需要移动的设备可采用焊接。当电气设备装在金属结构上而有可靠的金属接触时，接地线或接零线可直接焊接在金属构架上。

电气设备的外壳上一般都有专用接地螺栓。接地线采用螺栓连接时，应将螺栓卸下，将设备与接地线的接触面擦净，接地线端部挂上焊锡，并涂上中性凡士林油，然后接入螺栓，并将螺母拧紧。在有振动的地方，所有接地螺栓都需加垫弹簧垫圈以防振松。接地线若为扁钢，其孔眼应用手电钻或钻床钻孔，不得用气焊割孔。

携带式电气设备应用携带型导线的特备线芯接地。不得用接零线做接地用，中性线与接地线应单独地与接地网连接。所采用的导线应是软铜绞线，其截面积不应小于 1.5mm²。该截面是保证安全需要的最低要求，具体截面积应根据相导线选择。

5. 接地线安装检查和涂色

明敷设接地线安装后，应检查各接地干线和接地支线的外露部分以及电气设备的接地部分外观，检查电气设备是否按接地的要求接有接地线，各接地线的螺栓连接是否牢固，螺栓连接处是否使用了弹簧垫圈。在安装过程中应仔细按焊接规程检查各焊口。焊缝合格后，应在各面涂以沥青漆。此外，还要检查接地线经过建筑物的伸缩缝处是否做了弧形补偿措施。

明敷接地线的表面应涂以 15～100mm 宽度相等的绿色和黄色相间的条纹。在每个导体的全部长度上或只在每个区间或每个可接触到的部位上宜做出标志。当使用胶带作标志时应使用双色胶带。中性线宜涂淡蓝色标志。在接地线引向建筑物的入口处和在检修用临时接地点处，均应刷白色底漆并标以黑色记号。

（五）电气设备的接地

1. 电气装置接地

电气装置的金属部分均应接地或接零。这些设备是：电机、变压器、电器、携带式或移动式用电器具等的金属底座和外壳；电气设备的传动装置；室外配电装置的金属或钢筋混凝土构架以及靠近带电部分的金属遮栏和金属门；配电、控制、保护用的屏（柜、箱）及操作台等的金属框架和底座；交、直流电力电缆的接头盒、终端头和膨胀器的金属外壳和电缆的金属护层、可触及的电缆金属保护管和穿线的钢管；电缆桥架、支架和井架；装有避雷线的电力线路杆塔；装在配电线路杆上的电力设备；在非沥青地面上的居民区内，无避雷线的小接地电流架空电力线路的金属杆塔和钢筋混凝土杆塔；电除尘器的构架；封闭母线的外壳及其他裸露的金属部分；六氯化硫封闭式组合电器和箱式变电站的金属箱体；电热设备的金属外壳；控制电缆的金属护层等。

需要接地的直流系统的接地装置要求能与地构成闭合回路且经常流过电流的接地线应沿绝缘垫板敷设，不得与金属管道、建筑物和设备的构件有金属连接。土壤中含有电解时能产生腐蚀性物质的地方不宜敷设接地装置，必要时可采取外引式接地装置或改良土壤的措施。直流电力回路专用的中性线和直流两线制正极的接地体、接地线不得与自然接地体有金属连接；当无绝缘隔离装置时，相互间的距离不应小于 1m。三线制直流回路的中性线宜直接接地。

2. 电气设备接地

交流电气设备接地可以利用埋设在地下的金属管道（不包括有可燃或有爆炸性物质的管道、金属井管）、与大地有可靠连接的建筑物的金属结构、水工构筑物及其类似的构筑物的金属管（桩）等作为自然接地体。

交流电气设备可利用以下金属物体作为接地线：建筑物的金属结构（梁、柱等）及设计规定的混凝土结构内部的钢筋；生产用的起重机的轨道、配电设备的外壳、走廊、平台、电梯竖井、起重机与升降机的构架、运输皮带的钢梁、电除尘器的构架等金属结构；配线的钢管等。

进行检修时，在断路器室、配电间、母线分段处、发电机引出线等需临时接地的地方，应引入接地干线，并应设有专供连接临时接地线使用的接线板和螺栓。

装有避雷针和避雷线的构架上的照明灯电源线，必须采用直埋于土壤中的带金属护层的电缆或穿入金属管的导线。电缆的金属护层或金属管必须接地，埋入土壤中的长度应在 10m 以上，方可与配电装置的接地网相连或与电源线、低压配电装置相连。

当电缆穿过零序电流互感器时，电缆头的接地线应通过零序电流互感器后接地；由电缆头至穿过零序电流互感器的一段电缆金属护层和接地线应对地绝缘。

直接接地或经消弧线圈接地的变压器、旋转电机的中性点与接地体或接地干线的连接，应采用单独的接地线。

变电所、配电所的避雷器应用最短的接地线与主接地网连接。

全封闭组合电器的外壳应按制造厂的规定接地；法兰片间应采用跨接线连接，并应保证良好的电气通路。

高压配电间隔和静止补偿装置的栅栏门铰链处应用软铜线连接，以保持良好接地。

高频感应电热装置的屏蔽网、滤波器、电源装置的金属屏蔽外壳，高频回路中外露导体和电气设备的所有屏蔽部分和与其连接的金属管道均应接地，并宜与接地干线连接。

3. 携带式和移动式电气设备的接地

携带式电气设备应用专用芯线接地，严禁利用其他用电设备的中性线接地。中性线和接地线应分别与接地装置相连接。携带式电气设备的接地线应采用软铜绞线，截面积不应小于 $1.5mm^2$。

由固定的电源或由移动式发电设备供电的移动式机械的金属外壳或底座，应和这些供电电源的接地装置有金属连接。在中性点不接地的电网中，可在移动式机械附近装设接地装置，以代替接地线，并应首先利用附近的自然接地体。

（六）重复接地

在低压 TN 系统中，架空线路干线和分支线的终端的 PEN 线或 PE 线应重复接地。电缆线路和架空线路的每个建筑物进线处，均需重复接地（如无特殊要求，对小型单层建筑，距接地点不超过 50m 的可除外）。

低压架空线路接户线重复接地可在建筑物的进线处按图 11-27 所示方法施工。引下线中间可不设断接卡子，N 线与 PE 线的连接可在图中重复接地节点处进行，需测试接地装置的接地电阻时，要打开节点处的连接夹板。

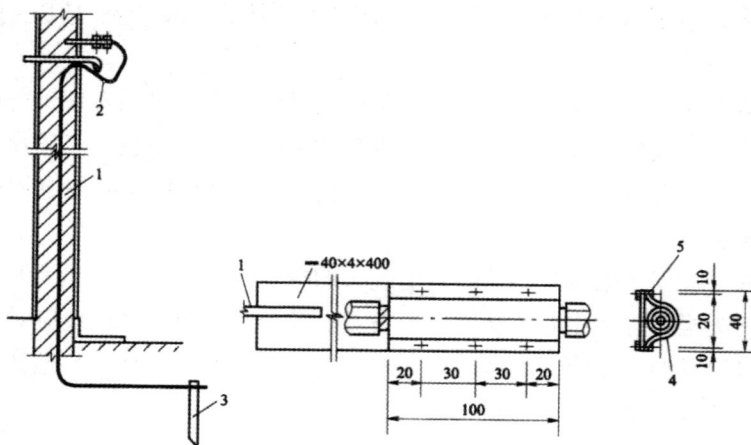

（a）重复接地安装图　　　　　（b）重复接地节点图

图 11-27　重复接地法形式一

1—重复接地引下线；2—重复接地节点；3—接地体；4—板；5—M6×20mm 螺栓

架空线路除在建筑物外重复接地时，可利用总配电屏、箱的接地进行 PEN 或 PE 线的重复接地。电缆进户时的施工做法如图 11-28 所示，利用总配电箱 N 线与 PE 线的连接，重复接地连接线与箱体相连接。中间可不设断线测试卡，需要测试接地电阻时，可先卸下端子，把测量仪表专用导线连接到仪表 E 的端钮上，另一端卡在与箱体焊接为一体的接地端子板上测试即可。

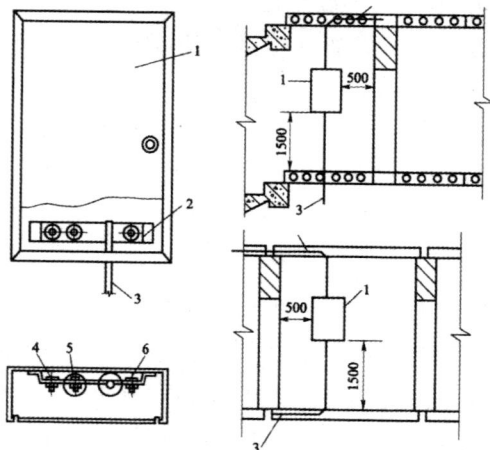

图 11-28　重复接地法形式二

1—总配电箱；2—接地端子板；3—接电线；4—M8×40mm 螺栓；5—PE 端子；6—N 端子

（七）在爆炸危险环境下的接地

1. 保护接地

在爆炸危险环境的电气设备的金属外壳、金属构架、金属配线管及其配件、电缆保护管、电缆的金属护套等非带电的裸露金属部分，均应接地或接零。接地干线宜在不同方向与接地体相连，连接不得少于两处。接地干线通过与其他环境共用的隔墙或楼板时，应采用钢管保护，并应做好隔离密封。电气设备及灯具的专用接地线或接零保护线，应单独与接地干线（网）相连，电气线路中的工作中性线不得作为保护接地线用。电气设备与接地线的连接宜采用多股软绞线，其铜线最小截面积不得小于 $4mm^2$，易受机械损伤的部位应装设保护管。

铠装电缆引入电气设备时，接地或接零芯线应与设备内接地螺栓连接；钢带及金属外壳应与设备外接地螺栓连接。爆炸危险环境内接地或接零用的螺栓应有防松装置。接地线紧固前，其接地端子及上述紧固件均应涂电力复合脂。

2. 防静电接地

生产、储存或装卸液化石油气、可燃气体、易燃液体的设备，储罐、管道、机组和利用空气干燥、搀和、输送易产生静电的粉状、粒状的可燃固体物料的设备、管道以及可燃粉尘的袋式集尘器设备，除应按照国家现行防静电接地的标准规范的规定安装防静电接地装置外，还应符合下列要求：

（1）防静电的接地设备可与防感应雷和电气设备的接地装置共同设置，接地电阻值应符合防感应雷和电气设备接地的规定。只作防静电的接地装置，每一处接地体的接地电阻值应符合设计规定。

（2）设备、机组、储罐、管道等的防静电接地线，应单独与接地体或接地干线相连，除并列管道外不得互相串联接地。

（3）防静电接地线应与设备、机组、储罐等固定接地端子或螺栓连接，连接螺栓不应小于 M10，并应有防松装置和涂以电力复合脂。当采用焊接端子连接时，不得降低和损伤管道强度。

（4）当金属法兰采用金属螺栓或卡子相紧固时，可不另装跨接线。在腐蚀条件下，应有两个及以上螺栓和卡子之间的接触面去锈和除油污，并应加装防松螺母。

（5）当爆炸危险区内的非金属框架上平行安装的金属管道相互之间的净距离小于 100mm 时，宜每隔 20m 用金属线跨接；金属管道相互交叉的净距离小于 100mm 时，应采用金属线跨接。

（6）容量为 $50mm^3$ 及以上储罐的接地点不应少于两处，且接地点间距不应大于 30m，并应在罐体底部周围对称与接地体连接，连接体应连接成环形的闭合回路。

（7）在无防雷接地时，其灌顶与罐体之间应采用铜软线作不少于两处跨接，其截面积不应少于 $25mm^2$，且其浮动式电气测量装置的电缆，应在引入储罐处将铠装、金属外壳可靠地与罐体连接。

（8）钢筋混凝土的储罐或储槽，沿其内壁敷设的防静电接地导体，应与引入的金属管道及电缆的铠装、金属外壳连接，并应引至罐、槽的外壁与接地体连接。

（9）非金属的管道（非导电的）、设备等，外壁上缠绕的金属丝网、金属带等应紧贴表面均匀缠绕，并应可靠接地。

（10）可燃粉尘的袋式集尘设备，织入袋体的金属丝的接地端子应接地。

（11）皮带传动的机组及其皮带的防静电接地刷、防护罩，均应接地。

引入爆炸危险环境的金属管道、配线的钢管、电缆的铠装机金属外壳，均应在危险区域的进口处接地。

（八）接地电阻的测试

接地装置的接地电阻是接地体的对地电阻和接地线电阻的总和。接地电阻的数值等于接地装置对地电压与通过接地体流入地中电流的比值。有关规程对部分电气设备接地电阻的规定数值见表 11-11。

表 11-11　部分电气装置要求的接地电阻

接地类别			接地电阻（Ω）
TN、TT 系统中变压器中性点接地	单台容量小于 $100kV \cdot A$		10
	单台容量在 $100kV \cdot A$ 及以上		4
0.4kV、PE 线重复接地	电力设备接地电阻为 10Ω		30
	电力设备接地电阻为 4Ω		10
IT 系统中，钢筋混凝土杆、铁杆接地			50
柴油发电机组接地	中性点接地	$100kV \cdot A$ 以下	10
		$100kV \cdot A$ 及以上	4
	防雷接地		10
	燃油系统设备及管道防静电接地		30

续表

接地类别		接地电阻（Ω）
电子设备接地	直流地	1 ~ 4
	其他交流设备的中性点接地（功率地）	4
	保护地	4
	防静电接地	30
建筑物用避雷带作防雷保护时	一类防雷建筑物的防雷接地	10
	二类防雷建筑物的防雷接地	20
	三类防雷建筑物的防雷接地	30
采用共用接地装置，且利用建筑物基础钢筋作接地装置时		1

常用的接地电阻测量仪有 ZC-8 型、ZC-29 型两种。在接地电阻测试前要先拧开接地线或防雷接地引下线断接卡子的紧固螺栓。ZC-8 型接地电阻测量仪由手摇发电机、电流互感器、滑线变阻器及检流器等组成。三个端钮仪表仅用于流散电阻的测量，四个端钮既可用于流散电阻测量，也可用于土壤电阻率的测量。

使用接地电阻测量仪时，用专用导线将 E′、P′ 和 C′ 连于仪表相应的端钮，如图 11-29 所示。沿被测接地体 E′，将电位探测针 P′ 和电流探测针 C′，依直线彼此相距 20m 插入地下，电位探测针 P′ 插在接地体 E′ 和电流探测针 C′ 之间。

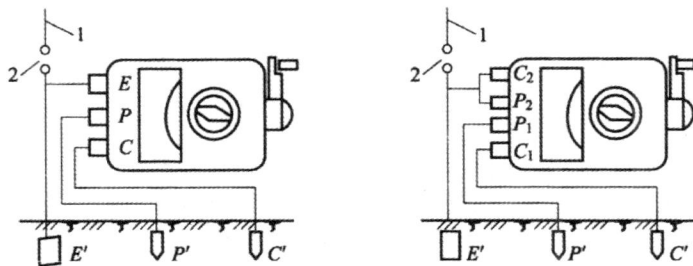

图 11-29 接地电阻测量仪连接
1—至被保护的电气设备；2—断接卡子

将仪表水平放置，检查检流计的指针是否指于中心线上，否则可用零位调整器将其调到中心线。将"倍率标度"置于最大倍数，慢慢地转动发电机的摇把，

327

同时旋动"测量标度盘"使检流计的指针指于中心线。当检流计的指针接近平衡时，加快发电机摇把的转速，使其达到120r/mm以上，调整"测量标度盘"使指针指于中心线上。当"测量标度盘"的读数小于1时，应将倍率标度置于较小的倍数，再重新调整"测量标度盘"以得到正确读数。用"测量标度盘"的读数乘以倍率标度的倍数，即为所测的接地电阻值。

用所测的接地电阻值乘以季节系数，所得结果即为实测接地电阻值。

（九）降低接地电阻的措施

1．常用降低接地电阻的措施

常用措施如下：

（1）深埋接地体。

（2）增加接地体的数目。

（3）若接地体敷设处的土质较差（土壤电阻率较大），则可换上土质较好的土（土壤电阻率较小）。

（4）对于土质极差的场所可在土中渗入含电介质较多的物质（如废碱液、电石渣、炉渣、石灰、食盐等），这是极为行之有效的方法。

2．一种新型的接地极——离子接地极

传统的接地系统如金属棒、金属带、板状导体等，只是依靠金属导体将电流导流入大地，属于纯物理接地方式。其接地电阻受许多不确定因素的影响（如导体腐蚀、接地体与土壤的接触压力、周围土壤的密实度、湿度、电解质含量等）。这些因素使接地电阻存在较大的变动范围，因此很难保证接地电阻值的稳定，尤其是在恶劣的土壤条件下更难满足设计要求。

针对上述因素，离子接地极提供了综合解决方案。首先，使用高纯度精铜配合热焊接技术制造的导电体系，完全避免了体系互连时的接地电阻，并且自身的导电能力及抗腐蚀能力均较普通钢接地体有极大的提高（耐腐蚀能力比镀锌钢强3倍，导电能力比钢强10倍）。其次，在较恶劣的土壤中，与离子接地极配套的高效降阻剂电阻率极低，并且有膨胀性好、亲水性强的特点，能够与周围土壤紧密接触，增大了接地板的等效截面积和土壤的接触面积，完全避免了土壤力学条件改变而造成的接地电阻变化。另外，由于降阻剂的化学性质呈中性偏碱，腐蚀性极小，可对精铜极体起良好的保护作用，从而提高了产品的使用寿命。第三，离子接地极内部含有特制的环保型电解盐，能够不断地主动吸收周围环境空气中存在的水分并与之相结合，产生电解液，可改良土壤结构，并具有良好的渗透性能，可以渗入到泥土及岩缝中而形成"根状网络"，使接地面积随着时间的增加而不断扩大；并且由于电解液中的强力吸湿成分，无论天气或环境如何变化，都能持续吸收水分而使周围土壤保持一定的湿度，这样不仅使接地电阻保持稳定，且会随时间推移而趋向更低。

正是由于上述因素，使离子接地极能构筑极为优秀和稳定的接地系统。它的特点为：①优秀的降阻效果（几乎不受季节变化的影响）；②30年无需维护的使用寿命；③广泛的地质适应性（在岩土和沙质土壤地区同样有效，并适用于在冻土环境下工作）；④符合环保要求，对环境无污染；⑤广泛的适用性（广泛应用于发电厂、变电站、移动、微波通信基站、机场、军事设施、信息中心等行业领域的设备交直流工作和安全保护接地）。

五、防雷装置

（一）雷电危害的形式

雷电危害可归结为下列3种。

1. 直接雷击（又称直击雷）

雷电直接对建筑物、电气设备等进行放电，引起强大的雷电流，通过它们流入大地。在一瞬间将产生破坏性很大的热效应与机械效应，这就是直击雷。

2. 感应雷击（又称感应雷）

感应雷击是由静电感应与电磁感应引起的。前者，是当建筑物或电气设备上空有雷云时，这些物体上就会感应出电荷，当雷云放电后，放电通道中的电荷迅速中和，而残留的电荷就会形成很高的对地电位，这就是静电感应引起的过电压。后者，是发生雷击后，雷电流在周围空间迅速形成强大而变化的电磁场，处在这电磁场中的物体，就会感应出较大的电动势和感应电流，这就是电磁感应引起的过电压。不论静电感应还是电磁感应所引起的过电压，都可能引起火花放电，造成火灾或爆炸。这就是感应雷击。

3. 高电位引入（又称雷电波侵入）

当架空线路或金属管道遭受直击雷，或者由于雷云在附近放电使导体上产生感应雷，则冲击电压将被引入到建筑物内，可能引起危及人身安全、损坏电气设备、火灾等事故。这就是高电位引入，又称为雷电波侵入。

（二）建筑物防雷等级划分及防雷措施

1. 民用建筑物防雷分级

行业标准《民用建筑电气设计规范》按建筑物的重要性、使用性质、发生雷电事故的可能性及后果，将民用建筑的防雷分为两级。建筑物的防雷分类还可参见《建筑物防雷设计规范》。

（1）二级防雷建筑物

二级防雷建筑物如下：

①具有特别重要用途的建筑物，如国家级的会堂、办公建筑、档案馆、大型博展建筑，特大型、大型铁路旅客站，国际性的航空港、通信枢纽，国宾馆、大型旅游建筑、国际港口客运站等。

②国家级重点文物保护的建筑物。

③高度超过 100m 的建筑物。

④国家级计算中心、国家级通信枢纽等对国民经济有重要意义且装有大型电子设备的建筑物。

⑤年预计雷击次数大于 0.06 的部、省级办公建筑及其他主要或人员密集的公共建筑物。

⑥年预计雷击次数大于 0.3 的住宅、办公楼等一般民用建筑物。

（2）三级防雷建筑物

三级防雷建筑物如下：

①重要的或人员密集的大型建筑物，如部、省级办公楼，省级会堂、博展、体育、交通、通信、广播等建筑，大型商店、影剧院等。

②省级重点文物保护的建筑物。

③19 层及以上的住宅建筑和高度超过 50m 的其他民用建筑物。

④省级大型计算中心和装有重要电子设备的建筑物。

⑤年预计雷击次数大于或等于 0.012 且小于或等于 0.06 的部、省级办公建筑及其他重要或人员密集的公共建筑物。

⑥年预计雷击次数大于或等于 0.06 且小于或等于 0.3 的住宅、办公楼等一般民用建筑物。

⑦建筑群中最高或位于建筑群边缘高度超过 20m 的建筑物。

⑧高度为 15m 及以上的烟囱、水塔等孤立的建筑物或构筑物，在雷电活动较弱地区（年平均雷暴日不超过 15 日）高度可为 20m 及以上。

⑨历史上雷害事故严重地区或雷害事故较多地区的较重要建筑物。

在确定建筑物防雷分级时，除按上述规定外，在雷电活动频繁地区或强雷区可适当提高建筑物的防雷等级。

2. 建筑物易受雷击部位

建筑物的性质、结构及建筑物所处位置等都对落雷有着很大影响。特别是建筑物屋顶坡度与雷击部位关系较大。建筑物易受雷击部位如下：

（1）平屋面或坡度不大于 1/10 的屋面檐角、女儿墙、屋檐，如图 11-30（a）和（b）所示。

（2）坡度大于 1/10、小于 1/2 的屋面——屋角、屋脊、檐角、屋檐，如图 11-30（c）所示。

（3）坡度大于 1/2 的屋面——屋角、屋脊、檐角，如图 11-30（d）所示。

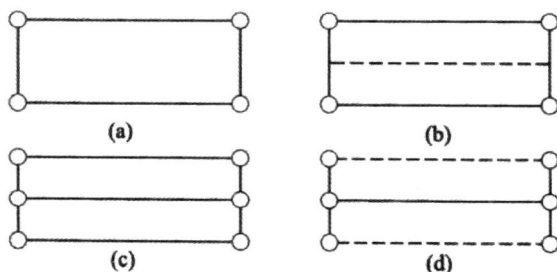

（a）平屋面；（b）不大于 1/10 坡度屋面
（c）大于 1/10 且小于 1/2 的屋面；（d）大于 1/2 的屋面
图 11-30　建筑物易受雷击的部位
——易受雷击部位；----不易受雷击部位；○雷击率最高部位

3. 建筑物防直击雷措施

建筑物防雷措施应视建筑物防雷等级而定，参见《建筑物防雷设计规范》和《民用建筑电气设计规范》。但建筑物防雷直击的措施则主要是装设防雷装置。所谓防雷装置，是指接闪器、引下线、接地装置、过电压保护器及其他连接导体的总合。

（1）接闪器：直接接受雷击的避雷针、避雷带（线）、避雷网以及用作接闪的金属屋面和金属构件等。

（2）引下线：连接接闪器与接地装置的金属导体。

（3）接地装置：接地体和接地线的总合。

（4）接地体：埋入土壤中或混凝土基础中作散流用的导体。

（5）接地线：从引下线断接卡或换线处至接地体的连接导体。

（6）过电压保护器：用来限制存在于某两物体之间的冲击过电压的一种设备，如放电间隙、避雷器或半导体器具。

（三）防雷装置安装

1. 避雷针安装

（1）避雷针的保护范围

避雷针的保护范围用它对直击雷所保护的空间来表示。单支避雷针的保护范围如图 11-31 所示。当避雷针高度 h 小于或等于 h_r 时，在距地面 h_r 处作一平行于地面的平行线；以针尖为圆心，h_r 为半径，作弧线交于平行线的 A、B 两点。以 A、B 为圆心，h_r 为半径作弧线，该弧线与针尖相交并与地面相切。从此弧线起到地面止就是保护范围。保护范围是一个对称的锥体。避雷针在 h_x 高度的 xx′ 平面上的保护半径可按下式确定

$$r_x = \sqrt{h(2h_r - h)} - \sqrt{h_x(2h_r - h_x)}$$
$$r_0 = \sqrt{h(2h_r - h)}$$

式中：r_x——避雷针在 h_x 高度的 xx′ 平面上的保护半径（m）；

h_r——滚球半径（m），可按表 11-12 确定；

h_x——被保护物的高度（m）；

r_0——避雷针在地面上的保护半径（m）。

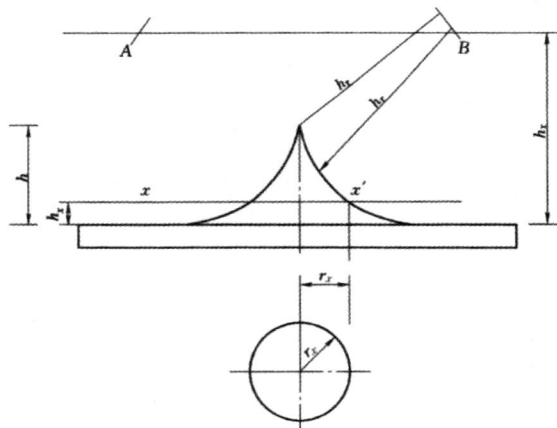

图 11-31　单支避雷针的保护范围示意

当避雷针高度 h 大于 h_r 时，在避雷针上取高度 h_r 的一点代替单支避雷针针尖作为圆心，其余做法与上相同。按建筑物防雷分级布置接闪器及其滚球半径的数据见表 11-12。

表11-12　按建筑物防雷分级布置接闪器及其滚球半径

建筑物防雷分级	滚球半径h_r（m）	避雷网网格尺寸（m）
一级防雷建筑物	30	≤5×5或≤6×4
二级防雷建筑物	45	≤10×10或≤12×8
三级防雷建筑物	60	≤20×20或≤24×16

（2）避雷针的安装

避雷针的安装可参照全国通用电气装置标准图集执行。图11-32和图11-33分别为避雷针在山墙上和在屋面上的安装图。其安装注意事项如下。

①在选择独立避雷针的装设地点时，应使避雷针及其接地装置与配电装置之间保持以下规定的距离：在地面上，由独立避雷针到配电装置的导电部分以及到变电所电气设备和构架接地部分间的空间距离不应小于5m；在地下，由独立避雷针本身的接地装置与变电所接地网间最近的地中距离一般不小于3m；独立避雷针及其接地装置与道路或建筑物的出入口等的距离应大于3m。

②独立避雷针的接地电阻一般不宜超过10Ω。

③由避雷针与接地网连接处起，到变压器或35kV及以下电气设备与接地网的连接处止，沿接地网地线的距离不得小于15m，以防避雷针放电时，高压反击击穿变压器的低压侧线圈及其他设备。

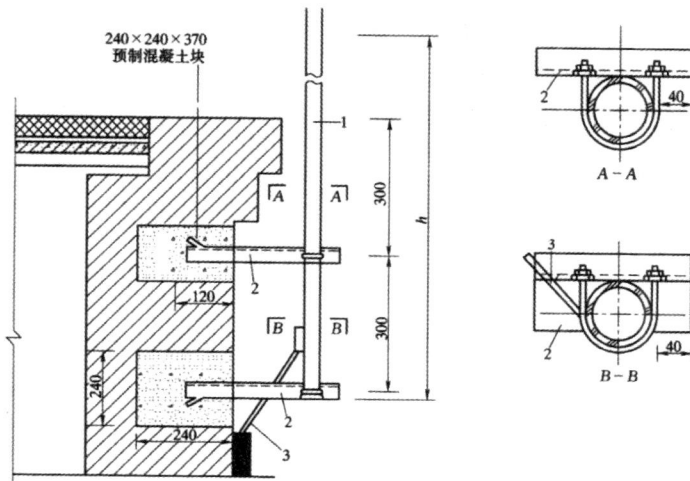

图11-32　避雷针在山墙上的安装

1—避雷针；2—支架；3—引下线

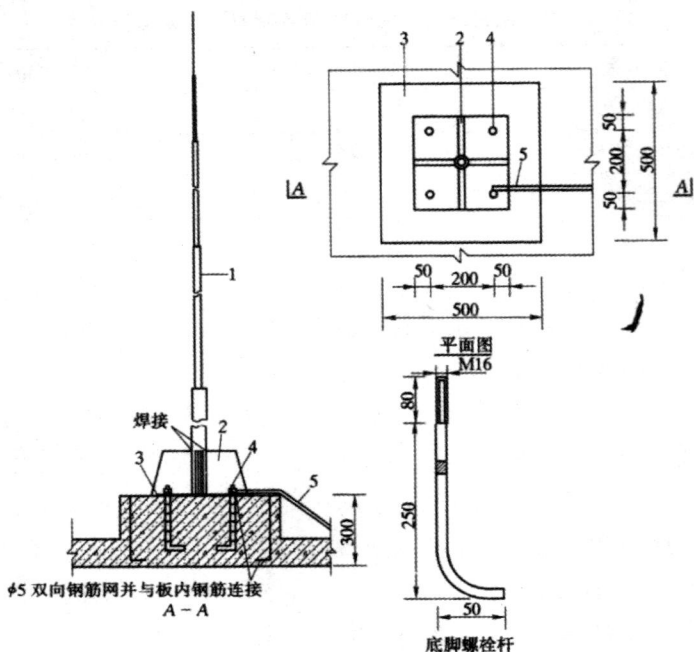

图 11-33　避雷针在屋面上的安装

1—避雷针；2—肋板；3—底板；4—底脚螺栓（含螺母、垫圈）；5—引下线

④为了防止雷击避雷针时，雷电波沿电线传入室内，危及人身安全，所以不得在避雷针构架上架设低压线路或通信线路。装有避雷针的构架上的照明灯电源线，必须是采用直埋于地下的带金属护层的电缆或穿入金属管的导线。电缆护层或金属管必须接地，埋地长度应在 10m 以上，方可与配电装置的接地网相连或与电源线、低压配电装置相连接。

⑤装有避雷针的金属筒体（如烟囱）的厚度大于 4mm 时，可作为避雷针的引下线，筒体底部应有对称的两处与接地体相连。

2. 避雷网（带）

避雷网适用于建筑物的屋脊、屋檐（坡屋顶）或屋顶边缘及女儿墙上（平屋顶），对建筑物的易受雷击部位进行重点保护。不同防雷分级的避雷网的规格见表 11-13。

表11-13　不同防雷分级的避雷网规格

建筑物的防雷分级	滚球半径h/m	避雷网尺寸/m
一级	30	5×5或6×4
二级	45	10×10或12×8
三级	60	20×20或24×16

（1）明装避雷网（带）

避雷带明装时，要求避雷带距屋面的边缘距离不应大于500mm。在避雷带转角中心严禁设置支座。

避雷带的支座可以在屋面层施工中现场浇制，也可预制再砌牢或与屋面防水层进行固定。女儿墙上设置的支架应垂直预埋或在墙体施工时预留不小于100mm×100mm×100mm的孔洞。埋设时先埋设直线段两端的支架，然后拉通线埋设中间支架。水平直线段支架间距为1～1.5m，转弯处间距为0.5m，距转弯中点的距离为0.25m，垂直间距为1.5～2m，相互间距离应均匀。

避雷带在建筑物屋脊上安装，使用混凝土支座或支架固定。现场浇制支座时，将脊瓦敲去一角，使支座与脊瓦内的砂浆连成一体；用支架固定时，用电钻将脊瓦钻孔，将支架插入孔内，用水泥砂浆填塞牢固。固定支座和支架水平间距为1～1.5m，转弯处为0.25～0.5m。

避雷带沿坡沿形屋面敷设时，使用混凝土支座固定，且支座应与屋面垂直。

明装避雷带应采用锻锌圆钢或扁钢制成。镀锌圆钢直径应为Φ12mm，锻锌扁钢截面为25mm×4mm或40mm×4mm。避雷带敷设时，应与支座或支架进行卡固或焊接连成一体，引下线的上端与避雷带的交接处应弯曲成弧形再与避雷带并齐进行搭接焊接。

避雷带沿女儿墙及电梯机房或水池顶部四周敷设时，不同平面的避雷带至少应有两处互相焊接连接。建筑物屋顶上的突出金属物体，如旗杆、透气管、铁杆栏、爬梯、冷却水塔、电视天线杆等金属导体都必须与避雷网焊接成一体。

避雷带在屋脊和檐口上安装如图11-34所示。

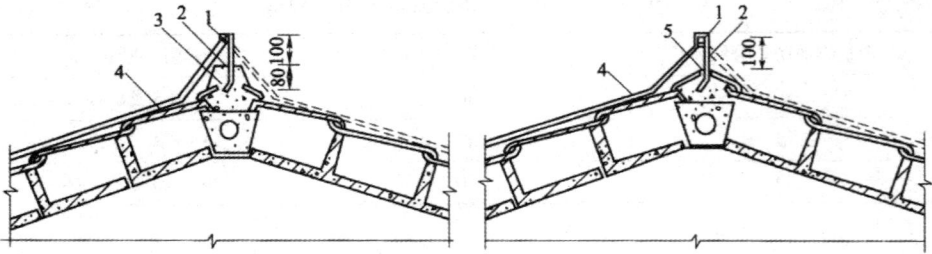

（a）用支座固定　　　　　　　　　　（b）用支架固定

图11-34　避雷带及引下线在屋脊上安装示意图

1—避雷带；2—支架；3—支座；4—引下线；5—1:3水泥砂浆

　　避雷带在转角处一般不宜小于 90°，弯曲半径不宜小于圆钢直径的 10 倍或扁钢宽度的 6 倍，如图 11-35 所示。

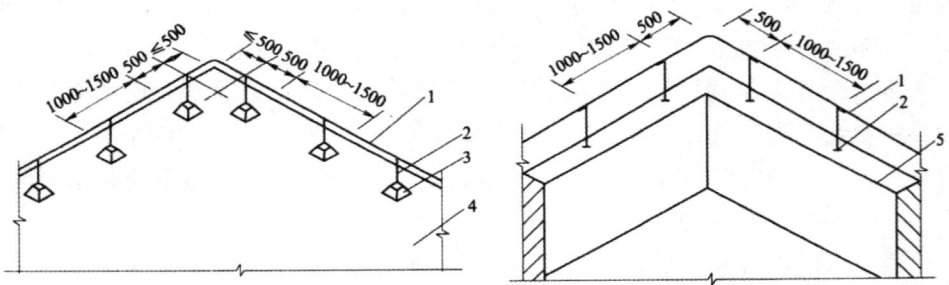

（a）在平屋顶上安装　　　　　　　　（b）在女儿墙上安装

图11-35　避雷带在转弯处做法示意

1—避雷带；2—支架；3—支座；4—平屋面；5—女儿墙

避雷带沿坡形屋面敷设时，应与屋面平行设置，如图 11-36 所示。

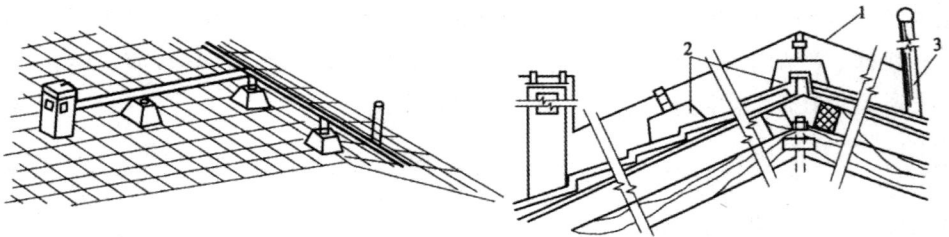

图11-36　坡形屋面敷设避雷带

1—避雷带；2—混凝土支座；3—凸出屋面的金属物体

明装避雷带采用建筑物金属栏杆或敷设镀锌钢管时，支架的钢管管径不应大于避雷带钢管的管径，其埋入混凝土或砌体内的下端应焊接圆钢作加强筋，埋设深度不应小于150mm。中间支架距离不应小于1m，间距应均匀相等，在转角处距转弯中点为0.25～0.5m，弯曲半径不宜小于管径的4倍。避雷带与支架应采用焊接连接固定。焊接处应打磨光滑，无凸起高度，经处理后应涂刷樟丹防锈漆和银粉防腐。在避雷带之间连接处，管内应设置管外径与连接管内径相吻合的钢管作衬管，衬管长度不应小于管外径的4倍。

避雷带通过建筑物伸缩、沉降缝处时，避雷带应向侧面弯成半径为100mm的弧形，且支持卡子中心距建筑物边缘距离减至400mm（参见图11-37），或将避雷带向下部弯曲（参见图11-38），还可以用裸铜软绞线连接避雷带。

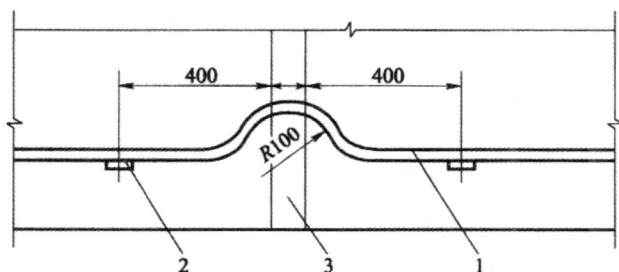

图11-37　避雷带通过伸缩沉降缝做法（一）

1—避雷带；2—支架；3—伸缩缝

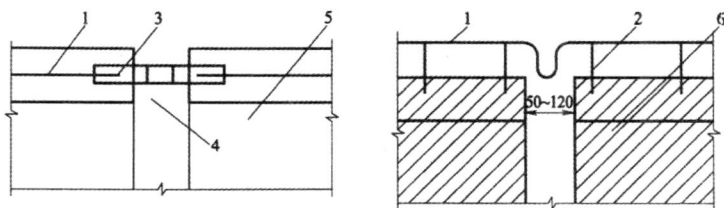

（a）俯视图　　　　　　　（b）侧面图

图11-38　避雷带通过伸缩沉降缝做法（二）

1—避雷带；2—支架；3—25 mm×4mm，长500mm跨越扁钢；
4—伸缩沉降缝；5—屋面女儿墙；6—女儿墙

安装好的避雷带（网）应平直、牢固，不应有高低起伏和弯曲现象，平直度每2m检查段允许偏差值不宜大于3%，全长不宜超过10mm。

（2）暗装避雷网（带）

暗装避雷网是利用建筑物内的钢筋作避雷网。

用建筑物 V 形折板内钢筋作避雷网时，将折板插筋与吊环和网筋绑扎，通长筋与插筋、吊环绑扎。为便于与引下线连接，折板接头部位的通长筋应在端部预留钢筋头 100mm。对于等高多跨搭接处，通长筋之间应采用绑扎。在不等高多跨交接处，通长筋之间应用 Φ8mm 圆钢连接焊牢，绑扎或连接的间距为 6m。V 形折板钢筋作防雷装置，如图 11-39 所示。

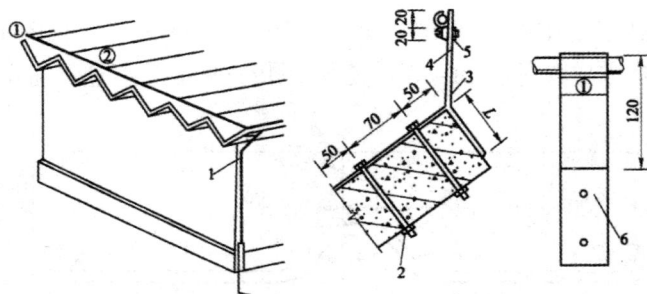

（a）示意图　　　　（b）节点 1 放大图

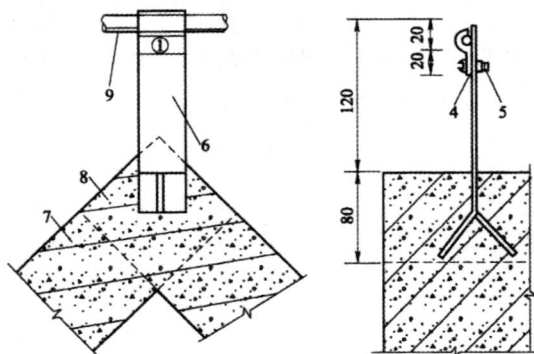

（c）节点 2 放大图

图 11-39　折板屋顶防雷装置做法

1—Φ8mm 镀锌圆钢引下线；2—M8 螺栓；3—焊接；4—40mm×4mm 镀锌扁钢；
5—Φ6mm 镀锌机用螺栓；6—40mm×4mm 镀锌扁钢支架；7—预制混凝土板；
8—现浇混凝土；9—Φ8mm 镀锌圆钢避雷带

当女儿墙上压顶为现浇混凝土时，可利用压顶板内的通长筋作为建筑物的暗装防雷接闪器，防雷引下线可采用不小于 Φ10mm 的圆钢，引下线与接闪器（即压顶内钢筋）应焊接连接。当女儿墙上压顶为预制混凝土板时，应在顶板上预埋支架作接闪带，或女儿墙上有铁栏杆时，防雷引下线应由板缝引出顶板与接闪带连接，引下线在压顶处同时应与女儿墙顶内通长筋之间，用 Φ10mm 圆钢作连接线进行连接。

当女儿墙设圈梁且圈梁与压顶之间有立筋时，女儿墙中相距 500mm 的两根 Φ8mm 或一根 Φ10mm 立筋可作为防雷引下线，将立筋与圈梁内通长钢筋绑扎。引下线的下端既可以焊到圈梁立筋上，将圈梁立筋与柱主筋连接，也可以直接焊到女儿墙下的柱顶预埋件上或钢屋架上。当屋顶上部有女儿墙时，将女儿墙上明装避雷带和所有金属导体与暗装避雷网焊接成一体作为接闪装置时，就构成了建筑物整体防雷，如图 11-40 所示。

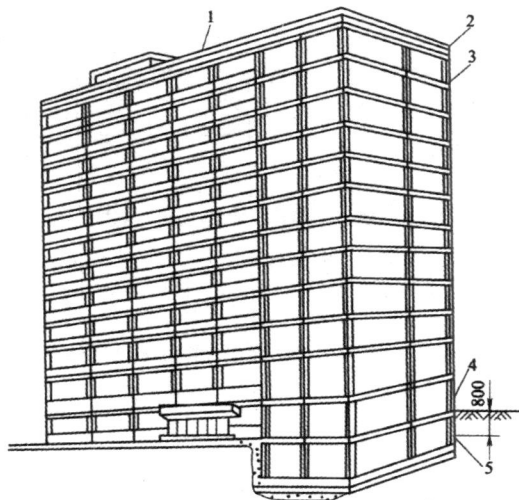

图 11-40　高层建筑物均压做法示意图

1—避雷带；2—避雷带用 Φ12 mm 镀锌圆钢与柱子主筋焊接；3—柱子主筋与圈梁或 钢筋混凝土楼板钢筋焊接；4—预留测试点；5—利用钢筋混凝土柱子主筋作引下线在室外地坪下 0.8 m 处甩出 1.2m 长 Φ12mm 圆钢

3．均压环与等电位措施

当防雷建筑物高度超过 30m 时，从建筑物首层起每三层设均压环一圈。从 30m 起每隔三层沿建筑物四周设水平避雷带并与引下线相连。当建筑物全部为钢筋混凝土结构或虽为砖混结构但有钢筋混凝土组合柱和圈梁时，可用结构圈梁钢筋与柱内作引下线的主筋钢筋进行绑扎或焊接，形成均压环。没有组合柱和圈梁的建筑物，应每三层在建筑物外墙内敷设一圈 Φ12mm 的镀锌圆钢或 40mm×4mm 的扁钢作为均压环，并与防雷装置的所有引下线连接，如图 11-41 所示。

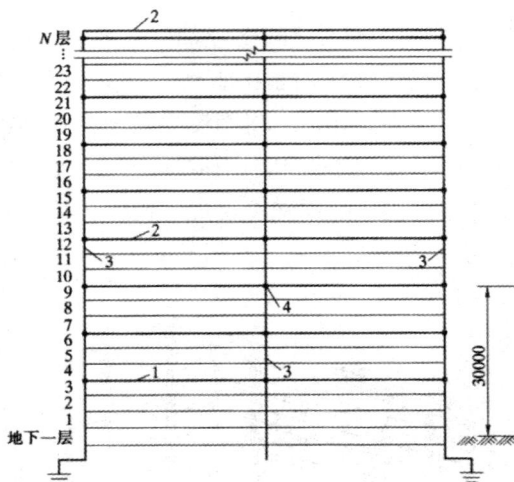

图 11-41　高层建筑物避雷带（网或均压环）引下线连接示意图

1、2—避雷带（网或均压环）；3—防雷引下线；
4—防雷引下线与避雷带（网或均压环）的连接处

高层建筑物中防侧击雷和等电位措施，通常采取将滚球半径高度及以上部分外墙上的栏杆、金属门窗等较大金属物直接或通过金属门窗埋铁与防雷装置至少有两点连接的方式，如图 11-42 所示。

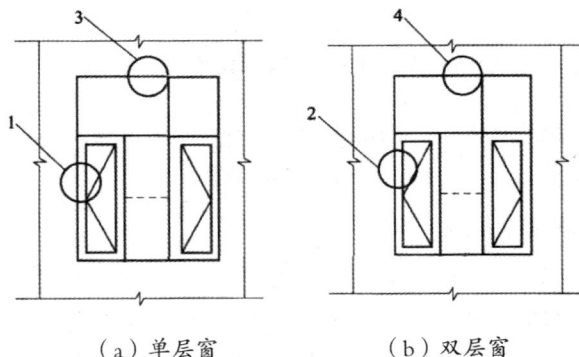

（a）单层窗　　　　　（b）双层窗

图 11-42　金属门、窗与防雷装置连接位置图

1、2、3、4—金属门窗与防雷装置连接位置铝合金和钢门、窗与接地装置之间的连接导体应在门、窗框定位后，墙面装饰层或抹灰层施工之前进行。对于砖墙结构，连接导体应紧贴墙面沿砖缝敷设，一端焊接在门、窗框的固定铁板边沿上，另一端焊接在结构圈梁或钢筋混凝土柱的预埋铁件上。当柱体采用钢柱时，可直接焊接在钢柱上。为方便与避雷装置连接，在铝合金门、窗加工时，应甩出 300mm 长的扁钢。金属门、窗防侧击连接位置如图 11-43 所示。

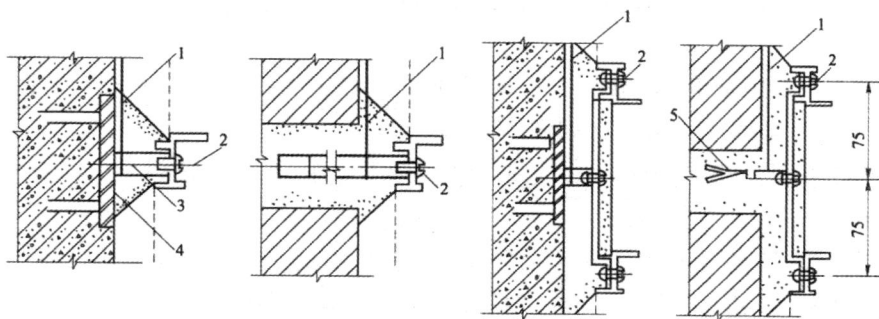

（a）单层窗立面连接　　　　　　　　（b）双层窗立面连接

图 11-43　金属门、窗防侧击雷做法 示意图

1—连接导体；2—M6×16mm 螺钉；3—Z 形铁脚；
4—预埋铁件，截面 8mm×6mm；5—燕尾铁脚

通长铝合金窗防侧雷击时，窗框应通过连接板、角钢过渡连接件、角钢预埋件与柱内主筋连通。当柱体采用钢柱时，应将角钢过渡连接件直接焊在钢柱上，如图 11-44 所示。

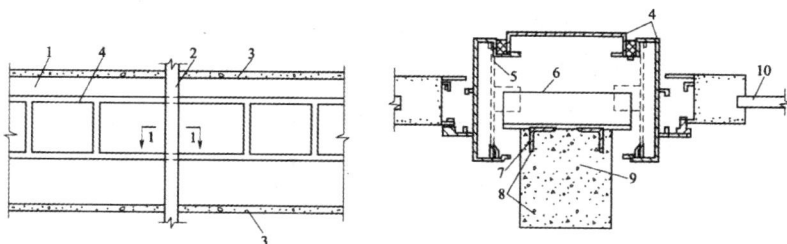

（a）通长铝合金窗框立视图　　　　　　（b）1-1 剖面图

图 11-44　通长铝合金窗防侧击雷与建筑物的连接

1—墙；2—桩；3—楼面；4—铝合金窗框；5—连接板；6—角钢过渡连接件；
7—角钢预埋件；8—柱内主钢筋；9—钢筋混凝土柱；10—玻璃

为了保证建筑物整体的电气连接，建筑物的梁、柱、墙及楼板内的钢筋要互相连接；建筑物内部的金属机械设备、电气设备及其互相连通的金属管路等，都必须构成电气连接。各种金属管路或有与管路连通的设备，应由最下层管路入口处连接到接地装置上或地面内的钢筋上。

4．防雷引下线的敷设

引下线是指连接接闪器和接地装置的金属导体，是将接闪器接受的雷电流引到接地装置。引下线的安装形式有明敷设和暗敷设两种。

（1）一般要求

引下线采用圆钢或扁钢（一般采用圆钢）。圆钢直径为 8mm；扁钢截面积为 48mm²，厚度为 4mm。装设在烟囱上的引下线，要求圆钢直径为 12mm；扁钢截面积为 100mm²，厚度为 4mm。暗敷设要求圆钢直径不小于 10mm；扁钢截面积不小于 80mm²。

引下线应镀锌，焊接处应涂防腐漆，但利用混凝土中钢筋作引下线除外。在腐蚀性较强的场所，还应适当加大截面积或采取其他防腐措施。

引下线应沿建筑物外墙敷设，并经最短路径接地，建筑艺术要求较高者也可暗敷，但截面积应加大一级。

一级防雷建筑物专设引下线时，根数不应少于两根，沿建筑物周围均匀或对称布置，间距不应大于 12m，防雷电感应的引下线间距应介于 18 ~ 24m 之间；二级防雷建筑物引下线的数量不应少于两根，沿建筑物周围均匀或对称布置，平均间距不应大于 18m；三级防雷建筑物引下线的数量不宜少于两根，平均间距不应大于 25m，但周长不超过 25m、高度不超过 40m 的建筑物可只设一根引下线。

当引下线长度不足，需要在中间接头时，引下线应进行搭接焊接。扁钢引下线搭接长度不应小于宽度的 2 倍，最少在 3 个棱角处焊接；引下线为圆钢时，搭接长度不应小于圆钢直径的 6 倍，且应在两面焊接。

当装有避雷针的金属筒体的厚度不小于 4mm 时，可作避雷针的引下线。筒体底部应有两处与接地体对称连接。

（2）明敷引下线

明敷引下线应预埋支持卡子。支持卡子应突出外墙装饰面 15mm 以上，露出长度应一致，将圆钢或扁钢固定在支持卡子上。一般第一个支持卡子在距室外护坡 2m 高处预埋，距第一个卡子正上方 1.5 ~ 2m 处埋设第二个卡子，依次向上逐个埋设，间距应均匀相等。

明敷设引下线调直后，从建筑物的最高点由上而下，逐点与预埋在墙体内的支持卡子套环卡固，用螺栓或焊接固定，直至断接卡子为止。

引下线通过屋面挑檐板处，应做成曲径较大的慢弯，弯曲部分线段总长度小于拐弯开口处距离的 10 倍，如图 11-45 所示。引下线通过挑檐板或女儿墙做法，如图 11-46 所示。

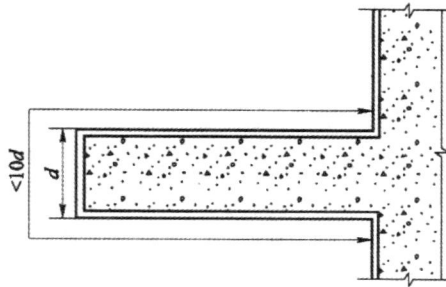

图 11-45　引下线拐弯的长度要求

d—拐弯开口处的距离

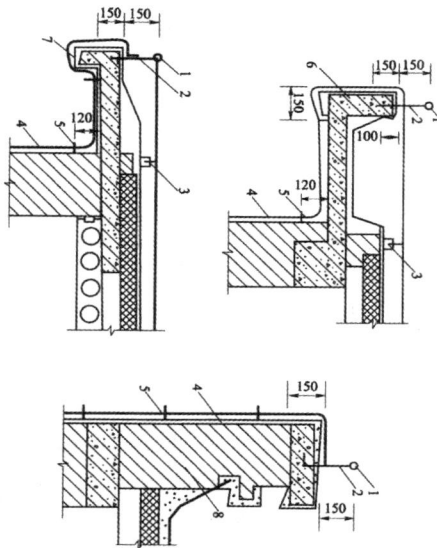

图 11-46　明引下线经过挑檐板、女儿墙做法示意图

1—避雷针；2—支架；3—混凝土支架；4—引下线；5—固定卡子；
6—现浇挑檐板；7—预置挑檐板；8—女儿墙

（3）暗敷引下线

沿墙或混凝土构造柱暗敷设的引下线，一般使用直径不小于 Φ12mm 的镀锌圆钢或截面积为 25mm×4mm 的镀锌圆钢。钢筋调直后先与接地体（或断接卡子）用卡钉或方卡钉固定好，垂直固定距离为 1.5 ~ 2m，由下至上根据地焊接柱内主筋，最终通过挑檐板或女儿墙与避雷带焊接，如图 11–47 所示。

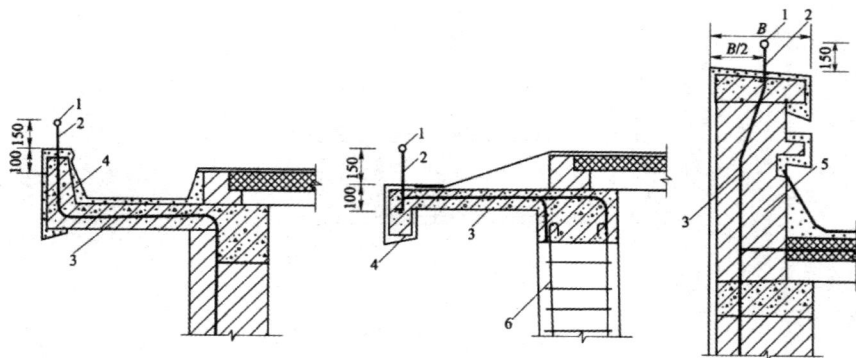

图 11–47　暗装引下线经过挑檐板、女儿墙做法示意图

1—避雷针；2 支架；3—引下线；4—挑檐板；5—女儿墙；6—墙体宽度

利用建筑物钢筋作引下线时，钢筋直径为 16mm 及以上时，应利用两根钢筋（绑扎或焊接）作为一组引下线；当钢筋直径为 10 ~ 16mm 时，应利用四根钢筋（绑扎或焊接）作为一组引下线。

引下线的上部（屋顶上）应与接闪器焊接，焊接长度不应小于钢筋直径的 6 倍，并应在两面进行焊接，中间与每层结构钢筋需进行绑扎或焊接连接，下部在室外地坪下 0.8 ~ 1m 处焊接处一根 Φ12mm 或截面积为 40mm×4mm 的镀锌导体，伸向室外距外墙皮的距离宜不小于 1m。

（4）断接卡子

为了便于测试接地电阻值，接地装置中自然接地体与人工接地体连接处和每根引下线应有断接卡子。断接卡应有保护措施。引下线断接卡子应在距地面 1.5 ~ 1.8m 高的位置设置。

断接卡子的安装形式有明装和暗装两种，如图 11–48 和图 11–49 所示，可利用不小于 40mm×4mm 或 25mm×4mm 的镀锌扁钢制作，用两根镀锌螺栓拧紧。引下线的圆钢与断接卡子的扁钢应采用搭接焊，搭接的长度不应小于圆钢直径的 6 倍，且应在两面焊接。

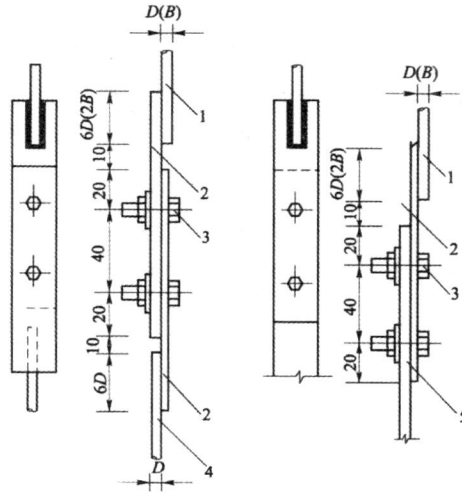

（a）用于圆钢连接线　（b）用于扁钢连接线

图11-48　明装引下线断接卡子的安装示意图

D—圆钢直径；B—扁钢宽度；

1—圆钢引下线；2—25mm×4mm，长度为90×6D 的连接板；

3—M8×30mm 镀锌螺栓；4—圆钢接地线；5—扁钢接地线

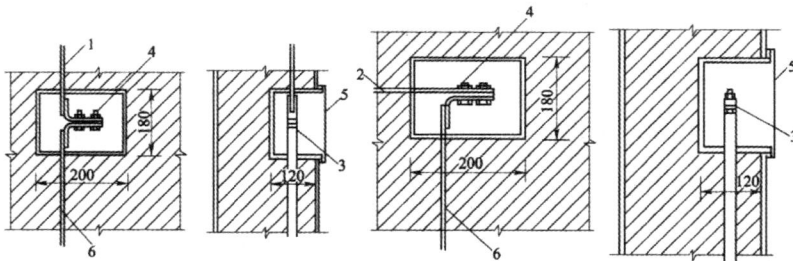

（a）专用暗装引下线　　　　　（b）利用柱筋作引下线

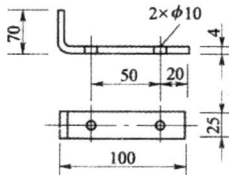

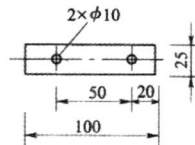

（c）连接板　　　　　　　　（d）垫板

图11-49　暗装引下线断接卡子的安装示意图

1—专用引下线；2—至柱筋引下线；3—断接卡子；

4—M10×30mm 镀锌螺栓；5—断接卡子箱；6—接地线

345

明装引下线在断接卡子下部，应外套竹管、硬塑料管保护。保护管深入地下部分不应小于300mm。明装引下线不应套钢管，必须外套钢管保护时，应在钢保护管的上、下侧焊跨接线与引下线连接成一导电体。

用建筑物钢筋作引下线时，由于建筑物从上而下电气连接成一整体，因此不能设置断接卡子，需在柱（或剪力墙）内作为引下线的钢筋上，另焊一根圆钢引至柱（或墙）外侧的墙体上，在距地面1.8m处，设置接地电阻测试箱；也可在距地面1.8m处的柱（或墙）的外侧，将用角钢或扁钢制作的预埋连接板与柱（或墙）的主筋进行焊接，再用引出连接板与预埋连接板相焊接，引至墙体的外表面。

5. 接地装置

接地装置是指接地体和接地线的总合。接地体是指埋入土壤中或混凝土基础中作散流用的导体，接地线是指从引下线断接卡子或换线处至接地体的连接导体。

独立避雷针及其接地装置与道路或建筑物的出入口等的距离应大于3m。当小于3m时，水平接地体局部深埋不应小于1m；也可采用沥青碎石地面或在接地体上敷设50～80mm厚的沥青层，其宽度超过接地体2m；或者在水平接地体局部包绝缘物，采用50～80mm厚的沥青层。

独立避雷针（线）应设置独立的集中接地装置。当这样做有困难时，该接地装置可与接地网连接，但避雷针与主接地网的地下连接点至35kV及以下设备与主接地网的地下连接点，沿线接地体的长度不得小于15m。独立避雷针的接地装置与接地网的地中距离不应小于3m。配电装置的架构或屋顶上的避雷针应与接地网连接，并应在其附近装设集中接地装置。

利用建筑物钢筋混凝土基础内的钢筋作为接地装置时，每根引下线处的冲击接地电阻应满足设计要求，否则应在距离柱（或墙）室外0.8～1m处预留导体，以加接外附人工接地体。

六、等电位联结

（一）总等电位联结（MEB）

总等电位联结是在建筑物电源进线处采取的一种等电位联结措施，它所需连接的导电部分有：

（1）进线配电箱的PE（或PEN）母线。

（2）公共设施的金属管道，如上、下水、热力、燃气等管道。

（3）应尽可能包括建筑物金属结构。

（4）如果有人工接地，也包括其接地极引线。

应注意的是：①在与燃气管道作等电位联结时，应采取措施将管道处与建筑物内、外的部分隔离开，以防止将燃气管道作为电流的散流通道（即接地极），并且为防止雷电流在燃气管道内产生火花，在此隔离两端应跨接火花放电间隙；②若建筑物有多处电源进线，则每一电源进线处都应作总等电位联结，各个总等电位联结（MEB）端子板应互相连通。

（二）辅助等电位联结（SEB）

在一个装置或部分装置内，如果作用于自动切断供电的间接接触保护不能满足规范规定的条件时，则需设置辅助等电位联结。辅助等电位联结必须包括固定式设备的所有能同时触及的外露可导电部分。

由此可见，辅助等电位联结既可直接用于降低接触电压，又可作为总等电位联结的一个补充，进一步降低接触电压。

（三）局部等电位联结（LEB）

当需要在一局部场所范围内做多个辅助等电位联结时，可将多个辅助等电位联结通过一个等电位联结端子板来实现，这种方式叫做局部等电位联结。

局部等电位联结应通过局部等电位联结端子板将以下部分连接起来：

（1）PE母线或PE干线。

（2）公用设施金属管道。

（3）尽可能包括建筑物金属构件。

（4）其他装置外可导电部分和装置的外露可导电部分。

（四）辅助等电位联结与局部等电位联结的联系与区别

在建筑物作了总等电位联结之后，在伸臂范围内的某些外露可导电部分与装置外可导电部分之间，再用导线附加连接，以使其间的电位相等或更接近，称为辅助等电位联结。局部等电位联结可看作在一局部场所范围内的多个辅助等电位联结。

（五）等电位联结的施工问题

（1）等电位联结线截面积的选择。等电位连接线截面积的选择见表11-14。除考虑机械强度外，当等电位连接线在故障情况下有可能通过短路电流时，等电位连接线与其接头应不被烧断。

表11-14中，因总等电位连接线一般没有短路电流通过，故规定有最大值，而辅助等电位连接线有短路电流通过，故以PE线为基准选择，不规定最大值。

表 11-14 等电位联结线的截面积

取值类别	总等电位联结线	局部等电位联结线	辅助等电位联结线	
一般值	不小于0.5倍进线PE（PEN）线截面积	不小于0.5倍PE线截面积	两电气设备外露导电部分间	1倍于较小PE线截面积
			电气设备与装置外可导电部分间	0.5倍于PE线截面积
最小值	6mm²铜线或相同电导值导线	同右	有机械保护时	2.5mm²铜线或4mm²铝线
	热镀锌钢：圆钢φ10，扁钢25mm×4mm		无机械保护时	4mm²铜线
			热镀锌钢：圆钢φ8，扁钢20mm×4mm	
最大值	25mm²铜线或相同电导值导线	同左	—	

（2）等电位联结的安装要求。等电位联结安装一般应遵循以下条件：

①金属管道的连接处一般不需加接跨接线。

②给水系统的水表需加跨接线，以保证水管的等电位联结和接地有效。

③装有金属外壳的排风机、空调器的金属门、窗框或靠近电源插座的金属门、窗框以及距外露可导电部分伸臂范围内的金属栏杆、天花龙骨等金属线需要作等电位联结。

④为避免用燃气管道作接地极，燃气管道入户后应插入一绝缘段（如在法兰盘间插入绝缘板）以与户外埋地的燃气管隔离。为防雷电流在燃气管道内产生电火花，在此绝缘段两端应跨接火花放电间隙。

⑤一般场所离人站立处不超过10m的距离内如有地下金属管道或结构，即可认为满足地面等电位的要求，否则应在地面加埋等电位带。游泳池之类特殊电击危险场所需增大地下金属导体密度。

⑥等电位联结内各连接导体间的连接可采用焊接，焊接处不应有夹渣、咬边、气孔及未焊透情况；也可采用螺栓连接，这时应注意接触面的光洁、足够的接触面积和压力；也可采用熔接。在腐蚀性场所应采取防腐措施，如热镀锌或加大导线截面等。等电位联结端子板应采取螺栓连接，以便拆卸进行定期检查。

（3）等电位联结的施工。等电位系统必须与所有设备的保护线（包括插座的保护线）连接。

①总等电位联结。设置总等电位可利用截面积为 $100mm \times 10mm$，长度为 1m 的铜棒，每隔 50mm 钻 $\Phi 2mm$ 孔，设置在变配电所便于接引线的位置，至少 3 处与接地体可靠连接（变压器中性点、附近接地体、变配电所内接地网络），确保总等电位铜牌的电位是地电位（接地电阻 $\leqslant 1\Omega$），若未满足，必须增加与接地体的连接。

在 TN-S 系统中，中性线 N 与变压器中性点一起接地，也可以接在总等电位铜排上，此外 N 线严禁与任何"地"有电气连接。

②等电位联结干线。

建筑物等电位联结干线应从与接地装置有不小于 2 处直接连接的接地干线或总等电位箱引出。等电位联结干线或局部等电位箱间的联结线形成环形网络。环形网络应就近与等电位联结干线或局部等电位箱连接。支线间不应串联连接。

③ PE 干线。

交流设备外壳保护接地 PE 干线可以采用五芯电缆或五芯封闭母线槽，其中一芯作为 PE 干线，多用在 PE 线无分支的场所，它的接地阻抗较小，可提高接地故障保护灵敏度，但难做到与防雷系统绝缘隔离，引接线不方便。

PE 干线也可以采用在四芯电缆或四芯封闭母线槽近旁单独设置 PE 干线，采用镀锡铜排，下端与总等电位联结铜排连接，每隔 0.5m 钻直径 $\phi 12mm$ 孔，供 PE 分支线连接用，易做到与防雷接地系统绝缘隔离。铜排面积见表 11-15。

表 11-15 将内部金属装置连到等电位联结线的导体的最小截面积

防雷建筑物分级	材料	截面积（mm^2）
一、二、三级	铜	6
	铝	10
	钢	16

交流设备保护接地，应设置 PE 干线，采用裸铜排，截面按表 11-16 选择，敷设在建筑电气（强电）竖井中，引到各个楼层。在每一楼层，接近用电设备的地方设置一辅助等电位铜排，用绝缘子支撑铜排，与防雷系统隔离。设备外壳及设备附近非带电导体用 $6mm^2$ 及以上铜芯黄绿色绝缘线连接到辅助等电位铜排上。PE 干线下端与总等电位铜排连接。

表 11-16　铜排截面积　　　　　　　　　　单位：mm²

相导体的截面积	相应保护导体的最小截面积	相导体的截面积	相应保护导体的最小截面积
A ≤ 16 16 < A ≤ 35 35 < A ≤ 400	A 16 A/2	400 < A ≤ 800 A > 800	200 A/4

④等电位联结线。当外来导电物、电力线、通信线在不同地点进入建筑物时，宜设若干等电位联结线，并应将其就近连到环形接电体、内部环形导体或此类钢筋上，它们在电气上是贯通的，并连通到接地体（含基础接地体）。环形接地体和内部环形导体应连到钢筋或其他屏蔽构件上（如金属立面），宜每隔 5m 连接一次。

⑤等电位接地网。一般用直径 10mm 的圆钢或 10mm×4mm 的扁钢焊接成接地网，网孔不应小于 4mm。布置应尽量均匀，使接地网范围内电位尽量相近，在故障时同时触及两点不致造成电击。

⑥变电所内接地网。在变电所内为防止跨步电压，用 25mm×4mm 的镀锌扁管，组成 1.5m×1.5m 的网格，敷设在变（配）电所地坪 0.5m 下，网络与接地体直接连接，再与变压器中性点和总等电位联结铜排连接，沿变（配）电所内墙适当位置，多处设置接地端子，供所内设备外壳及金属构件保护接地。

4. 金属装置的等电位联结

（1）等电位联结点。所有电梯轨道、吊车、金属地板、金属框架、设施管道、电缆架桥等大尺寸的内部导电物体，其等电位联结应以最短路径连到最近的等电位联结线或其他已作了等电位联结的金属物体。各导电物体之间宜附加多次互相连接。

在地下室或在靠近地平面处，连接导线应连接到连接板（连接母线）上。连接板的构成和安装要方便检查。连接板应与接地装置联结。对于大型建筑物，如果连接板之间有连接，可装设多块连接板。高度超过 20mm 的建筑物，在地面以上垂直每隔不大于 20m 处，连接板应与连接各引下线的水平环形导体连接。在那些满足不了安全距离的地方应设立等电位连接。对有电气贯通钢筋网的钢筋混凝土建筑物、钢构架建筑物，有等效屏蔽作用的建筑物，建筑物内的金属装置通常不需要作等电位联结。

（2）各种管道的等电位联结。建筑物内的金属管道的连接处一般不需要加接跨接线，对金属管道系统中的小段塑料管需作跨接。给水系统的水表需加接跨接线，以保证水管等电位联结和接地有效。装有金属外壳排风机、空调器的金属门、窗框或靠近电源插座的金属门、窗框以及距外露可导电部分伸臂范围内的金属杆、吊顶龙骨等金属体需作等电位联结。为避免用燃气管道作接地板，燃气管入户后应插入一绝缘段（例如在法兰盘间插入绝缘板）以与户外埋地的燃气管道隔离。为防雷电流在燃气管道内产生电火花，在绝缘段两端应跨接火花放电间隙，如图 11–50 所示。

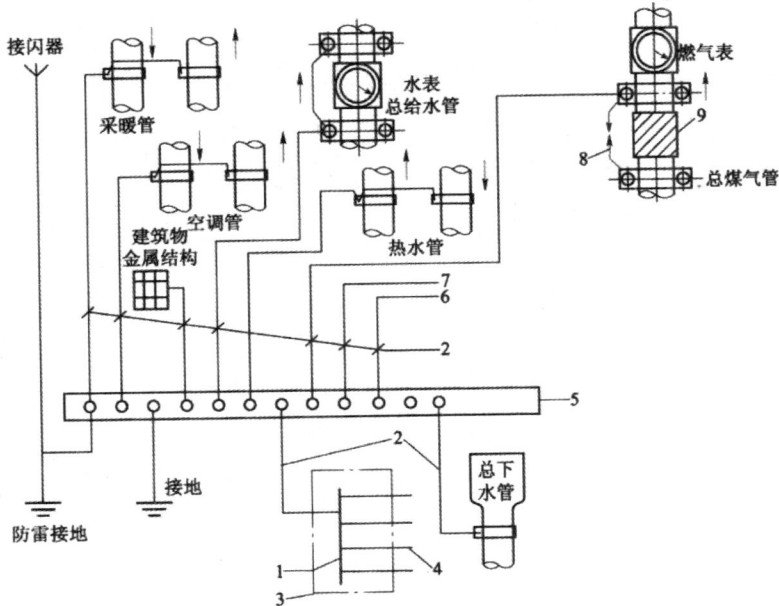

图 11–50　总等电位联结系统图

1—PE 母线；2—MEB 线；3—总进线配线箱；4—PE 线；5—接地母线；6—电源进线；
7—电子信息设备；8—火花放电间隙；9—绝缘段

　　一般场所离人站立处不超过 10m 距离内如有地下金属管道或结构即可认为满足等电位的要求，否则应在地下加埋等电位带。

　　（3）等电位联结线的连接。等电位联结内各连接导体间的连接可采用焊接。焊接处不应有夹渣、咬边、气孔及未焊透等情况；也可采用压接，这时应注意接触面的光洁、足够的接触压力和接触面积；也可采用熔接。在腐蚀性场所应采取防腐措施，如热镀锌或加大导线截面积等。等电位联结端子板应采取螺栓连接，以便拆卸进行定期检测。等电位联结线及端子板宜采用铜质材料，但与基础钢筋或地下的钢材管道相连时，铜和铁具有不同的电位。铜的标准电位是 +0.35V，

铁的标准电位是 –0.44V。由于土壤中的水分与盐类形成了原电池，产生化学腐蚀，会危及基础钢筋和钢管。因此，在土壤中应避免使用裸铜线或带铜皮的钢线作为接地极引入线，宜用钢材与基础钢筋作连接，以与基础钢筋电位一致，避免引起电化学腐蚀。

等电位联结线采用钢材焊接时，应采用搭接焊并应按照接地线连接的要求和方法施工。当等电位联结线采用不同材质的导体连接时，可采用熔接法进行连接，也可采用压按法。压接时压接处应进行热搪锡处理。

等电位联结线在地下暗敷时，导体之间的连接禁止采用螺栓压接。等电位联结线用的螺栓、垫圈、螺母等应进行热镀锌处理。等电位联结线应直黄绿相间的色标。在等电位连接线端子上应刷黄色底漆并标以黑色记号。

对于暗敷的等位线联结线及其连接处，电气施工人员应进行隐检记录及检测报告对于隐藏部分的等电位联结线及其连接处应在竣工图上注明其实际走向和部位。

为保证等电位联结的顺利施工和安全运行，电气、土建、水暖等管道检修时，应由电气人员在断开管道前预先接通跨接线，以保证等电位联结不会断开。

5. 潮湿场所局部辅助点位联结

（1）卫生间局部辅助等电位联结。卫生间局部辅助等电位联结如图11-51所示。辅助等电位联结必须将卫生间内所有装置外可导电部分，与位于房间内的外露可导电部分的保护线连接起来，并经过总接地端子与接地装置相连。如果浴室内原无 PE 线相连，浴室内的局部等电位联结不得与浴室外的 PE 线相连；若室内有 PE 线，浴室内的局部等电位联结必须与该 PE 线相连。

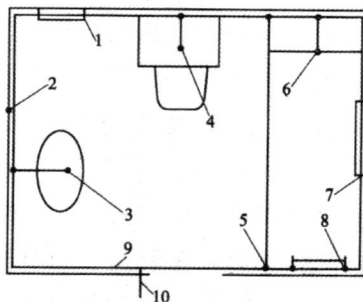

图 11-51 卫生间局部辅助等电位联结图

1—手巾架；2—建筑物钢筋；3—洗脸盆上下水管；4—厕所上下水管；5—浴缸杆；6—浴缸上下水管；7—扶手；8—毛巾架；9—25mm×4mm 扁钢，埋地或埋墙暗敷；10—PE线（电源）

（2）游泳池局部辅助等电位联结。游泳池局部辅助等电位联结如图 11-52 所示。辅助等电位联结必须将游泳池内所有装置外可导电部分与位于池内的外露可导电部分的保护线连接起来，并经过总接地端子与接地装置相连。具体应包括如下部分：

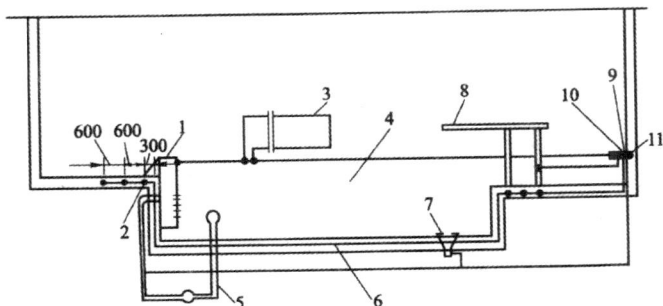

图 11-52　游泳池局部辅助等电位联结图

1—爬梯；2—电位均衡导线；3—暖气管；4—游泳池；5—水管；6—与游泳池壁钢筋相连接；
7—地漏；8—跳板；9—接电源侧 PE 线；10—等电位联结端子板；11—建筑物钢筋

①水池构筑物的所有金属部件，包括水池外框、石砌挡墙和跳水台中的钢筋。

②所有成型外框。

③固定在水池构筑物上或水池内的所有金属配件。

④与池水循环系统有关的电气设备的金属配件，包括水泵电动机。

⑤水下照明灯的电源及灯盒、爬梯、扶手、给水口、排水口及变压器外壳等。

⑥采用永久性间壁将其与水池地区隔离的所有固定的金属部件。

⑦采用永久性间壁将其与水池地区隔离的金属管道和金属管道系统等。

6. 等电位联结导通性的测试

由于等电位联结是保障人身安全的一项重要措施，故施工安装是否合格就是十分重要的问题。为检验等电位联结安装是否符合要求，应进行严格测试。测试的主要目的是检验导通性，故又称为导通性测试。导通性测试要求采用空载电压为 4～24V 的直流或交流电源（按测试电流不小于 0.2A，不大于电源发热允许电流值选择电压）。当测得等电位联结端子板与等电位联结范围内的金属管道等金属体末端之间的电阻不超过 3Ω 时，可认为等电位联结有效。

七、工程交接验收

（一）接地装置工程验收

1. 接地装置安装工序交接确认

（1）建筑物基础接地体：底板钢筋敷设完成，按设计要求作接地施工，经检查确认，才能支模或浇捣混凝土。

（2）人工接地体：按设计要求位置开挖沟槽，经检查确认，才能打入接地极和敷设地下接地干线。

（3）接地模块：按设计位置开挖模块坑，并将地下接地干线引到模块上，经检查确认，才能互相焊接。

（4）装置隐蔽：检查验收合格，才能覆土回填。

2. 验收检查

在验收时应按下列要求进行检查：

（1）整个接地网外露部分的连接应可靠，接地线规格应正确，防腐层应完好，标志应齐全明显。

（2）避雷针（带）的安装位置及高度应符合设计要求。

（3）供连接临时接地线用的连接板的数量和位置应符合设计要求。

（4）工频接地电阻值及设计要求的其他测试参数应符合设计规定，雨后不应立即测量接地电阻。

3. 验收资料

在验收时应提交下列资料和文件：

（1）实际施工的竣工图。

（2）变更设计的证明文件。

（3）安装技术记录（包括隐蔽工程记录等）。

（4）测试记录。

（二）防雷装置工程验收

1. 接闪器安装工序交接确认

接地装置和引下线应施工完成，才能安装接闪器，且与引下线连接。

2. 引下线安装工序交接确认

交接确认内容如下：

（1）利用建筑物柱内主筋作引下线，在柱内主筋扎后，按设计要求施工，经检查确认，才能支模。

（2）直接从基础接地体或人工接地体暗敷埋入粉刷层内的引下线，经检查确认其不外露后，才能贴面砖或刷涂料等。

（3）直接从基础接地体或人工接地体引出明敷的引下线，先埋设或安装支架，经检验确认，才能敷设引下线。

3. 防雷接地系统测试

接地装置施工完成测试应合格；避雷接闪器安装完成，整个防雷接地系统连成回路，才能进行系统测试。

4. 验收

在验收时，避雷针（带、网）的安装位置及高度应符合设计要求

5. 资料

在工程验收时，应提交下列资料和文件：

（1）实际施工的竣工图。

（2）变更设计的证明文件。

（3）安装技术记录（包括隐蔽工程记录）。

（4）测试记录。

（三）等电位联结工程验收

1. 等电位联结的工序交接确定

（1）总等电位联结：对可作导电接地体的金属管道入户处和供总等电位联结的接地干线的位置检查确认，才能安装焊接总等电位联结端子板，按设计要求作总等电位联结。

（2）辅助等电位联结：对供辅助等电位联结用的接地母线的位置检查确认，才能安装焊接辅助等电位联结端子板，按设计要求作辅助等电位联结。

（3）金属屏蔽箱：对特殊要求的建筑物金属屏蔽箱、网箱施工完成，经检查确认，才能与接地线连接。

2. 验收检查

在验收时按以下要求进行检查：

（1）整个等电位联结网的连接可靠，整个等电位联结线规格正确，防腐层完好，标志齐全明显。

（2）整个等电位联结的位置符合要求。

（3）整个等电位联结端子板的数量和位置符合要求。

八、接地与防雷装置施工质量通病与防治

（一）接地装置安装质量通病与防治

1. 接地电阻值达不到要求

接地的种类很多，有工作接地、保护接地、重复接地、防雷接地、联合接地等，各类接地对接地电阻阻值的要求各不相同；若接地电阻达不到要求，则不能保证电气设备和线路的正常运行，甚至危及人身安全。

（1）原因

①人工接地体选择不当

a. 人工接地体材料的种类不符合要求。如选择热轧带肋钢筋作为接地体，尽管所选截面符合要求，但实测接地电阻可能不够，因为热轧带肋钢筋与同直径的圆钢相比，其与土的接触面积可能会大大减少。

b. 人工接地体的截面积过小。

②人工接地体的数量不够。

③人工接地体的埋设深度不够，接地体周围是浮土，与土的接触不紧密。同时，当有强大电流通过时，容易在该处产生跨步电压。

④土的电阻率过高。

（2）防治

①人工接地体、接地线的种类和规格应符合设计和规范的要求。

②人工接地体敷设后必须实测接地电阻，若阻值不够应增设接地体。

③人工接地体的埋设深度以顶部距地面大于 0.6m 为宜。

④对于砂、石、风化岩等高电阻率的地区，应使用降阻剂降低土的电阻。

2. 接地装置施工不符合要求

（1）现象

①接地体和接地线的截面积太小，接地体之间的间距不够。

②接地导体连接面不符合规范要求。

③多台电气设备的接地线采用串联连接。

④采用螺钉连接时接触面未经处理，造成接触不良。

⑤接地体引出线未做防腐处理。

⑥接地线涂漆粗糙。

（2）原因

①施工时对接地装置（接地体和接地线）导体截面积未进行详细计算。

②对施工规范不熟悉。

a. 施工时对接地装置所采用的材质应做周密的考虑。一般情况下，接地装置宜采用钢材，在腐蚀性较强的场所，应采用热镀锌的接地体或适当加大截面积。接地装置的导体截面积，应满足热稳定和机械强度的要求。

b. 为了减少相邻接地体的屏蔽作用，在埋设接地体时，垂直接地体的间距不宜小于其长度的 2 倍；水平接地体的间距不宜小于 5m。接地体与建筑物的距离不宜小于 1.5m。

c. 接地线和伸长接地（例如管道）相连接时，应在靠近建筑物的进口处焊接。若接地线与管道之间的连接不能焊接时，应用卡箍连接，卡箍的接触面应镀锡，并将管子连接处擦干净。管道上的水表、法兰、阀门等处应用裸线将其跨接。

d. 电气设备与接地线的连接，一般用焊接和螺钉连接两种。需要移动的设备（如变压器）宜采用螺钉连接。当电气设备是可靠地安装在金属结构上时，接地线或接零线可直接焊在金属构架上。

电气设备的外壳一般都设有专用接地螺钉。接地线采用螺钉连接时，应将螺钉卸下，将设备与接地线的接触面擦净至发出金属光泽，接地线端部挂上焊锡，并涂中性凡士林油。然后接入螺钉，将螺母拧紧。在有振动的地方，所有接地螺钉都必须加垫弹簧圈以防振松。接地线若为扁钢，其孔眼应用手电钻或钻床钻孔，不得用气焊割孔。携带式电气设备应用携带型专用导线接地。不能用中性线作接地用，中性线与接地线应单独与接地网连接。所采用的导线应是铜导线，其截面积不应小于 1.5mm^2。

所有电气设备都需单独埋设接地分支线，不可将电气设备串联接地。

e. 明设的接地线应按下列规定涂上各种颜色。明设的接地线及固定零件均应涂上黑色。

根据房间的装饰形式，也可以将明设接地线涂上其他颜色，但在连接处及分支线处应涂有宽 1.5mm 的两条黑带，其间距为 150mm。中性点的明设接地导线及扁钢应涂紫色漆，并在其上每隔 150mm 涂以 1.5mm 宽的黑漆环。1000V 以上电气装置的接地相的导线或扁钢，应涂有与相线相同的颜色，并带有黑条纹。黑色条纹宽 15mm，每隔 150mm 涂一条。所涂用色漆应具有耐腐蚀性，并涂刷均匀平整。

（3）防治

①接地体和接地线的截面积太小以及接地导体的连接面不符合规范要求，应返工重作。

②接地线未涂漆，应按规范要求涂刷防腐漆，焊接部分应做防腐处理。

③接地体（线）互相间应保证有可靠的电气连接，应采用焊接，焊接必须牢固。接地线相互间的连接及接地线与电气装置的连接，应采用搭焊。搭焊的长度：扁钢或角钢应不小于其宽度的 2 倍；圆钢应不小于其直径的 6 倍，且应有三边以上的焊接。

④扁钢与钢管（或角钢）焊接时，为了连接可靠，除应在其接触两侧进行焊接外，并应焊上由钢带弯成的弧形（或直角形）卡子，或直接由钢带本身弯成弧形（或直角形）与钢管（或角钢）焊接。钢带距钢管（或角钢）顶部应有约100mm 的距离。

⑤当利用建筑物内的钢管、钢筋及吊车轨道等自然导体作为接地导体时，连接处应保证有可靠的接触，全长不能中断。金属结构的连接处应以截面积不小于 $100mm^2$ 的钢带焊接起来，金属结构物之间的接头及其焊口，焊接完毕后应涂樟丹。

⑥采用钢管作接地线时，应有可靠的接头。在暗敷情况下或中性点接地的电网中的明敷情况下，应与钢管管接头的两侧点焊两点。

3．用电设备的保护混用

（1）现象

同一台变压器的供电系统中的用电设备中存在接地保护、接零保护混用的现象。

（2）原因

用户对供电部门统一规定（如严禁在同台变压器供电的低压电气设备同时采用接地和接零两种保护方式）不明确，随意采用或改变保护方式，导致接地保护、接零保护混用。一旦采用接地保护的设备发生碰壳短路时，短路电流使中性线电位升高，此时所有采用接零设备的外壳上就带有危险电压．危及人身安全，同时因中性线电位升高，破坏了整台变压器供电范围内的单相、三相用电设备的正常供电，可能导致用电设备的烧坏。

（3）防治

必须严格遵守供电部门的有关规定，做到统一管理。

4．计算机运行失常

（1）现象

机房中的计算机经常出现运行失常、读写错误，影响外部设备的正常运行，严重时可影响到整个计算机系统工作。

（2）原因

这是系统没有良好的接地系统所造成的。当这种现象出现时，人们常常怀疑计算机质量不好或计算机带上了病毒等，而造成这些误解的多数原因是人们对系统接地的重要性不了解。

（3）防治

①计算机系统应有良好的接地系统，才能避免由于周围的高频电磁波辐射产生干扰，从而对计算机起到保护作用。

②接地方法要正确，不要接到避雷接地线或自然接地体（如自来水管、暖气管等）上。

③提高对系统接地重要性的认识。

（二）避雷引下线和变配电室接地干线敷设质量通病与防治

1．避雷引下线安装不符合要求

（1）现象

①避雷引下线漏做断接卡子和接地电阻测试点。

②高层建筑利用建筑物的柱子钢筋作为引下线，或柱子内附加引下线时，没有在首层预焊出测量接地电阻值的测试点，以致无法测量避雷系统的接地电阻。

（2）原因

认为避雷引下线利用柱子钢筋，则整个建筑物的钢筋已统一接地，就没有必要再测量接地电阻值，所以漏做断接卡子和测试点。

（3）防治

①在主体结构施工时，若避雷引下线利用柱子钢筋，可在室外距地面500mm处，在建筑物的四个角焊出接地电阻测试端子。

②若在混凝土柱子或墙内暗设的避雷引下线，应在距室外地坪500mm处，逐根做接地引下线断接卡子。

③施工阶段发现未做断接卡子和测试点时，应凿出柱子钢筋，补焊出接地电阻测试点。

2．避雷及接地装置安装不符合要求

（1）现象

①避雷带、引下线弯曲。

②避雷带在屋面敷设时，转角部位为直角弯，且有支持卡子。

③女儿墙上避雷带支持卡子固定不牢。

④平顶屋面避雷带支持卡子固定不牢。

⑤支持卡子距离不均匀。

⑥引下线不垂直。

⑦引下线与墙距离不一。

⑧部分明装引下线被抹在墙内。

⑨接地间距小。

⑩接地极长度不足。

⑪接地连接线在接地极顶部焊接。

⑫避雷带、引下线圆钢搭接时，单面焊接。

⑬SPD 之间或 SPD 与接地干线之间引线过长。

（2）防治

①避雷带、引下线敷设前应进行冷拉调直。

②避雷带有转角部位应弯成弧形，弯曲半径不小于圆钢直径 10 倍，支持卡距避雷带转弯中心 0.5m。

③女儿墙上设卡子应预留洞，埋设支持卡子用混凝土筑牢，不能将圆钢用锤子打入。

④混凝土预制块底部应平整，使其与屋面接触面积加大，其达到强度后再安装避雷带。

⑤支持卡子位置确定，应先确定转角附近的位置，然后再确定中间位置。

⑥确定引下线支持卡子位置，应用线锤吊直安放，引下线敷设前必须调直。

⑦引下线支持卡子出墙处长度应处理一致后，再进行敷设。

⑧引下线敷设应在外墙抹灰完成后进行。

⑨打接地极时不能任意找位置，预先确定好距离、位置后，再进行接地。

⑩用钢管或角钢作为接地极，要在顶部焊一段角钢，钢管顶部可设置保护帽。

⑪放置在距顶部大于 50mm 处焊接。

⑫搭接处应与建筑物垂直设置，两面焊接，并必须符合有关规定数值。

⑬SPD 之间或 SPD 与接地干线之间的连接长度严格按规定执行。

参考文献

[1] 刘全海. 试析电力工程技术在智能电网建设中的应用探析 [J]. 科技风，2012（24）：1.

[2] 薛建华. 电力工程技术管理的难点剖析及对策研究 [J]. 科学技术创新，2014, 000（026）：142-142.

[3] 朱然雄. 对配网电力工程技术的可靠性研究 [J]. 科学与财富，2015，7（11）：1.

[4] 刘荣会. 智能电网建设中电力工程技术的运用 [J]. 电子制作，2017（10）：2.

[5] 翟飞翔，刘洋，翟飞阳. 电力工程技术在智能电网建设中的应用分析 [J]. 商品与质量，2021（12）：147-149.

[6] 李英明. 输电线路在电力工程施工中的质量控制要点 [J]. 黑龙江科学，2014，5（4）：1.

[7] 袁弘娟. 浅析 110kV 电力工程施工中的技术与管理 [J]. 科学技术创新，2010（30）：16-16.

[8] 罗红兵. 电力工程施工安全管理及质量控制探讨 [J]. 华东科技：学术版，2014（9）：1.

[9] 江阳. 对电力工程施工安全管理的问题探讨 [J]. 科技与企业，2011，000（012）：26-27.

[10] 孔祥雷. 电力工程施工技术工作的重要性及开展要点 [J]. 电力工程技术创新，2022，4（2）：49-51.

[11] 白玉岷. 电气工程安全技术及实施 [M]. 2 版. 北京：机械工业出版社，2012.

[12] 黄民德，季中，郭福雁. 建筑电气工程施工技术 [M]. 北京：高等教育出版社，2004.

[13] 柳林啸. 电气工程施工要点与技术规范全书 [M]. 长春：吉林科学技术出

版社，2001.

[14] 李学荣.浅谈装配式建筑电气工程施工技术存在的问题及其对策 [J]. 智能建筑电气技术，2022，16（01）：113–116.

[15] 徐锦文.高层建筑智能化电气工程施工技术要点分析 [J]. 四川水泥，2021（12）：139–140.

[16] 杨才志.建筑电气工程施工技术与应用研究 [J]. 房地产世界，2020（19）：95–96.

[17] 李国强.建筑电气工程施工技术难点探讨 [J]. 地产，2019（24）：144.

[18] 钟海.电气工程施工技术及安全管理探析 [J]. 科技风，2018（21）：118.

[19] 毕信国.建筑电气工程施工技术难点的研究 [J]. 建材与装饰，2018（32）：22–23.

[20] 毛宏伟，李建山.变电系统电气工程施工技术及质量控制 [J]. 建材与装饰，2018（25）：238–239.

[21] 张伟.建筑电气工程施工技术与质量验收措施探析 [J]. 信息记录材料，2018，19（05）：37–38.

[22] 刘增.浅议建筑电气工程施工技术与质量控制 [J]. 四川建材，2017，43（11）：213–214.

[23] 杨玉婷.电气工程施工技术及安全管理探析 [J]. 黑龙江科学，2017，8（10）：116–117.

[24] 袁博.电气工程施工技术的创新与发展 [J]. 江西建材，2017（05）：198+203.

[25] 郭文辉.谈供电系统中电气工程施工技术存在的通病及防治措施 [J]. 建材与装饰，2016（49）：207–208.